《运筹与管理科学丛书》编委会

主 编：袁亚湘

编 委：（以姓氏笔画为序）

叶荫宇　刘宝碇　汪寿阳　张汉勤

陈方若　范更华　赵修利　胡晓东

修乃华　黄海军　戴建刚

国家科学技术学术著作出版基金资助出版

运筹与管理科学丛书 29

非线性方程组数值方法

范金燕　袁亚湘　著

科学出版社

北　京

内 容 简 介

非线性方程组在国防、经济、工程、管理等许多领域有着广泛的应用. 本书系统介绍非线性方程组的数值方法和相关理论, 主要内容包括: 牛顿法、拟牛顿法、高斯-牛顿法、Levenberg-Marquardt 方法、信赖域方法、子空间方法、非线性最小二乘问题、特殊非线性矩阵方程等.

本书可作为运筹学、计算数学、应用数学专业研究生和高年级本科生的教材, 也可供从事数学的教师、科研人员及工程技术人员参考.

图书在版编目(CIP)数据

非线性方程组数值方法/范金燕, 袁亚湘著. —北京: 科学出版社, 2018.2
(运筹与管理科学丛书; 29)
ISBN 978-7-03-056605-8

Ⅰ. ①非⋯ Ⅱ. ①范⋯ ②袁⋯ Ⅲ. ①非线性方程–方程组–数值方法
Ⅳ. ①O175

中国版本图书馆 CIP 数据核字(2018) 第 033264 号

责任编辑: 王丽平／责任校对: 邹慧卿
责任印制: 赵 博／封面设计: 陈 敬

科学出版社 出版
北京东黄城根北街 16 号
邮政编码: 100717
http://www.sciencep.com
北京虎彩文化传播有限公司 印刷
科学出版社发行 各地新华书店经销
*
2018 年 2 月第 一 版 开本: 720×1000 B5
2024 年 3 月第四次印刷 印张: 14 3/4
字数: 281 000
定价: 98.00 元
(如有印装质量问题, 我社负责调换)

《运筹与管理科学丛书》序

运筹学是运用数学方法来刻画、分析以及求解决策问题的科学. 运筹学的例子在我国古已有之, 春秋战国时期著名军事家孙膑为田忌赛马所设计的排序就是一个很好的代表. 运筹学的重要性同样在很早就被人们所认识, 汉高祖刘邦在称赞张良时就说道: "运筹帷幄之中, 决胜千里之外."

运筹学作为一门学科兴起于第二次世界大战期间, 源于对军事行动的研究. 运筹学的英文名字 Operational Research 诞生于 1937 年. 运筹学发展迅速, 目前已有众多的分支, 如线性规划、非线性规划、整数规划、网络规划、图论、组合优化、非光滑优化、锥优化、多目标规划、动态规划、随机规划、决策分析、排队论、对策论、物流、风险管理等.

我国的运筹学研究始于 20 世纪 50 年代, 经过半个世纪的发展, 运筹学研究队伍已具相当大的规模. 运筹学的理论和方法在国防、经济、金融、工程、管理等许多重要领域有着广泛应用, 运筹学成果的应用也常常能带来巨大的经济和社会效益. 由于在我国经济快速增长的过程中涌现出了大量迫切需要解决的运筹学问题, 因而进一步提高我国运筹学的研究水平、促进运筹学成果的应用和转化、加快运筹学领域优秀青年人才的培养是我们当今面临的十分重要、光荣, 同时也是十分艰巨的任务. 我相信, 《运筹与管理科学丛书》能在这些方面有所作为.

《运筹与管理科学丛书》可作为运筹学、管理科学、应用数学、系统科学、计算机科学等有关专业的高校师生、科研人员、工程技术人员的参考书, 同时也可作为相关专业的高年级本科生和研究生的教材或教学参考书. 希望该丛书能越办越好, 为我国运筹学和管理科学的发展做出贡献.

袁亚湘

2007 年 9 月

前　言

非线性方程组的求解是数值代数和数值优化的重要问题, 也是科学计算和计算数学的核心问题, 它在国防、经济、工程、管理等许多领域有着广泛的应用. 研究快速有效地求解非线性方程组的数值方法具有重要的理论意义和实际价值.

本书系统介绍了求解非线性方程组的数值方法和相关理论, 其中大部分内容是近年来国内外关于非线性方程组的前沿研究成果. 本书主要内容包括: 牛顿法、拟牛顿法、高斯–牛顿法、Levenberg-Marquardt 方法、信赖域方法、子空间方法、非线性最小二乘问题、特殊非线性矩阵方程等. 其中第 4 章的 Levenberg-Marquardt 方法在局部误差界下的收敛性质、第 5 章的一般罚函数意义下的信赖域方法和一类信赖域半径趋于零的信赖域方法、第 7 章的可分离非线性最小二乘、第 8 章的大规模问题的子空间方法以及第 10 章的 Kohn-Sham 方程的自洽场迭代等一系列结果都是作者或与合作者完成的研究结果.

本书可作为运筹学、计算数学、应用数学专业研究生和高年级本科生的教材, 也可供从事数学的教师、科研人员及工程技术人员参考.

作者的研究成果长期得到国家自然科学基金委员会的资助, 在此表示感谢. 本书的出版还得到国家科学技术学术著作出版基金的支持, 作者表示诚挚的谢意.

范金燕　袁亚湘
2018 年 1 月

目 录

《运筹与管理科学丛书》序
前言
第 1 章　导论 ··1
　1.1　问题 ···1
　1.2　方法概述 ··1
　1.3　收敛性与收敛速度 ···3
第 2 章　牛顿法 ···6
　2.1　牛顿法 ···6
　2.2　非精确牛顿法 ··10
第 3 章　拟牛顿法 ··13
　3.1　拟牛顿条件 ···13
　3.2　几个重要的拟牛顿法 ···15
第 4 章　Levenberg-Marquardt 方法 ···21
　4.1　Levenberg-Marquardt 方法 ··21
　　4.1.1　二次收敛速度 ···21
　　4.1.2　线搜索算法 ··28
　　4.1.3　基于信赖域的算法 ···30
　　4.1.4　基于 $J_k^T F_k$ 的参数选取法 ······································37
　　4.1.5　复杂度 ··45
　4.2　多步 Levenberg-Marquardt 方法 ··51
　4.3　自适应 Levenberg-Marquardt 方法 ······································62
　4.4　非精确 Levenberg-Marquardt 方法 ······································67
　　4.4.1　收敛速度 ··67
　　4.4.2　复杂度 ··71
　4.5　基于概率模型的 Levenberg-Marquardt 方法 ·························79
第 5 章　信赖域方法 ···81
　5.1　信赖域方法 ···81
　5.2　信赖域半径趋于零的信赖域方法 ···90
　5.3　改进信赖域方法 ···96
第 6 章　约束非线性方程组 ··104
　6.1　约束 Levenberg-Marquardt 方法 ··104

  6.2 投影 Levenberg-Marquardt 方法 · 106
  6.3 投影信赖域方法 · 109
第 7 章 **非线性最小二乘问题** · 111
  7.1 高斯–牛顿法 · 111
  7.2 Moré 算法 · 116
  7.3 结构型拟牛顿法 · 119
  7.4 SQP 方法 · 123
  7.5 可分离非线性最小二乘 · 125
第 8 章 **子空间方法** · 131
  8.1 子空间方法的例子 · 131
  8.2 非线性方程组的子空间方法 · 134
  8.3 非线性最小二乘的子空间方法 · 137
第 9 章 **其他方法** · 141
  9.1 正则化牛顿法 · 141
  9.2 谱梯度投影法 · 150
  9.3 高斯–牛顿–BFGS 方法 · 151
  9.4 正交化方法 · 153
  9.5 滤子法 · 154
  9.6 非光滑牛顿法 · 157
第 10 章 **特殊非线性矩阵方程** · 159
  10.1 Kohn-Sham 方程 · 159
    10.1.1 Kohn-Sham 方程与能量极小化问题的关系 · · · · · · · · · · · · · · · · · 159
    10.1.2 Kohn-Sham 方程的自洽场迭代 · 170
    10.1.3 简单势能混合自洽场迭代 · 179
  10.2 距离几何问题 · 192
    10.2.1 矩阵分解算法 · 193
    10.2.2 半正定松弛算法 · 194
    10.2.3 几何构建算法 · 195
    10.2.4 其他算法 · 196
  10.3 二次矩阵方程 · 197
  10.4 代数 Riccati 方程 · 199
  10.5 矩阵方程 $X + A^\mathsf{T} X^{-1} A = Q$ · 202
参考文献 · 204
索引 · 222
《运筹与管理科学丛书》已出版书目 · 223

第1章 导　论

1.1　问　题

非线性方程组的一般形式为
$$F(x) = 0, \tag{1.1.1}$$
其中 $F(x) = (F_1(x), \cdots, F_m(x))^\mathrm{T}$，$x$ 是 n 维实向量，$F_i(x)$ 是 x 的实值函数，且至少有一个不是线性的，m 和 n 是正整数.

若存在 $x^* \in \mathbb{R}^n$，使得 $F(x^*) = 0$，则称 x^* 为非线性方程组 (1.1.1) 的解.

非线性方程组广泛存在于国防、经济、工程、管理等许多重要领域. 例如, 非线性有限元问题、非线性断裂问题、弹塑性问题、电路问题、电子系统计算以及经济与非线性规划问题等都可归结为非线性方程组问题. 只要包含有未知函数及其导函数的非线性项的微分方程, 无论是用差分方法还是有限元方法, 离散化后得到的方程组都是非线性方程组. 因而, 求解形如 (1.1.1) 的非线性方程组的问题, 已经引起了人们广泛的重视. 早在 20 世纪 70 年代以前, 在理论上和数值解法上都对它做了大量的研究和系统总结[181]. 分别在 1983 年、1995 年和 1999 年出版的三本专著 [51], [131] 和 [282] 对非线性方程组的求解方法也有系统的介绍.

非线性方程组问题可以转化为非线性最小二乘问题
$$\min_{x \in \mathbb{R}^n} \frac{1}{2}\|F(x)\|_2^2. \tag{1.1.2}$$

非线性方程组 (1.1.1) 有解当且仅当极小化问题 (1.1.2) 的极小值为零. 非线性最小二乘问题大量出现在工程技术和科学实验之中, 它在曲线拟合、参数估计、函数逼近等方面有着广泛的应用.

1.2　方法概述

与线性方程组相比, 非线性方程组的求解问题无论在理论上还是在解法上都不如线性方程组成熟和有效. 例如, 非线性方程组是否有解, 有多少解, 理论上都没有很好地解决. 线性方程组有许多直接解法, 而对于非线性方程组, 除了少数极特殊情形, 非线性方程组 (1.1.1) 的计算方法都是数值迭代法. 即给出一个初始点 $x_1 \in \mathbb{R}^n$, 然后由算法产生迭代点 $x_k(k = 2, 3, \cdots)$, 希望某个点 x_k 是 (1.1.1) 的解或 (1.1.2) 的稳定点, 或者 $x_k(k = 1, 2, \cdots)$ 收敛到 (1.1.1) 的解或 (1.1.2) 的稳定点.

本书主要介绍非线性方程组的迭代方法，包括牛顿法、拟牛顿法、高斯–牛顿法、Levenberg-Marquardt 方法、信赖域方法、子空间方法以及其他一些方法. 另外，还将介绍非线性最小二乘和几类特殊非线性矩阵方程的迭代方法. 书中的大部分内容是作者近年来的研究成果.

对于迭代方法，通常都要讨论以下三个基本问题: 第一个问题是，迭代点列的适定性问题，即要求迭代点列是有意义的. 例如对于牛顿法，Jacobi 矩阵必须是非奇异的. 第二个问题是，迭代点列的全局收敛性问题. 第三个问题是，迭代点列的局部收敛速度问题. 近年来，对算法的复杂度分析，即分析算法得到给定精度的解所需要的计算量，越来越受到研究者的重视. 虽然算法复杂度不是本书的重点，我们对算法复杂度结果给予了简要介绍，如 4.1.5 小节和 4.4.2 小节.

本书利用线搜索技巧和信赖域技巧，研究迭代方法的全局收敛性. 线搜索的基本思想是每次迭代沿着某个方向搜索下一个迭代点. 在第 k 次迭代产生一个搜索方向 d_k, 通常 d_k 是某个近似问题的解. 然后沿 d_k 搜索一个"好"点，即计算步长 $\alpha_k > 0$, 使得点 $x_k + \alpha_k d_k$ 在一定意义下比当前迭代点 x_k 好. 取这个新点 $x_k + \alpha_k d_k$ 为下一个迭代点 x_{k+1}, 就完成了一次迭代. 线搜索方法的关键在于 d_k 的产生和 α_k 的选取. 搜索方向 d_k 的产生往往依赖于子问题的构造. 步长 α_k 的确定取决于某种一维线搜索技巧和某一价值函数. 我们认为价值函数之值愈小的点愈"好". 对于非线性方程组，价值函数通常是 (1.1.2) 中的目标函数.

信赖域的思想是每次迭代在一个区域内试图找到一个好的点. 在第 k 次迭代，算法在一个区域上寻找一个试探步. 该区域称为信赖域，通常是以当前迭代点为中心的一个小邻域. 试探步往往要求是某个子问题在信赖域的解. 试探步求出后利用价值函数来判断它是否可以被接受. 试探步的好坏还用来决定如何调节信赖域. 粗略地说，如果试探步较好，则信赖域半径不变或扩大; 否则将缩小.

在 Levenberg-Marquardt 方法中，利用信赖域思想，根据价值函数的实际下降量与预估下降量的比值来判断 Levenberg-Marquardt 步的好坏，并决定如何调节方法的参数. 粗略地说，如果试探步较好，则参数不变或缩小; 否则将扩大.

传统的信赖域方法，当迭代点列收敛时，信赖域半径将大于某一正常数. 本书将着重讨论信赖域半径趋于零的信赖域方法. 特别地，将讨论 Levenberg-Marquardt 方法和信赖域方法在局部误差界条件下的收敛性质.

近年来，随着很多包含大量变量的实际问题的出现，大规模非线性方程组受到了越来越多专家学者的关注. 每次迭代，子空间方法在一个低维的子空间里构造一个小规模问题，使其尽可能地逼近原大规模问题. 当子空间的维数远远小于原空间的维数时，计算量和存储量都会大幅度降低.

1.3 收敛性与收敛速度

非线性方程组数值方法的收敛性与收敛速度是非线性方程组求解方法的基本问题. 给定一个算法和初始点 x_1, 其所产生的点列 $x_k(k=1,2,\cdots)$ 是否收敛到非线性方程组的一个解或解集? 如果收敛, 收敛速度快不快? 这些问题无疑是方法的使用者十分关心的问题. 下面给出有关收敛性与收敛速度的一些定义.

假设 X^* 为非线性方程组 (1.1.1) 的解集. 用

$$\mathrm{dist}(x, X^*) = \inf_{y \in X^*} \|x - y\|_2 \tag{1.3.1}$$

表示点 x 到 X^* 的欧氏距离.

定义 1.3.1 设 $x_k \in \mathbb{R}^n (k=1,2,\cdots)$ 是一无穷点列. 如果

$$\liminf_{k \to \infty} \mathrm{dist}(x_k, X^*) = 0, \tag{1.3.2}$$

则称 $\{x_k\}$ 子收敛到 X^*; 如果

$$\lim_{k \to \infty} \mathrm{dist}(x_k, X^*) = 0, \tag{1.3.3}$$

则称 $\{x_k\}$ 弱收敛到 X^*; 如果存在 $x^* \in X^*$, 使得

$$\lim_{k \to \infty} x_k = x^*, \tag{1.3.4}$$

则称 $\{x_k\}$ 强收敛到 X^* (或 $\{x_k\}$ 收敛到解 x^*).

由定义可知, 强收敛必是弱收敛, 弱收敛必是子收敛. 假设算法产生的点列 $\{x_k\}$ 子收敛到非线性方程组的解集 X^*. 在实际计算中, 由于集合 X^* 未知, 所以 $\mathrm{dist}(x_k, X^*)$ 是不可计算的, 因而, 实用的收敛性定义是将 $\mathrm{dist}(x_k, X^*)$ 替换成某一评价函数, 例如 $\|F(x_k)\|_2$ 或 $\|J(x_k)^\mathsf{T} F(x_k)\|_2$, 其中 $J(x_k)$ 是 $F(x)$ 在 x_k 处的导数矩阵.

为了讨论局部收敛速度, 假定 $x_k \to x^*$. 令 $\epsilon_k = \|x_k - x^*\|_2$. 显然, $\{x_k\}$ 收敛到 x^* 的速度就是 ϵ_k 趋于 0 的速度. 假设 $x_k \in \mathbb{R}^n (k=1,2,\cdots)$ 由某一算法所产生, 如果有 k 使得 $x_k = x^*$, 则算法必在第 k 步迭代终止. 所以, 在讨论算法收敛速度时, 我们可假设对所有的 k, 都有 $\epsilon_k > 0$. 下列有关收敛速度的定义是由 Ortega 和 Rheinboldt[181] 给出的.

定义 1.3.2 对于 $p \in [1, +\infty)$, 称

$$Q_p = \limsup_{k \to \infty} \frac{\epsilon_{k+1}}{\epsilon_k^p} \tag{1.3.5}$$

为点列 $\{x_k\}$ 的商收敛因子, 也称为 Q 因子. 称

$$R_p = \begin{cases} \limsup\limits_{k\to\infty} \epsilon_k^{1/k}, & p = 1, \\ \limsup\limits_{k\to\infty} \epsilon_k^{1/p^k}, & p > 1 \end{cases} \tag{1.3.6}$$

为 $\{x_k\}$ 的根收敛因子, 简称 R 因子.

定义 1.3.3 称

$$O_Q = \inf\{p \mid p \in [1, +\infty), Q_p = +\infty\} \tag{1.3.7}$$

为点列 $\{x_k\}$ 的商收敛阶, 简称 Q 收敛阶. 称

$$O_R = \inf\{p \mid p \in [1, +\infty), R_p = 1\} \tag{1.3.8}$$

为点列 $\{x_k\}$ 的根收敛阶, 简称 R 收敛阶.

定义 1.3.4 如果 $Q_1 = 0$, 则称 $\{x_k\}$ 是 Q 超线性收敛到 x^*; 如果 $0 < Q_1 < 1$, 则称 $\{x_k\}$ 是 Q 线性收敛到 x^*; 如果 $Q_1 \geqslant 1$, 则称 $\{x_k\}$ 是 Q 次线性收敛到 x^*.

定义 1.3.5 如果 $R_1 = 0$, 则称 $\{x_k\}$ 是 R 超线性收敛到 x^*; 如果 $0 < R_1 < 1$, 则称 $\{x_k\}$ 是 R 线性收敛到 x^*; 如果 $R_1 = 1$, 则称 $\{x_k\}$ 是 R 次线性收敛到 x^*.

定义 1.3.6 如果 $Q_2 = 0$, 则称 $\{x_k\}$ 是 Q 超平方收敛到 x^*; 如果 $0 < Q_2 < +\infty$, 则称 $\{x_k\}$ 是 Q 平方收敛到 x^*; 如果 $Q_2 = +\infty$, 则称 $\{x_k\}$ 是 Q 次平方收敛到 x^*.

定义 1.3.7 如果 $R_2 = 0$, 则称 $\{x_k\}$ 是 R 超平方收敛到 x^*; 如果 $0 < R_2 < 1$, 则称 $\{x_k\}$ 是 R 平方收敛到 x^*; 如果 $R_2 \geqslant 1$, 则称 $\{x_k\}$ 是 R 次平方收敛到 x^*.

平方收敛也称为二次收敛. 类似可定义 Q 和 R 立方收敛. 从定义可知, $\{x_k\}$ Q 超线性收敛到 x^* 等价于

$$\lim_{k\to\infty} \frac{\|x_{k+1} - x^*\|_2}{\|x_k - x^*\|_2} = 0. \tag{1.3.9}$$

式 (1.3.9) 与

$$\lim_{k\to\infty} \frac{\|x_{k+1} - x^*\|_2}{\|x_k - x_{k+1}\|_2} = 0 \tag{1.3.10}$$

是等价的. 从 (1.3.10) 可知, 对于 Q 超线性收敛点列 $\{x_k\}$, 如果 $\|x_k - x_{k+1}\|_2$ 已相当小, 则 x_{k+1} 必定是 x^* 的一个很好的近似.

利用 Q 收敛阶和 R 收敛阶的定义, 有

推论 1.3.1 对于收敛点列 $x_k(k = 1, 2, \cdots)$, 它的 Q 收敛阶不大于其 R 收敛阶, 即

$$O_Q \leqslant O_R. \tag{1.3.11}$$

该推论的证明可见文献 [181]. 显然, R 收敛阶很高时有可能 Q 收敛阶很低. 但是有如下结果:

定理 1.3.1　设点列 $x_k(k=1,2,\cdots)$ 收敛到 x^*, 而且它的 R 收敛阶 $Q_R > 1$. 则对任给常数 $\delta < O_R$, 存在点列 $\beta_k(k=1,2,\cdots)$, 使得

$$\beta_k \geqslant \|x_k - x^*\|_2 \tag{1.3.12}$$

对所有充分大的 k 都成立, 而且 β_k 收敛到 0 的 Q 收敛阶不小于 δ.

该定理的证明可见文献 [285]. 这个结果说明, R 收敛阶高的点列至少比某些特殊的 Q 收敛阶低的点列收敛得更快.

在以后的各章, 除特别说明外, 我们提到的线性收敛、超线性收敛以及二次收敛分别是指 Q 线性收敛、Q 超线性收敛以及 Q 二次收敛; 我们提到的向量范数 $\|\cdot\|$ 和矩阵范数 $\|\cdot\|$ 分别是指向量 2 范数 $\|\cdot\|_2$ 和矩阵 2 范数 $\|\cdot\|_2$.

第2章 牛 顿 法

牛顿法是求解非线性方程组的最基本方法. 目前使用的很多有效的迭代方法都是以牛顿法为基础并由它发展而来的. 本章我们讨论牛顿法和非精确牛顿法以及它们的收敛性质. 在本章, 我们假定方程的个数与变量个数相等, 即在 (1.1.1) 中 $m = n$.

2.1 牛 顿 法

牛顿法的基本思想是利用函数的线性展开, 在第 k 次迭代, 用线性方程组

$$L_k(x) = F_k + J_k(x - x_k) = 0 \tag{2.1.1}$$

近似方程组 (1.1.1), 从而得到第 $k+1$ 个近似解

$$x_{k+1} = x_k - J_k^{-1} F_k, \tag{2.1.2}$$

这里 $F_k = F(x_k), J_k = F'(x_k)$ 是 Jacobi 矩阵在 x_k 处的值. 它的几何意义是在 $n+1$ 维空间 (x, z), 利用 n 个超切平面

$$z = F_i(x_k) + \nabla F_i(x - x_k), \quad i = 1, \cdots, n \tag{2.1.3}$$

与超平面 $z = 0$ 的交点 $(x_{k+1}, 0)$ 作为超曲面 $z = F_i(x)$ 与超平面 $z = 0$ 的交点的近似. 牛顿法要求 Jacobi 矩阵 J_k 非奇异, 且每次迭代要计算 J_k 的逆, 当 n 很大时会出现计算上的困难. 实际计算时, 一般求解下述 n 阶线性方程组

$$J_k d = -F_k \tag{2.1.4}$$

得到牛顿步 d_k.

算法 2.1.1 (牛顿法)

步 1   给出 $x_1 \in \mathbb{R}^n$; $k := 1$.

步 2   如果 $F_k = 0$, 则停; 求解线性方程组 (2.1.4), 得到牛顿步 d_k.

步 3   令 $x_{k+1} := x_k + d_k, k := k + 1$, 转步 2.

牛顿法的优点是收敛快. 下面给出牛顿法的局部收敛性结果 [51].

定理 2.1.1   设 $F: \mathbb{R}^n \to \mathbb{R}^n$ 在开凸集 $D \subset \mathbb{R}^n$ 上连续可微, 存在 $x^* \in \mathbb{R}^n$ 及常数 $r, \kappa_{bij}, \kappa_{lj} > 0$ 使得 $N(x^*, r) \subset D, F(x^*) = 0, J(x^*)$ 非奇异, $\|J(x^*)^{-1}\| \leqslant \kappa_{bij}$, 且有

2.1 牛顿法

$$\|J(x) - J(y)\| \leqslant \kappa_{lj}\|x - y\|, \quad \forall x, y \in N(x^*, r), \qquad (2.1.5)$$

其中 $N(x^*, r) = \{x \in \mathbb{R}^n \mid \|x - x^*\| < r\}$，则存在 $\epsilon > 0$，使得对任意 $x_1 \in N(x^*, \epsilon)$，由算法 2.1.1 产生的迭代点列 $\{x_k\}$ 收敛到 x^*，且满足

$$\|x_{k+1} - x^*\| \leqslant \kappa_{bij}\kappa_{lj}\|x_k - x^*\|^2. \qquad (2.1.6)$$

证明 令

$$\epsilon = \min\left\{r, \frac{1}{2\kappa_{bij}\kappa_{lj}}\right\}. \qquad (2.1.7)$$

用数学归纳法证明，对所有 k，均有 $x_k \in N(x^*, \epsilon)$，J_k 非奇异，且式 (2.1.6) 成立.

先证 J_1 非奇异. 因为 $\|x_1 - x^*\| \leqslant \epsilon$，$J(x)$ 在 x^* 处 Lipschitz 连续，所以由 (2.1.7) 可知

$$\begin{aligned}\|J(x^*)^{-1}(J_1 - J(x^*))\| &\leqslant \|J(x^*)^{-1}\|\|J_1 - J(x^*)\| \\ &\leqslant \kappa_{bij}\kappa_{lj}\|x_1 - x^*\| \leqslant \kappa_{bij}\kappa_{lj}\epsilon \leqslant \frac{1}{2}.\end{aligned} \qquad (2.1.8)$$

由矩阵逆扰动理论 (见文献 [51, Theorem 3.1.4]) 知 J_1 非奇异，且

$$\|J_1^{-1}\| \leqslant \frac{\|J(x^*)^{-1}\|}{1 - \|J(x^*)^{-1}(J_1 - J(x^*))\|} \leqslant 2\|J(x^*)^{-1}\| \leqslant 2\kappa_{bij}. \qquad (2.1.9)$$

因此，x_2 有定义，且

$$\begin{aligned}x_2 - x^* &= x_1 - x^* - J_1^{-1}F_1 \\ &= J_1^{-1}(F(x^*) - F_1 - J_1(x^* - x_1)).\end{aligned} \qquad (2.1.10)$$

从而由引理 (见文献 [51, Lemma 4.1.12]) 和 (2.1.9) 可知

$$\begin{aligned}\|x_2 - x^*\| &\leqslant \|J_1^{-1}\|\|F(x^*) - F_1 - J_1(x^* - x_1)\| \\ &\leqslant 2\kappa_{bij} \cdot \frac{\kappa_{lj}}{2}\|x_1 - x^*\|^2 \\ &= \kappa_{bij}\kappa_{lj}\|x_1 - x^*\|^2.\end{aligned} \qquad (2.1.11)$$

因为 $\|x_1 - x^*\| \leqslant \dfrac{1}{2\kappa_{bij}\kappa_{lj}}$，所以

$$\|x_2 - x^*\| \leqslant \frac{1}{2}\|x_1 - x^*\|, \qquad (2.1.12)$$

故 $x_2 \in N(x^*, \epsilon)$.

类似可证 (2.1.6) 和
$$\|x_{k+1} - x^*\| \leqslant \frac{1}{2}\|x_k - x^*\| \tag{2.1.13}$$
对所有 k 成立. 因此, $\{x_k\}$ 二次收敛到 x^*. □

定理 2.1.1 假设了非线性方程组 (1.1.1) 解的存在性. 如果 Jacobi 矩阵在解 x^* 处非奇异且在 x^* 的某个邻域内 Lipschitz 连续, 则牛顿法二次收敛.

Kantorovich [127] 给出了牛顿法的另一个著名的收敛性定理. Kantorovich 定理与定理 2.1.1 的主要区别是它没有假设非线性方程组 (1.1.1) 解的存在性. 如果 Jacobi 矩阵在初始点 x_1 处非奇异且在 x_1 的某邻域内 Lipschitz 连续, 初始牛顿步相对于 F 的非线性性充分小, 则非线性方程组 (1.1.1) 在 x_1 的某个邻域内解存在且唯一. 但在此条件下, 由牛顿法产生的迭代点列只具有 R 二次收敛性. 通常称定理 2.1.1 为牛顿法的局部收敛性定理, 称如下的 Kantorovich 定理为牛顿法的半局部收敛性定理.

定理 2.1.2 设 $F: \mathbb{R}^n \to \mathbb{R}^n$ 在开凸集 $D \subset \mathbb{R}^n$ 上二次连续可微. 如果存在 $x_1 \in D$ 及常数 B, K, η 使得 $F_1 \neq 0, F'(x_1)$ 非奇异且满足
$$\|J_1\| \leqslant B, \quad \|\nabla^2 F(x)\| \leqslant K, \quad \|J_1^{-1}F_1\| \leqslant \eta. \tag{2.1.14}$$
又如果 $\overline{N(x_1, t^*)} \subset D$, 其中 $t^* = \dfrac{2\eta}{1 + \sqrt{1 - 2h}}, h = KB\eta \leqslant \dfrac{1}{2}$, 则由算法 2.1.1 产生的迭代点列 $\{x_k\}$ 均在闭球 $\overline{N(x_1, t^*)}$ 内, 并收敛到 $F(x) = 0$ 在邻域 $\overline{N(x_1, t^{**})} \cap D$ 内的唯一解 x^*, 其中 $t^{**} = \dfrac{1 + \sqrt{1 - 2h}}{KB}$, 且有
$$\|x_k - x^*\| \leqslant \frac{2\eta_k}{1 + \sqrt{1 - 2h_k}} \leqslant 2^{1-k}(2h)^{2^k - 1}\eta, \tag{2.1.15}$$
其中 $\{\eta_k\}$ 和 $\{h_k\}$ 由如下的递推公式所定义:
$$B_0 = B, \quad \eta_0 = \eta, \quad h_0 = h, \tag{2.1.16}$$
$$B_k = \frac{B_{k-1}}{1 - h_{k-1}}, \quad \eta_k = \frac{h_{k-1}\eta_{k-1}}{2 - (1 - h_{k-1})}, \quad h_k = KB_k\eta_k. \tag{2.1.17}$$

Kantorovich 定理的优点是无需假设 (1.1.1) 的解 x^* 的存在性和 $J(x^*)$ 的非奇异性. 事实上, 确实有方程组存在某个点满足定理 2.1.2 的假设条件, 但其在解处的 Jacobi 矩阵是奇异的. Kantorovich 定理的不足之处是迭代点列的 R 收敛性结果并不能显示点列的变化情况. Dennis[46] 证明了此时点列满足
$$\frac{1}{2}\|x_{k+1} - x_k\| \leqslant \|x_{k+1} - x^*\| \leqslant 2\|x_{k+1} - x_k\|. \tag{2.1.18}$$

许多学者基于 Kantorovich 定理对牛顿法进行了深入的研究. 关于 Kantorovich 定理的各种变形和推广, 以及牛顿迭代点列的误差估计、误差分析、计算复杂性和牛顿法的应用可参阅 [25, 51, 96, 131, 181].

牛顿法的优点是收敛快, 特别对于 F 的分量为仿射函数的方程组, 牛顿法只需一次迭代就可得到它的解. 另外牛顿法具有仿射不变性, 即对 F 作仿射变换 $G = AF$, 其中 A 为非奇异矩阵, 则

$$(G'(x))^{-1}G(x) = J(x)^{-1}A^{-1}AF(x) = J(x)^{-1}F(x). \tag{2.1.19}$$

这说明牛顿迭代点列在仿射变换下不变, 因而其收敛性和发散性不变.

牛顿法的缺点是, 对于许多问题, 它不一定全局收敛. 选取价值函数 $\phi(x) = \frac{1}{2}\|F(x)\|^2$. 根据无约束优化的全局收敛性策略, 一般要求迭代点列 $\{x_k\}$ 满足

$$\|F(x_k + d_k)\| \leqslant \|F(x_k)\|. \tag{2.1.20}$$

一个常用的全局收敛性策略是线搜索策略. 如果 $F_k \neq 0$, 则有

$$\nabla\phi_k^\mathsf{T} d_k = -F_k^\mathsf{T} J_k J_k^{-1} F_k = -F_k^\mathsf{T} F_k < 0. \tag{2.1.21}$$

上式表明牛顿方向 d_k 是 ϕ 在点 x_k 处的下降方向. 事实上, 牛顿方向 d_k 也是 F 在 x_k 处的线性模型

$$M_k(x_k + d) = F_k + J_k d \tag{2.1.22}$$

的根, 故 d_k 是二次模型

$$\begin{aligned}m_k(x_k + d) &= \frac{1}{2}\|M_k(x_k + d)\|^2 \\ &= \frac{1}{2}F_k^\mathsf{T} F_k + (J_k^\mathsf{T} F_k)^\mathsf{T} d + \frac{1}{2}d^\mathsf{T} J_k^\mathsf{T} J_k d\end{aligned} \tag{2.1.23}$$

的极小点. 因此可沿牛顿方向进行线搜索, 使得迭代点列

$$x_{k+1} = x_k - \alpha_k J_k^{-1} F_k, \quad k = 1, 2, \cdots \tag{2.1.24}$$

满足某种线搜索准则, 其中 $\alpha_k > 0$ 是一维搜索步长. 如果选取 α_k, 使得 ϕ_{k+1} 充分小于 ϕ_k, 则由线搜索牛顿法 (2.1.24) 产生的迭代点列 $\{x_k\}$ 的任一聚点 $\bar{x}^*$ 必满足 $F(\bar{x}^*) = 0$ 或 $J(\bar{x}^*)$ 奇异. 因此, 如果 $J(x)$ 对所有 $x \in \mathbb{R}^n$ 非奇异, 水平集 $L(x_1) = \{x \in \mathbb{R}^n \mid \phi(x) \leqslant \phi(x_1)\}$ 有界, 则 $\{x_k\}$ 收敛到非线性方程组 (1.1.1) 的解, 且当 k 充分大时, $\alpha_k \equiv 1$. 因此, 线搜索牛顿法仍具有二次收敛速度 [51].

2.2 非精确牛顿法

牛顿法每次迭代需要计算 Jacobi 矩阵 J_k, 当 n 很大或者 F 较复杂时, 计算 J_k 和求解线性方程组 (2.1.4) 的工作量将会很大. 求解非线性方程组 (1.1.1) 的牛顿型迭代法的一般形式为

$$x_{k+1} = x_k - (A(x_k))^{-1} F_k, \quad k = 1, 2, \cdots, \qquad (2.2.1)$$

通常 $A(x_k)$ 与 $x_k, F(x), J(x)$ 等有关. 适当选取 $A(x_k)$ 可得到牛顿法的各种变形. 如果对所有 k, 都取 $A(x_k) \equiv A$ 且 A 非奇异, 则得 n 维平行弦方法; 如果取 $A = J_1$, 则得简化的牛顿法. 一般来说, 为保证 x_k 近似于方程组的解, 应选取 $A(x_k)$ 近似于 $J(x^*)$.

Dembo, Eisenstat 和 Steihaug[45] 提出了求解非线性方程组 (1.1.1) 的非精确牛顿法. 在第 k 次迭代, 选取参数 $\eta_k \in [0, 1)$, 非精确求解线性方程组 (2.1.4) 得到试探步 d_k. 设

$$F_k + J_k d_k = r_k, \qquad (2.2.2)$$

其中 $\dfrac{\|r_k\|}{\|F_k\|} \leqslant \eta_k$. 这里 η_k 反映了求解 (2.1.4) 的精确程度. 当 $\eta_k \equiv 0$ 时, 非精确牛顿法即为牛顿法.

算法 2.2.1 (非精确牛顿法)

步 1   给出 $x_1 \in \mathbb{R}^n$; $k := 1$.

步 2   如果 $F_k = 0$, 则停; 非精确求解 (2.1.4) 得到 d_k.

步 3   令 $x_{k+1} := x_k + d_k, k := k + 1$, 转步 2.

定理 2.2.1   设 $F : \mathbb{R}^n \to \mathbb{R}^n$ 在开凸集 $D \subset \mathbb{R}^n$ 上连续可微, 存在 $x^* \in D$ 使得 $F(x^*) = 0$ 且 $J(x^*)$ 非奇异. 如果 $\eta_k \leqslant \eta_{\max} < t < 1$, 则存在 $\epsilon > 0$, 使得对任意 $x_1 \in N(x^*, \epsilon)$, 算法 2.2.1 产生的迭代点列 $\{x_k\}$ 收敛到 x^*, 且满足

$$\|x_{k+1} - x^*\|_* \leqslant t \|x_k - x^*\|_*, \qquad (2.2.3)$$

这里 $\|y\|_* \equiv \|J(x^*)y\|$.

证明   由 $J(x^*)$ 非奇异可知

$$\frac{1}{\mu} \|y\| \leqslant \|y\|_* \leqslant \mu \|y\|, \quad \forall y \in \mathbb{R}^n, \qquad (2.2.4)$$

其中

$$\mu = \max\{\|J(x^*)\|, \|J(x^*)^{-1}\|\}. \qquad (2.2.5)$$

因为 $\eta_{\max} < t$, 所以存在充分小的 $\gamma > 0$, 使得

$$(1+\gamma\mu)(\eta_{\max}(1+\mu\gamma)+2\mu\gamma) \leqslant t. \tag{2.2.6}$$

选取充分小的 $\epsilon > 0$, 使得如果 $\|y - x^*\| \leqslant \mu^2\epsilon$, 则有

$$\|J(y) - J(x^*)\| \leqslant \gamma, \tag{2.2.7}$$

$$\|J(y)^{-1} - J(x^*)^{-1}\| \leqslant \gamma, \tag{2.2.8}$$

$$\|F(y) - F(x^*) - J(x^*)(y - x^*)\| \leqslant \gamma\|y - x^*\|. \tag{2.2.9}$$

由 $J(x)$ 在 x^* 处连续可知上述 ϵ 存在.

假设 $\|x_1 - x^*\| \leqslant \epsilon$. 下面用归纳法证明 (2.2.3) 成立. 由 (2.2.4) 及归纳假设可知

$$\|x_k - x^*\| \leqslant \mu\|x_k - x^*\|_* \leqslant \mu t^k\|x_1 - x^*\|_* \leqslant \mu^2\|x_1 - x^*\| \leqslant \mu^2\epsilon, \tag{2.2.10}$$

故 (2.2.7)-(2.2.9) 在 $y = x_k$ 处成立. 因为

$$J(x^*)(x_{k+1} - x^*)$$
$$= (I + J(x^*)(J_k^{-1} - J(x^*)^{-1}))$$
$$\cdot (r_k + (J_k - J(x^*))(x_k - x^*) - (F_k - F(x^*) - J(x^*)(x_k - x^*))), \tag{2.2.11}$$

上式两边取范数, 由 μ 的定义及 (2.2.7)-(2.2.9) 可得

$$\begin{aligned}\|x_{k+1} - x^*\|_* \leqslant & (1 + \|J(x^*)\|\|J_k^{-1} - J(x^*)^{-1}\|) \\ & \cdot (\|r_k\| + \|J_k - J(x^*)\|\|x_k - x^*\| \\ & + \|F_k - F(x^*) - J(x^*)(x_k - x^*)\|) \\ \leqslant & (1 + \mu\gamma)(\eta_k\|F_k\| + 2\gamma\|x_k - x^*\|). \end{aligned} \tag{2.2.12}$$

又

$$F_k = J(x^*)(x_k - x^*) + F_k - F(x^*) - J(x^*)(x_k - x^*), \tag{2.2.13}$$

故两边取范数, 由 (2.2.9) 可得

$$\|F_k\| \leqslant \|x_k - x^*\|_* + \gamma\|x_k - x^*\|. \tag{2.2.14}$$

因此,

$$\begin{aligned}\|x_{k+1} - x^*\|_* \leqslant & (1+\mu\gamma)(\eta_k(\|x_k - x^*\|_* + \gamma\|x_k - x^*\|) + 2\gamma\|x_k - x^*\|) \\ \leqslant & (1+\mu\gamma)(\eta_{\max}(1+\mu\gamma) + 2\mu\gamma)\|x_k - x^*\|_*. \end{aligned} \tag{2.2.15}$$

结合 (2.2.6) 即得 (2.2.3). □

定理 2.2.2 设 $F: \mathbb{R}^n \to \mathbb{R}^n$ 在开凸集 $D \subset \mathbb{R}^n$ 上连续可微, 算法 2.2.1 产生的迭代点列 $\{x_k\}$ 收敛到 x^*, 且 $F(x^*) = 0$, $J(x^*)$ 非奇异. 则 $\{x_k\}$ 超线性收敛当且仅当

$$\|r_k\| = o(\|F_k\|). \tag{2.2.16}$$

进一步, 如果 $J(x)$ 在 x^* 处 Lipschitz 连续, 则 $\{x_k\}$ 至少二次收敛当且仅当

$$\|r_k\| = O(\|F_k\|^2). \tag{2.2.17}$$

证明 利用 $F_k = J(x^*)(x_k - x^*) + o(\|x_k - x^*\|)$ 以及 $J(x^*)$ 的非奇异性可知

$$\|F_k\| = O(\|x_k - x^*\|). \tag{2.2.18}$$

又有

$$\begin{aligned} x_{k+1} - x^* &= x_k - x^* + d_k \\ &= J_k^{-1}(J_k(x_k - x^*) - (F_k - F(x^*)) + r_k), \end{aligned} \tag{2.2.19}$$

利用 $J(x^*)$ 的非奇异性以及 $J(x)$ 的连续性, 有

$$J_k^{-1}(J_k(x_k - x^*) - (F_k - F(x^*))) = o(\|x_k - x^*\|). \tag{2.2.20}$$

从 (2.2.18)–(2.2.20) 可知 $\|x_{k+1} - x^*\| = o(\|x_k - x^*\|)$ 当且仅当 $\|r_k\| = o(\|F_k\|)$. 如果 $J(x)$ 在 x^* 处 Lipschitz 连续, 则

$$J_k^{-1}(J_k(x_k - x^*) - (F_k - F(x^*))) = O(\|x_k - x^*\|^2). \tag{2.2.21}$$

利用 (2.2.18), (2.2.19) 和 (2.2.21) 即知, $\|x_{k+1} - x^*\| = O(\|x_k - x^*\|^2)$ 当且仅当 $\|r_k\| = O(\|F_k\|^2)$. □

定理 2.2.1 和定理 2.2.2 表明, 当初始点 x_1 充分靠近非线性方程组 (1.1.1) 的解 x^*, 且 $J(x^*)$ 非奇异时, 如果 $\{\eta_k\}$ 一致小于 1, 适当选取范数, 则由算法 2.2.1 产生的迭代点列 $\{x_k\}$ 线性收敛到 x^*; 又如果 $\lim\limits_{k \to \infty} \eta_k = 0$, 则 $\{x_k\}$ 超线性收敛到 x^*; 再如果 $J(x)$ 在 x^* 处 Lipschitz 连续且 $\eta_k = O(\|F_k\|^2)$, 则 $\{x_k\}$ 二次收敛到 x^*.

Eisenstat 和 Walker[61] 给出了全局收敛的非精确牛顿法. 在第 k 次迭代, 选取参数 $\eta_k \in [0, 1)$, 求试探步 d_k, 使其满足

$$\|F(x_k + d_k)\| \leqslant (1 - t(1 - \eta_k))\|F_k\|, \tag{2.2.22}$$

其中 $t \in (0, 1)$ 为给定常数. 如果 $\sum\limits_k (1 - \eta_k)$ 发散, 则 $\{F_k\}$ 收敛到 0. 进一步, 如果 x^* 为 $\{x_k\}$ 的极限点且 $J(x^*)$ 非奇异, 则 $F(x^*) = 0$ 且 $\{x_k\}$ 收敛到 x^*.

第 3 章 拟牛顿法

拟牛顿法基于牛顿法发展而来，是非线性方程组的重要方法之一. 它克服了牛顿法需要求导、求逆等缺点，把 Jacobi 矩阵简化为矩阵递推关系式，这样不仅简化了计算过程，同时还能保证方法的超线性收敛速度.

3.1 拟牛顿条件

设 $F: \mathbb{R}^n \to \mathbb{R}^n$ 在开凸集 $D \subset \mathbb{R}^n$ 上连续可微. F 在 x_{k+1} 附近的一次近似为

$$F(x) \approx F_{k+1} + J_{k+1}(x - x_{k+1}). \tag{3.1.1}$$

令 $x = x_k, s_k = x_{k+1} - x_k, y_k = F_{k+1} - F_k$，则

$$J_{k+1} s_k \approx y_k. \tag{3.1.2}$$

当 $F(x)$ 是线性函数时，关系式 (3.1.2) 精确成立. 现在我们要求在拟牛顿法中构造的 Jacobi 矩阵近似 B_{k+1} 满足这种关系，即

$$B_{k+1} s_k = y_k. \tag{3.1.3}$$

(3.1.3) 被称为拟牛顿方程或者拟牛顿条件，它表明矩阵 B_{k+1} 关于点 x_k, x_{k+1} 具有"差商"的性质.

算法 3.1.1 (拟牛顿法)

步 1 给出 $x_1 \in \mathbb{R}^n, B_1 \in \mathbb{R}^{n \times n}$; $k := 1$.

步 2 如果 $F_k = 0$，则停；求解线性方程组

$$B_k d = -F_k \tag{3.1.4}$$

得到拟牛顿步 d_k.

步 3 令 $x_{k+1} := x_k + d_k$，计算 B_{k+1} 使得 (3.1.3) 成立; $k := k+1$，转步 2.

Dennis 和 Moré[50] 给出了拟牛顿法超线性收敛的充分必要条件.

定理 3.1.1 设 $F: \mathbb{R}^n \to \mathbb{R}^n$ 在开凸集 $D \subset \mathbb{R}^n$ 上连续可微，且存在 $x^* \in D$ 使得 $J(x)$ 在 x^* 处连续且 $J(x^*)$ 非奇异. 设 $\{B_k\}$ 为非奇异矩阵序列. 如果算法 3.1.1 产生的迭代点列 $\{x_k\} \subset D$ 且收敛到 x^*，则 $\{x_k\}$ 超线性收敛到 x^* 且 $F(x^*) = 0$，当且仅当

$$\lim_{k\to\infty}\frac{\|(B_k - J(x^*))(x_{k+1} - x_k)\|}{\|x_{k+1} - x_k\|} = 0. \tag{3.1.5}$$

证明 假设 (3.1.5) 成立. 因为

$$(B_k - J(x^*))(x_{k+1} - x_k) = -F_k - J(x^*)(x_{k+1} - x_k)$$
$$= F_{k+1} - F_k - J(x^*)(x_{k+1} - x_k) - F_{k+1}, \tag{3.1.6}$$

所以由 $\{x_k\}$ 收敛到 x^* 和 (3.1.5) 可得

$$\lim_{k\to+\infty}\frac{\|F_{k+1}\|}{\|x_{k+1} - x_k\|} = 0. \tag{3.1.7}$$

故 $F(x^*) = 0$. 又因为 $J(x^*)$ 非奇异, 故存在 $\beta > 0$, 使得

$$\|F_{k+1}\| = \|F_{k+1} - F(x^*)\| \geqslant \beta \|x_{k+1} - x^*\|. \tag{3.1.8}$$

因此,

$$\frac{\|F_{k+1}\|}{\|x_{x+1} - x_k\|} \geqslant \frac{\beta\|x_{k+1} - x^*\|}{\|x_{k+1} - x^*\| + \|x_k - x^*\|} = \frac{\beta\rho_k}{1 + \rho_k}, \tag{3.1.9}$$

其中 $\rho_k = \|x_{k+1} - x^*\|/\|x_k - x^*\|$. 由 (3.1.7) 知 $\rho_k/(1+\rho_k)$ 收敛到 0, 故 $\{\rho_k\}$ 收敛到 0, 即 $\{x_k\}$ 超线性收敛到 x^*.

反之, 假设 $\{x_k\}$ 超线性收敛到 x^* 且 $F(x^*) = 0$, 则

$$\lim_{k\to+\infty}\frac{\|x_{k+1} - x_k\|}{\|x_k - x^*\|} = 1. \tag{3.1.10}$$

利用 $J(x)$ 在 x^* 处连续和

$$\frac{\|F_{k+1}\|}{\|x_{x+1} - x_k\|} = \frac{\|F_{k+1} - F(x^*)\|}{\|x_k - x^*\|} \cdot \frac{\|x_k - x^*\|}{\|x_{k+1} - x_k\|}, \tag{3.1.11}$$

可知 (3.1.7) 成立. 从而由 (3.1.6) 可得 (3.1.5). □

记 $d_k^N = -J_k^{-1}F_k$ 为牛顿步. 注意到

$$d_k - d_k^N = d_k + J_k^{-1}F_k = J_k^{-1}(J_k - B_k)d_k, \tag{3.1.12}$$

因此, (3.1.5) 等价于

$$\lim_{k\to\infty}\frac{\|d_k - d_k^N\|}{\|d_k\|} = 0. \tag{3.1.13}$$

上式表明拟牛顿法超线性收敛的充分必要条件是拟牛顿步 d_k 在大小和方向上都渐近逼近于牛顿步 d_k^N. 另外, 如果 F 满足定理 3.1.1 的条件, 且在 x^* 处存在常数 $\kappa_{lj} > 0$ 和 $\kappa_{lb} > 0$, 使得

$$\|J(x) - J(x^*)\| \leqslant \kappa_{lj}\|x - x^*\|, \quad \forall x \in D, \tag{3.1.14}$$

$$\|B_k - J(x^*)\| \leqslant \kappa_{lb}\|x_k - x^*\|, \quad k = 1, 2, \cdots, \tag{3.1.15}$$

则由算法 3.1.1 产生的迭代点列 $\{x_k\}$ 至少二次收敛到 x^*.

推论 3.1.1 设 $F: \mathbb{R}^n \to \mathbb{R}^n$ 满足定理 3.1.1 的假设条件. 设 $\{B_k\}$ 为非奇异矩阵序列, 由线搜索拟牛顿法 $x_{k+1} = x_k + \alpha_k d_k (k = 1, 2, \cdots)$ 产生的迭代点列 $\{x_k\} \subset D$ 且收敛到 x^*. 如果 (3.1.5) 成立, 则 $\{x_k\}$ 超线性收敛到 x^* 且 $F(x^*) = 0$, 当且仅当 $\{\alpha_k\}$ 收敛到 1.

证明 假设 $\{x_k\}$ 超线性收敛到 x^* 且 $F(x^*) = 0$. 由定理 3.1.1 可知

$$\lim_{k \to +\infty} \frac{\|(\alpha_k^{-1} B_k - J(x^*))(x_{k+1} - x_k)\|}{\|x_{k+1} - x_k\|} = 0. \tag{3.1.16}$$

结合 (3.1.5) 可得

$$\lim_{k \to +\infty} \frac{\|(\alpha_k^{-1} - 1) B_k (x_{k+1} - x_k)\|}{\|x_{k+1} - x_k\|} = 0. \tag{3.1.17}$$

因为 $B_k(x_{k+1} - x_k) = -\alpha_k F_k$, 所以

$$\lim_{k \to +\infty} \frac{\|(\alpha_k - 1) F_k\|}{\|x_{k+1} - x_k\|} = 0. \tag{3.1.18}$$

又 $J(x^*)$ 非奇异, 故存在 $\beta > 0$, 使得 $\|F_k\| \geqslant \beta\|x_k - x^*\|$. 因此, 由 (3.1.10) 可知 $\{\alpha_k\}$ 必收敛到 1.

反之, 如果 $\{\alpha_k\}$ 收敛到 1, 则由 (3.1.5) 可得 (3.1.16). 从而, 利用定理 3.1.1 可证 $\{x_k\}$ 超线性收敛到 x^* 且 $F(x^*) = 0$. □

3.2 几个重要的拟牛顿法

本节介绍 Broyden 秩 1 拟牛顿校正公式, 以及稀疏拟牛顿校正公式.

设 B_k 是第 k 次迭代的 Jacobi 矩阵近似, 我们希望从 B_k 产生 B_{k+1}, 即

$$B_{k+1} = B_k + \Delta_k, \tag{3.2.1}$$

其中 Δ_k 是一个低秩矩阵.

在秩 1 校正情形, 有

$$B_{k+1} = B_k + v_k u_k^\mathsf{T}, \tag{3.2.2}$$

由拟牛顿条件 (3.1.3) 知

$$B_{k+1} s_k = (B_k + v_k u_k^\mathsf{T}) s_k = y_k, \tag{3.2.3}$$

即

$$u_k^\mathsf{T} s_k v_k = y_k - B_k s_k, \tag{3.2.4}$$

故 v_k 必定在方向 $y_k - B_k s_k$ 上. 假定 $y_k - B_k s_k \neq 0$ (否则, B_k 已满足拟牛顿条件), 向量 u_k 满足 $u_k^\mathsf{T} s_k \neq 0$, 则

$$B_{k+1} = B_k + \frac{(y_k - B_k s_k) u_k^\mathsf{T}}{s_k^\mathsf{T} u_k}. \tag{3.2.5}$$

在 (3.2.5) 中取 $u_k = s_k$, 则可得

$$B_{k+1} = B_k + \frac{(y_k - B_k s_k) s_k^\mathsf{T}}{s_k^\mathsf{T} s_k}. \tag{3.2.6}$$

上式称为 Broyden 秩 1 校正公式. 拟牛顿法的基本思想是通过逐步修正 B_k 使其越来越近似 $J(x)$. 由于每个矩阵 B_k 均在上一次迭代的线搜索方向上满足拟牛顿性质, 所以在修正矩阵时, 要求 B_{k+1} 与 B_k 之差不要太大. 事实上, 上述 Broyden 秩 1 校正公式具有这样的性质, 即 (3.2.6) 中的 B_{k+1} 满足拟牛顿条件 (3.1.3), 并且在 2 范数意义下使得 $B_{k+1} - B_k$ 达到最小 [285].

在 (3.2.5) 中取 $u_k = y_k - B_k s_k$, 则可得到秩 1 对称拟牛顿校正公式:

$$B_{k+1} = B_k + \frac{(y_k - B_k s_k)(y_k - B_k s_k)^\mathsf{T}}{(y_k - B_k s_k)^\mathsf{T} s_k}. \tag{3.2.7}$$

上式适合于 Jacobi 矩阵 $J(x)$ 是对称矩阵的情形.

在 (3.2.5) 中用 $J_{k+1} s_k$ 代替 y_k, 得到下面的公式:

$$B_{k+1} = B_k + \frac{(J_{k+1} - B_k) s_k u_k^\mathsf{T}}{s_k^\mathsf{T} u_k}. \tag{3.2.8}$$

假设 J_{k+1} 不可知, 当用自动微分计算 $J_{k+1} s_k$ 时, 公式 (3.2.8) 很有用 [108]. 类似地, 可将 (3.2.8) 运用于 B_{k+1}^T, 即要求满足伴随切条件

$$w_k^\mathsf{T} B_{k+1} = w_k^\mathsf{T} J_{k+1}, \tag{3.2.9}$$

则有

$$B_{k+1} = B_k + \frac{v_k w_k^\mathsf{T} (J_{k+1} - B_k)}{v_k^\mathsf{T} w_k}, \tag{3.2.10}$$

其中 $v_k, w_k \in \mathbb{R}^n$ 满足 $v_k^\mathsf{T} w_k \neq 0$ [109, 200]. 如果 $w_k = v_k$, 则 (3.2.10) 退化为伴随 Broyden 校正公式:

$$B_{k+1} = B_k + \frac{v_k v_k^\mathsf{T} (J_{k+1} - B_k)}{v_k^\mathsf{T} v_k}. \tag{3.2.11}$$

Schlenkrich, Griewank 和 Walther[200] 给出了 v_k 的多种取法:

$$v_k = (J_{k+1} - B_k) s_k, \tag{3.2.12}$$

$$v_k = (F_{k+1} - F_k) - B_k s_k, \tag{3.2.13}$$

$$v_k = F_{k+1}. \tag{3.2.14}$$

当 v_k 由 (3.2.12)–(3.2.14) 给出时, 拟牛顿校正公式 (3.2.11) 分别称为伴随 Broyden 切线校正、伴随 Broyden 割线校正、伴随 Broyden 残量校正. 把 (3.2.12) 代入 (3.2.10), 则得到双面秩 1 校正公式:

$$B_{k+1} = B_k + \frac{(J_{k+1} - B_k) s_k w_k^\mathsf{T} (J_{k+1} - B_k)}{w_k^\mathsf{T} (J_{k+1} - B_k) s_k}. \tag{3.2.15}$$

还有许多其他的拟牛顿校正公式, 例如, Powell 对称 Broyden 校正公式、BFGS 秩 2 拟牛顿校正公式、DFP 秩 2 拟牛顿校正公式等 [91, 179, 215].

拟牛顿法的一个很好的性质是, 可以保持原始 Jacobi 矩阵的稀疏结构. Schubert[202] 和 Toint[218-220] 最先对稀疏拟牛顿法进行了研究.

设 $J(x)$ 有如下稀疏性质:

$$(J(x))_{i,j} = 0, \quad \text{如果 } (i,j) \in \mathcal{I}, \tag{3.2.16}$$

这里 $\mathcal{I}$ 是 $\{(i,j) \mid i = 1, \cdots, n, j = 1, \cdots, n\}$ 的子集. 对 $i = 1, \cdots, n$, 定义向量 $s_k^{(i)}$ 为

$$(s_k^{(i)})_j = \begin{cases} 0, & \text{如果} (i,j) \in \mathcal{I}, \\ (s_k)_j, & \text{否则}. \end{cases} \tag{3.2.17}$$

Schubert 稀疏 Broyden 秩 1 校正公式为

$$B_{k+1} = B_k + \sum_{i=1}^n e_i e_i^\mathsf{T} \frac{(y_k - B_k s_k)(s_k^{(i)})^\mathsf{T}}{s_k^\mathsf{T} s_k^{(i)}}, \tag{3.2.18}$$

其中 e_i 是 $\mathbb{R}^n$ 的第 i 个单位向量. 容易验证, (3.2.18) 满足拟牛顿条件 (3.1.3), 且具有稀疏性质, 即对 $(i,j) \in \mathcal{I}$, 如果 $(B_k)_{i,j} = 0$, 则 $(B_{k+1})_{i,j} = 0$.

Schubert 稀疏校正公式也可以利用正交投影来更清晰地表示. 设 $J(x)$ 每一行的稀疏结构可表示为 $\mathbb{R}^n$ 的一个子空间

$$V_i = \{x \in \mathbb{R}^n \mid x_j = 0, \text{如果 } (i,j) \in \mathcal{I}\}. \tag{3.2.19}$$

记 P_{V_i} 为 $\mathbb{R}^n$ 到 V_i 的投影, 则 $P_{V_i} \in \mathbb{R}^{n \times n}$ 是对角矩阵, 其对角元素为

$$(P_{V_i})_{j,j} = \begin{cases} 0, & \text{如果 } (i,j) \in \mathcal{I}, \\ 1, & \text{否则}. \end{cases} \tag{3.2.20}$$

从而 Schubert 稀疏 Broyden 校正公式可写为

$$B_{k+1} = B_k + \sum_{i=1}^{n} e_i e_i^\mathsf{T} \frac{(y_k - B_k s_k) s_k^\mathsf{T} P_{V_i}}{s_k^\mathsf{T} P_{V_i} s_k}. \tag{3.2.21}$$

它也可以看作如下 Broyden 公式:

$$B_{k+1} = B_k + \sum_{i=1}^{n} e_i e_i^\mathsf{T} \frac{(y_k - B_k s_k) s_k^\mathsf{T}}{s_k^\mathsf{T} s_k} \tag{3.2.22}$$

的一个变形. 事实上, 类似于 (3.2.5) 是 (3.2.6) 的推广, 上式也可推广为

$$B_{k+1} = B_k + \sum_{i=1}^{n} e_i e_i^\mathsf{T} \frac{(y_k - B_k s_k)(u_k^{(i)})^\mathsf{T}}{s_k^\mathsf{T} u_k^{(i)}}, \tag{3.2.23}$$

其中 $u_k^{(i)} \in \mathbb{R}^n (i = 1, 2, \cdots, n)$. 因此, 当 $u_k^{(i)} = P_{V_i} s_k$ 时, (3.2.21) 是 (3.2.23) 的特殊情形. 同样, 如果要求拟牛顿条件

$$w_k^\mathsf{T} B_{k+1} = z_k^\mathsf{T} \tag{3.2.24}$$

成立, 则可得到广义的校正公式:

$$B_{k+1} = B_k + \sum_{j=1}^{n} v_k^{(j)} \frac{(z_k^\mathsf{T} - w_k^\mathsf{T} B_k)}{w_k^\mathsf{T} v_k^{(j)}} e_j e_j^\mathsf{T}, \tag{3.2.25}$$

这里 $v_k^{(j)} \in \mathbb{R}^n$ 满足 $w_k^\mathsf{T} v_k^{(j)} \neq 0$. 由 (3.2.23) 和 (3.2.25), 可得到一般稀疏按行校正公式:

$$B_{k+1} = B_k + \sum_{i=1}^{n} e_i e_i^\mathsf{T} \frac{(y_k - B_k s_k)(u_k^{(i)})^\mathsf{T} P_{V_i}}{s_k^\mathsf{T} P_{V_i} u_k^{(i)}} \tag{3.2.26}$$

和一般稀疏按列校正公式:

$$B_{k+1} = B_k + \sum_{j=1}^{n} P_{\bar{V}_j} v_k^{(j)} \frac{(z_k^\mathsf{T} - w_k^\mathsf{T} B_k)}{w_k^\mathsf{T} P_{\bar{V}_j} v_k^{(j)}} e_j e_j^\mathsf{T}, \tag{3.2.27}$$

其中 $P_{\bar{V}_j} \in \mathbb{R}^{n \times n}$ 为对角矩阵, 其对角元素为

$$(P_{\bar{V}_j})_{i,i} = \begin{cases} 0, & \text{如果 } (i,j) \in \mathcal{I}, \\ 1, & \text{其他}. \end{cases} \qquad (3.2.28)$$

(3.2.26) 和 (3.2.27) 的特殊情形包括 [30]:

$$B_{k+1} = B_k + \sum_{i=1}^{n} e_i e_i^\mathsf{T} \frac{(J_{k+1} - B_k) s_k w_k^\mathsf{T} (J_{k+1} - B_k) P_{V_i}}{w_k^\mathsf{T} (J_{k+1} - B_k) P_{V_i} s_k}, \qquad (3.2.29)$$

$$B_{k+1} = B_k + \sum_{j=1}^{n} P_{\bar{V}_j} \frac{(J_{k+1} - B_k) s_k w_k^\mathsf{T} (J_{k+1} - B_k)}{w_k^\mathsf{T} P_{\bar{V}_j} (J_{k+1} - B_k) s_k} e_j e_j^\mathsf{T}. \qquad (3.2.30)$$

稀疏性质 (3.2.16) 也可推广为结构性质:

$$(J(x))_{i,j} = J_{i,j}, \quad \text{如果 } (i,j) \in \mathcal{I}, \qquad (3.2.31)$$

即 Jacobi 矩阵的一些元素是常数. 结构稀疏在线性非线性混合方程组、分离或结构问题中很常见. 此时, 只要初始矩阵 B_1 对所有 $(i,j) \in \mathcal{I}$ 满足 $(B_1)_{i,j} = J_{i,j}$, 则仍可利用 (3.2.21) 来校正 B_k.

对于没有稀疏结构的问题, 也可以利用稀疏或者结构化拟牛顿矩阵. 例如, 即使 $J(x)$ 没有稀疏性质, 仍可使用 (3.2.21). 此时, 拟牛顿矩阵中指标在 $\mathcal{I}$ 中的元素保持不变. 特别地, 如果 $\mathcal{I}$ 是除了某列外其余元素的指标集合, 则由 (3.2.21) 给出的拟牛顿公式每次迭代一列 [164].

当求解线性方程组 (3.1.4) 的计算量很大时, 也可进行非精确求解. 非线性方程组 (1.1.1) 的非精确拟牛顿法每次迭代计算试探步 d_k, 使其满足

$$\|B_k d_k + F_k\| \leqslant \theta \|F_k\|, \qquad (3.2.32)$$

其中 $\theta \in [0,1)$ 为给定常数 [12, 21].

在非线性优化里, 梯度法相当于使用了某个标量矩阵作为拟牛顿矩阵. 因为两点步长梯度法中的 Barzilai-Borwein 步长非常有效 [6], 所以数量拟牛顿矩阵也被应用于求解非线性方程组 [141, 142]. 在 (3.1.4) 中令 $B_{k+1} = \lambda_{k+1} I$, 由弱拟牛顿条件

$$(x_{k+1} - x_k)^\mathsf{T} B_{k+1}(x_{k+1} - x_k) = (x_{k+1} - x_k)^\mathsf{T} (F_{k+1} - F_k) \qquad (3.2.33)$$

即可求得参数 λ_{k+1}.

也可对 Jacobi 矩阵的逆矩阵而非 Jacobi 矩阵本身进行拟牛顿校正, 要求其满足拟牛顿条件

$$H_{k+1} y_k = s_k, \qquad (3.2.34)$$

其中 H_{k+1} 是 J_{k+1}^{-1} 的近似. 此时定义拟牛顿方向

$$d_{k+1} = -H_{k+1}F_{k+1}. \tag{3.2.35}$$

与牛顿法不一样的是, 拟牛顿方向一般不是价值函数的下降方向, 这是为什么要选取好的初始近似 Jacobi 矩阵或初始近似 Jacobi 矩阵逆的重要原因之一. 有关拟牛顿法的全局收敛性策略, 如非单调策略、Bonnans-Burdakov 策略、杂交策略等, 可参阅文献 [94, 107, 151, 165, 185].

第 4 章 Levenberg-Marquardt 方法

本章讨论非线性方程组的 Levenberg-Marquardt 方法、多步 Levenberg-Marquardt 方法、自适应 Levenberg-Marquardt 方法和非精确 Levenberg-Marquardt 方法, 以及它们在局部误差界条件下的收敛性质.

4.1 Levenberg-Marquardt 方法

4.1.1 二次收敛速度

通常我们也可将非线性方程组 (1.1.1) 转化为非线性最小二乘问题 (1.1.2) 来求解. 高斯–牛顿法是求解非线性最小二乘问题的基本方法, 每次迭代把 (1.1.2) 转化为线性最小二乘问题:

$$\min_{d\in \mathbb{R}^n} \frac{1}{2}\|F_k + J_k d\|^2. \tag{4.1.1}$$

如果 $J_k^\mathsf{T} J_k$ 非奇异, 则 (4.1.1) 的唯一解是 $-(J_k^\mathsf{T} J_k)^{-1} J_k^\mathsf{T} F_k$. 于是高斯–牛顿法的迭代公式为

$$x_{k+1} = x_k - (J_k^\mathsf{T} J_k)^{-1} J_k^\mathsf{T} F_k. \tag{4.1.2}$$

如果 Jacobi 矩阵 $J(x)$ Lipschitz 连续, 且在非线性方程组的解处非奇异, 则高斯–牛顿法二次收敛 [51, 286]. 关于高斯–牛顿法的详细讨论将在第七章给出.

为克服 $J_k^\mathsf{T} J_k$ 奇异或坏条件所带来的困难, Levenberg[149] 和 Marquardt[162] 引入了非负参数 λ_k, 每次迭代计算

$$x_{k+1} = x_k - (J_k^\mathsf{T} J_k + \lambda_k I)^{-1} J_k^\mathsf{T} F_k. \tag{4.1.3}$$

当 J_k 奇异时, 正的参数 λ_k 保证了 $J_k^\mathsf{T} J_k + \lambda_k I$ 非奇异, 从而 Levenberg-Marquardt 方法有定义. 如果 Jacobi 矩阵 Lipschitz 连续, 且在非线性方程组的解处非奇异, 适当选取 λ_k, 则 Levenberg-Marquardt 方法二次收敛 [51, 286].

实际应用中, 许多非线性方程组是奇异或坏条件的, 因此 Jacobi 矩阵在非线性方程组的解处非奇异这一条件过强. Tseng[223] 与 Yamashita 和 Fukushima[241] 在弱于非奇异性条件的局部误差界条件下, 证明了非线性互补问题的某些算法仍然具有超线性收敛速度. 这表明保证超线性收敛速度的本质条件是局部误差界条件, 而不是非奇异性条件.

定义 4.1.1 设 $N \subset \mathbb{R}^n$ 且满足 $N \cap X^* \neq \varnothing$. 如果存在常数 $\kappa_{\text{leb}} > 0$, 使得

$$\|F(x)\| \geqslant \kappa_{\text{leb}} \cdot \text{dist}(x, X^*), \quad \forall x \in N, \tag{4.1.4}$$

则称 $F(x)$ 在 N 内有局部误差界.

如果 Jacobi 矩阵 $J(x)$ 在非线性方程组 (1.1.1) 的解 x^* 处非奇异, 则 x^* 是孤立解, 因此 $F(x)$ 在 x^* 的某邻域内有局部误差界. 但反之未必正确. 例如, 对于函数 $F(x_1, x_2) = (e^{x_1} - 1, 0)^\mathsf{T}$, $F(x_1, x_2) = 0$ 的解集为 $X^* = \{x \in \mathbb{R}^2 \mid x_1 = 0\}$. 故 $\text{dist}(x, X^*) = |x_1|$. 不难看出, 如果选取 $N = \{x \in \mathbb{R}^2 \mid -a < x_1 < a\}$, 其中 a 充分小, 则 $F(x_1, x_2)$ 在 N 内有局部误差界, 此时 $\kappa_{\text{leb}} \in (0, 1)$. 但是, $J(x^*)$ 对任意 $x^* \in X^*$ 奇异. 因此局部误差界条件比 Jacobi 矩阵非奇异的条件弱.

Yamashita 和 Fukushima[242] 首先证明了, 如果 F 满足局部误差界条件, Jacobi 矩阵 Lipschitz 连续, 则当 $\lambda_k = \|F_k\|^2$ 时, Levenberg-Marquardt 方法二次收敛到非线性方程组 (1.1.1) 的解集. 但是, $\lambda_k = \|F_k\|^2$ 有一些缺点. 一方面, 当迭代点列靠近解集时, λ_k 可能比机器精度还小, 将失去它的作用; 另一方面, 当迭代点列远离解集时, λ_k 可能很大, 故 d_k 可能很小, 从而导致点列向解集移动的很慢. 基于上述观察, Fan 和 Yuan[85] 选取 $\lambda_k = \|F_k\|$.

算法 4.1.1 (Levenberg-Marquardt 算法)

步 1 给出 $x_1 \in \mathbb{R}^n$; $k := 1$.

步 2 如果 $F_k = 0$, 则停; 求解

$$(J_k^\mathsf{T} J_k + \lambda_k I)d = -J_k^\mathsf{T} F_k, \quad \lambda_k = \|F_k\| \tag{4.1.5}$$

得到 d_k.

步 3 令 $x_{k+1} := x_k + d_k$, $k := k + 1$, 转步 2.

下面讨论算法 4.1.1 的收敛速度.

假设 4.1.1 (i) $F(x) : \mathbb{R}^n \to \mathbb{R}^m$ 连续可微, $J(x)$ 在 $x^* \in X^*$ 的某个邻域内 Lipschitz 连续, 即存在常数 $\kappa_{\text{lj}} > 0$ 和 $0 < r < 1$, 使得

$$\|J(y) - J(x)\| \leqslant \kappa_{\text{lj}} \|y - x\|, \quad \forall x, y \in N(x^*, r). \tag{4.1.6}$$

(ii) $F(x)$ 在 $N(x^*, r)$ 上具有局部误差界, 即存在常数 $\kappa_{\text{leb}} > 0$, 使得

$$\|F(x)\| \geqslant \kappa_{\text{leb}} \cdot \text{dist}(x, X^*), \quad \forall x \in N(x^*, r). \tag{4.1.7}$$

由 (4.1.6) 可知

$$\|F(y) - F(x) - J(x)(y - x)\| \leqslant \kappa_{\text{lj}} \|y - x\|^2, \quad \forall x, y \in N(x^*, r), \tag{4.1.8}$$

且存在常数 $\kappa_{\text{lf}} > 0$, 使得

4.1 Levenberg-Marquardt 方法

$$\|F(y) - F(x)\| \leqslant \kappa_{\mathrm{lf}} \|y - x\|, \quad \forall x, y \in N(x^*, r). \tag{4.1.9}$$

我们首先证明算法 4.1.1 产生的迭代点列 $\{x_k\}$ 超线性收敛到非线性方程组 (1.1.1) 的某个解, 然后利用奇异值分解技巧, 证明 $\{x_k\}$ 二次收敛.

记 $\bar{x}_k$ 为 X^* 中距离 x_k 最近的点, 即

$$\|x_k - \bar{x}_k\| = \mathrm{dist}(x_k, X^*). \tag{4.1.10}$$

引理 4.1.1 设 $F: \mathbb{R}^n \to \mathbb{R}^m$ 满足假设 4.1.1, 如果算法 4.1.1 产生的迭代点列满足 $x_k \in N(x^*, r/2)$, 则存在常数 $c_1 > 0$, 使得

$$\|d_k\| \leqslant c_1 \|x_k - \bar{x}_k\|. \tag{4.1.11}$$

证明 因为 $x_k \in N(x^*, r/2)$, 所以

$$\|\bar{x}_k - x^*\| \leqslant \|\bar{x}_k - x_k\| + \|x_k - x^*\| \leqslant 2\|x_k - x^*\| \leqslant r, \tag{4.1.12}$$

故 $\bar{x}_k \in N(x^*, r)$. 由 (4.1.8) 和 (4.1.9) 可得

$$\kappa_{\mathrm{leb}} \|\bar{x}_k - x_k\| \leqslant \lambda_k = \|F_k\| \leqslant \kappa_{\mathrm{lf}} \|\bar{x}_k - x_k\|. \tag{4.1.13}$$

定义

$$\varphi_k(d) = \|F_k + J_k d\|^2 + \lambda_k \|d\|^2. \tag{4.1.14}$$

容易验证 d_k 是凸函数 $\varphi_k(d)$ 的极小点. 从而由 (4.1.8), (4.1.13) 及 $r < 1$ 可知

$$\begin{aligned}
\|d_k\|^2 &\leqslant \frac{\varphi_k(d_k)}{\lambda_k} \\
&\leqslant \frac{\varphi_k(\bar{x}_k - x_k)}{\lambda_k} \\
&= \frac{\|F_k + J_k(\bar{x}_k - x_k)\|^2 + \lambda_k \|\bar{x}_k - x_k\|^2}{\lambda_k} \\
&\leqslant \kappa_{\mathrm{lj}}^2 \kappa_{\mathrm{leb}}^{-1} \|\bar{x}_k - x_k\|^3 + \|\bar{x}_k - x_k\|^2 \\
&\leqslant (\kappa_{\mathrm{lj}}^2 \kappa_{\mathrm{leb}}^{-1} + 1) \|\bar{x}_k - x_k\|^2.
\end{aligned} \tag{4.1.15}$$

令 $c_1 = \sqrt{\kappa_{\mathrm{lj}}^2 \kappa_{\mathrm{leb}}^{-1} + 1}$, 即得 (4.1.11). □

引理 4.1.2 设 $F: \mathbb{R}^n \to \mathbb{R}^m$ 满足假设 4.1.1. 如果算法 4.1.1 产生的迭代点列满足 $x_k, x_{k+1} \in N(x^*, r/2)$, 则存在常数 $c_2 > 0$, 使得

$$\|x_{k+1} - \bar{x}_{k+1}\| \leqslant c_2 \|x_k - \bar{x}_k\|^{\frac{3}{2}}. \tag{4.1.16}$$

证明 利用 (4.1.8), (4.1.13) 及 d_k 为 $\varphi_k(d)$ 的极小点, 可知

$$\varphi_k(d_k) \leqslant \varphi_k(\bar{x}_k - x_k)$$
$$= \|F_k + J_k(\bar{x}_k - x_k)\|^2 + \lambda_k \|\bar{x}_k - x_k\|^2$$
$$\leqslant \kappa_{\mathrm{lj}}^2 \|\bar{x}_k - x_k\|^4 + \kappa_{\mathrm{lf}} \|\bar{x}_k - x_k\|^3$$
$$\leqslant (\kappa_{\mathrm{lj}}^2 + \kappa_{\mathrm{lf}}) \|\bar{x}_k - x_k\|^3. \tag{4.1.17}$$

于是由 (4.1.7), (4.1.8) 和引理 4.1.1 可得

$$\kappa_{\mathrm{leb}} \|\bar{x}_{k+1} - x_{k+1}\| \leqslant \|F(x_k + d_k)\|$$
$$\leqslant \|F_k + J_k d_k\| + \kappa_{\mathrm{lj}} \|d_k\|^2$$
$$\leqslant \sqrt{\varphi_k(d_k)} + \kappa_{\mathrm{lj}} \|d_k\|^2$$
$$\leqslant \sqrt{\kappa_{\mathrm{lj}}^2 + \kappa_{\mathrm{lf}}} \|\bar{x}_k - x_k\|^{\frac{3}{2}} + \kappa_{\mathrm{lj}} c_1^2 \|\bar{x}_k - x_k\|^2$$
$$\leqslant \left(\sqrt{\kappa_{\mathrm{lj}}^2 + \kappa_{\mathrm{lf}}} + \kappa_{\mathrm{lj}} c_1^2\right) \|\bar{x}_k - x_k\|^{\frac{3}{2}}. \tag{4.1.18}$$

令 $c_2 = \left(\sqrt{\kappa_{\mathrm{lj}}^2 + \kappa_{\mathrm{lf}}} + \kappa_{\mathrm{lj}} c_1^2\right)/\kappa_{\mathrm{leb}}$, 即得 (4.1.16). □

定理 4.1.1 设 $F : \mathbb{R}^n \to \mathbb{R}^m$ 满足假设 4.1.1, 则存在 $\epsilon > 0$, 使得对任意 $x_1 \in N(x^*, \epsilon)$, 算法 4.1.1 产生的迭代点列 $\{x_k\}$ 超线性收敛到 (1.1.1) 的某个解.

证明 令

$$\epsilon = \min\left\{\frac{r}{2(1+3c_1)}, \frac{1}{2c_2^2}\right\}. \tag{4.1.19}$$

首先证明当 $x_1 \in N(x^*, \epsilon)$ 时, $x_k \in N(x^*, r/2)$ 对所有 k 成立. 利用引理 4.1.1, 可知

$$\|x_2 - x^*\| = \|x_1 + d_1 - x^*\| \leqslant \|x_1 - x^*\| + \|d_1\|$$
$$\leqslant \|x_1 - x^*\| + c_1 \|x_1 - \bar{x}_1\| \leqslant (1 + c_1)\epsilon \leqslant r/2, \tag{4.1.20}$$

故 $x_2 \in N(x^*, r/2)$. 假定 $x_i \in N(x^*, r/2)$ 对 $i = 3, \cdots, k$ 成立. 利用引理 4.1.2, 可得

$$\|x_i - \bar{x}_i\| \leqslant c_2 \|x_{i-1} - \bar{x}_{i-1}\|^{\frac{3}{2}} \leqslant \cdots$$
$$\leqslant c_2^{2((\frac{3}{2})^{i-1}-1)} \|x_1 - x^*\|^{(\frac{3}{2})^{i-1}} \leqslant 2\epsilon \left(\frac{1}{2}\right)^{(\frac{3}{2})^{i-1}}. \tag{4.1.21}$$

于是,

4.1 Levenberg-Marquardt 方法

$$\|x_{k+1} - x^*\| \leqslant \|x_2 - x^*\| + \sum_{i=2}^{k} \|d_i\|$$

$$\leqslant (1+c_1)\epsilon + c_1 \sum_{i=2}^{k} \|x_i - \bar{x}_i\|$$

$$\leqslant (1+c_1)\epsilon + 2c_1\epsilon \sum_{i=2}^{k} \left(\frac{1}{2}\right)^{\left(\frac{3}{2}\right)^{i-1}}$$

$$\leqslant (1+c_1)\epsilon + 2c_1\epsilon \sum_{i=1}^{k} \left(\frac{1}{2}\right)^{i}$$

$$\leqslant (1+c_1)\epsilon + 2c_1\epsilon \sum_{i=1}^{\infty} \left(\frac{1}{2}\right)^{i}$$

$$\leqslant (1+3c_1)\epsilon$$

$$\leqslant r/2. \tag{4.1.22}$$

因此, $x_{k+1} \in N(x^*, r/2)$. 由归纳法可知, $x_k \in N(x^*, r/2)$ 对所有 k 成立. 从而由引理 4.1.2 可得

$$\sum_{k=1}^{\infty} \|x_k - \bar{x}_k\| < +\infty. \tag{4.1.23}$$

利用引理 4.1.1, 有

$$\sum_{k=1}^{\infty} \|d_k\| < +\infty. \tag{4.1.24}$$

所以, $\{x_k\}$ 收敛到非线性方程组 (1.1.1) 的某个解 $\bar{x} \in X^*$. 注意到,

$$\|x_k - \bar{x}_k\| \leqslant \|x_{k+1} - \bar{x}_{k+1}\| + \|d_k\|, \tag{4.1.25}$$

由引理 4.1.2 可知

$$\|x_k - \bar{x}_k\| \leqslant 2\|d_k\| \tag{4.1.26}$$

对充分大的 k 都成立. 从而由 (4.1.11), (4.1.16) 和 (4.1.26) 可得

$$\|d_{k+1}\| \leqslant O(\|d_k\|^{\frac{3}{2}}). \tag{4.1.27}$$

因此 $\{x_k\}$ 超线性收敛到 $\bar{x}$. □

下面利用奇异值分解证明 $\{x_k\}$ 二次收敛. 设 $J(x^*)$ 的奇异值分解为

$$J(x^*) = U^*\Sigma^*V^{*\mathsf{T}} = (U_1^*, U_2^*) \begin{pmatrix} \Sigma_1^* \\ & 0 \end{pmatrix} \begin{pmatrix} V_1^{*\mathsf{T}} \\ V_2^{*\mathsf{T}} \end{pmatrix} = U_1^*\Sigma_1^*V_1^{*\mathsf{T}}, \tag{4.1.28}$$

其中 Σ^* 是 $m \times n$ 阶矩阵且 $\Sigma_1^* = \mathrm{diag}(\sigma_1^*, \cdots, \sigma_s^*) > 0$. 设 J_k 的奇异值分解为

$$\begin{aligned}
J_k &= U_k \Sigma_k V_k^{\mathsf{T}} \\
&= (U_{k,1}, U_{k,2}) \begin{pmatrix} \Sigma_{k,1} & \\ & \Sigma_{k,2} \end{pmatrix} \begin{pmatrix} V_{k,1}^{\mathsf{T}} \\ V_{k,2}^{\mathsf{T}} \end{pmatrix} \\
&= U_{k,1} \Sigma_{k,1} V_{k,1}^{\mathsf{T}} + U_{k,2} \Sigma_{k,2} V_{k,2}^{\mathsf{T}},
\end{aligned} \tag{4.1.29}$$

其中 $\Sigma_{k,1} > 0, \Sigma_{k,2} \geqslant 0$, 且 $\mathrm{rank}(\Sigma_{k,1}) = s$.

引理 4.1.3 设 $F: \mathbb{R}^n \to \mathbb{R}^m$ 满足假设 4.1.1. 设算法 4.1.1 产生的迭代点列 $\{x_k\}$ 超线性收敛到 (1.1.1) 的解集, 则

$$\|U_{k,1} U_{k,1}^{\mathsf{T}} F_k\| \leqslant O(\|x_k - \bar{x}_k\|), \tag{4.1.30}$$

$$\|U_{k,2} U_{k,2}^{\mathsf{T}} F_k\| \leqslant O(\|x_k - \bar{x}_k\|^2). \tag{4.1.31}$$

证明 由定理 4.1.1, 不失一般性, 假定 $\{x_k\}$ 超线性收敛到 $x^* \in X^*$. 由 (4.1.9) 即可得 (4.1.30).

利用 (4.1.6) 和矩阵扰动理论 [210], 可知

$$\|\mathrm{diag}(\Sigma_{k,1} - \Sigma_1^*, \Sigma_{k,2})\| \leqslant \|J_k - J^*\| \leqslant \kappa_{\mathrm{lj}} \|x_k - x^*\|. \tag{4.1.32}$$

故有

$$\|\Sigma_{k,1} - \Sigma_1^*\| \leqslant \kappa_{\mathrm{lj}} \|x_k - x^*\|, \quad \|\Sigma_{k,2}\| \leqslant \kappa_{\mathrm{lj}} \|x_k - x^*\|. \tag{4.1.33}$$

令 $\tilde{J}_k = U_{k,1} \Sigma_{k,1} V_{k,1}^{\mathsf{T}}$ 且 $\tilde{w}_k = -\tilde{J}_k^+ F_k$, 其中 $\tilde{J}_k^+$ 是 $\tilde{J}_k$ 的 Moore-Penrose 广义逆矩阵. 易知 $\tilde{w}_k$ 是 $\min\limits_{w \in \mathbb{R}^n} \|F_k + \tilde{J}_k w\|$ 的最小二乘解. 由 (4.1.8) 和 (4.1.33) 可知

$$\begin{aligned}
\|U_{k,2} U_{k,2}^{\mathsf{T}} F_k\| &= \|F_k + \tilde{J}_k \tilde{w}_k\| \\
&\leqslant \|F_k + \tilde{J}_k (\bar{x}_k - x_k)\| \\
&\leqslant \|F_k + J_k (\bar{x}_k - x_k)\| + \|(\tilde{J}_k - J_k)(\bar{x}_k - x_k)\| \\
&\leqslant \kappa_{\mathrm{lj}} \|\bar{x}_k - x_k\|^2 + \|U_{k,2} \Sigma_{k,2} V_{k,2}^{\mathsf{T}} (\bar{x}_k - x_k)\| \\
&\leqslant \kappa_{\mathrm{lj}} \|\bar{x}_k - x_k\|^2 + \kappa_{\mathrm{lj}} \|x_k - x^*\| \|\bar{x}_k - x_k\|.
\end{aligned} \tag{4.1.34}$$

注意到, 当 $\{x_k\}$ 超线性收敛到 x^* 时, $\|d_k\|/\|x_k - x^*\| \to 1$. 综合 (4.1.11), (4.1.26) 和 (4.1.34), 可得 (4.1.31). $\square$

定理 4.1.2 设 $F: \mathbb{R}^n \to \mathbb{R}^m$ 满足假设 4.1.1, 则存在 $\epsilon > 0$, 使得对任意 $x_1 \in N(x^*, \epsilon)$, 算法 4.1.1 产生的迭代点列 $\{x_k\}$ 二次收敛到 (1.1.1) 的某个解.

4.1 Levenberg-Marquardt 方法

证明 利用 J_k 的奇异值分解 (4.1.29), 计算可得

$$d_k = -V_{k,1}(\Sigma_{k,1}^2 + \lambda_k I)^{-1}\Sigma_{k,1}U_{k,1}^T F_k - V_{k,2}(\Sigma_{k,2}^2 + \lambda_k I)^{-1}\Sigma_{k,2}U_{k,2}^T F_k, \quad (4.1.35)$$

且

$$\begin{aligned}F_k + J_k d_k =& F_k - U_{k,1}\Sigma_{k,1}(\Sigma_{k,1}^2 + \lambda_k I)^{-1}\Sigma_{k,1}U_{k,1}^T F_k \\ &- U_{k,2}\Sigma_{k,2}(\Sigma_{k,2}^2 + \lambda_k I)^{-1}\Sigma_{k,2}U_{k,2}^T F_k \\ =& \lambda_k U_{k,1}(\Sigma_{k,1}^2 + \lambda_k I)^{-1}U_{k,1}^T F_k + \lambda_k U_{k,2}(\Sigma_{k,2}^2 + \lambda_k I)^{-1}U_{k,2}^T F_k. \end{aligned} \quad (4.1.36)$$

由定理 4.1.1 和引理 4.1.3, 不妨假设 $\kappa_{lj}\|x_k - x^*\| < \sigma_s^*/2$ 对所有充分大的 k 成立. 由 (4.1.33) 可知

$$\|(\Sigma_{k,1}^2 + \lambda_k I)^{-1}\| \leqslant \|\Sigma_{k,1}^{-2}\| \leqslant \frac{1}{(\sigma_s^* - \kappa_{lj}\|x_k - x^*\|)^2} < \frac{4}{\sigma_s^{*2}}. \quad (4.1.37)$$

又

$$\|(\Sigma_{k,2}^2 + \lambda_k I)^{-1}\| \leqslant \lambda_k^{-1}, \quad (4.1.38)$$

利用 (4.1.13) 和引理 4.1.3, 有

$$\|F_k + J_k d_k\| \leqslant O(\|x_k - \bar{x}_k\|^2). \quad (4.1.39)$$

从而由 (4.1.7), (4.1.8) 及 (4.1.11) 可得

$$\begin{aligned}\kappa_{\text{leb}}\|x_{k+1} - \bar{x}_{k+1}\| \leqslant & \|F(x_k + d_k)\| \\ \leqslant & \|F_k + J_k d_k\| + \kappa_{lj}\|d_k\|^2 \\ \leqslant & O(\|x_k - \bar{x}_k\|^2). \end{aligned} \quad (4.1.40)$$

类似于 (4.1.23)–(4.1.27) 的证明, 有

$$\|d_{k+1}\| \leqslant O(\|d_k\|^2). \quad (4.1.41)$$

故定理成立. □

进一步, Fan 和 Yuan[85] 选取

$$\lambda_k = \|F_k\|^\delta, \quad \delta \in (0, 2], \quad (4.1.42)$$

在假设 4.1.1 下, 证明了

$$\begin{aligned}\|d_{k+1}\| \leqslant & O(\|d_k\|^{\min\{\delta+1, 2\}}) \\ =& \begin{cases} O(\|d_k\|^{\delta+1}), & \text{如果 } \delta \in (0, 1), \\ O(\|d_k\|^2), & \text{如果 } \delta \in [1, 2]. \end{cases}\end{aligned} \quad (4.1.43)$$

亦即, 当 $\delta \in (0,1)$ 时, Levenberg-Marquardt 方法超线性收敛到 (1.1.1) 的某个解, 且收敛阶为 $1+\delta$; 而对任意 $\delta \in [1,2]$, Levenberg-Marquardt 方法都二次收敛. 此外,

$$\frac{\lambda_{k+1}}{\lambda_k^2} = \frac{\|F_{k+1}\|^\delta}{\|F_k\|^{2\delta}} \leqslant O\left(\frac{\|x_{k+1}-\bar{x}_{k+1}\|^\delta}{\|x_k-\bar{x}_k\|^{2\delta}}\right) = O\left(\frac{\|d_{k+1}\|^\delta}{\|d_k\|^{2\delta}}\right) = O(1), \quad (4.1.44)$$

即 $\{\lambda_k\}$ 和 $\{\|F_k\|\}$ 都二次收敛到 0.

事实上, 也可以选取

$$\lambda_k = \|J_k^\mathsf{T} F_k\|^\delta, \quad \delta \in (0,2]. \quad (4.1.45)$$

更一般的, 可选取 λ_k 为 $\|F_k\|$ 和 $\|J_k^\mathsf{T} F_k\|$ 的凸组合或其他形式[79].

基于 Nesterov[177] 的改进高斯–牛顿策略, Bellavia 等 [8] 提出了非线性方程组和非线性最小二乘的正则化欧几里得残量算法, 每次迭代考虑如下子问题:

$$\min_{d\in\mathbb{R}^n} \sqrt{\|F_k+J_k d\|_2^2 + \lambda_k \|d\|_2^2} + \sigma_k \|d\|_2^2. \quad (4.1.46)$$

它可以看成是 Levenberg-Marquardt 方法的推广.

4.1.2 线搜索算法

线搜索和信赖域技巧是保证最优化算法全局收敛的两大类方法[180,284,285]. 本小节讨论全局收敛的线搜索 Levenberg-Marquardt 算法.

在第 k 次迭代, 计算下一个迭代点:

$$x_{k+1} = x_k + \alpha_k d_k, \quad (4.1.47)$$

其中 d_k 是 (4.1.5) 的解, α_k 满足一定的线搜索条件. 一种常用的非精确线搜索为 Wolfe 线搜索, 它要求 $\alpha_k > 0$ 满足

$$\|F(x_k+\alpha_k d_k)\|^2 \leqslant \|F_k\|^2 + \alpha_k \beta_1 F_k^\mathsf{T} J_k d_k, \quad (4.1.48)$$

$$F(x_k+\alpha_k d_k)^\mathsf{T} J(x_k+\alpha_k d_k) d_k \geqslant \beta_2 F_k^\mathsf{T} J_k d_k, \quad (4.1.49)$$

其中 $0<\beta_1\leqslant\beta_2<1$ 为常数. 另一种著名的非精确线搜索是 Armijo 线搜索. 令 $\alpha_k = \zeta^t \bar{\alpha}$, 其中 $\bar{\alpha}>0, \zeta\in(0,1)$ 为正常数, t 是满足下式的最小非负整数:

$$\|F(x_k+\zeta^t \bar{\alpha} d_k)\|^2 \leqslant \|F_k\|^2 + \beta_1 \zeta^t \bar{\alpha} F_k^\mathsf{T} J_k d_k. \quad (4.1.50)$$

如果 $F(x)$ 和 $J(x)$ 都 Lipschitz 连续, 则上述两种线搜索满足

$$\|F_{k+1}\|^2 \leqslant \|F_k\|^2 - \beta_1 \beta_3 \frac{(F_k^\mathsf{T} J_k d_k)^2}{\|d_k\|^2}, \quad (4.1.51)$$

其中 β_3 为某一正常数 [253].

算法 4.1.2 (线搜索 Levenberg-Marquardt 算法)

步 1 给出 $x_1 \in \mathbb{R}^n, \eta \in (0,1); k := 1$.

步 2 如果 $\|J_k^\mathsf{T} F_k\| = 0$, 则停; 求解 (4.1.5) 得到 d_k.

步 3 如果 d_k 满足

$$\|F(x_k + d_k)\| \leqslant \eta \|F_k\|, \tag{4.1.52}$$

则令 $x_{k+1} := x_k + d_k$; 否则令 $x_{k+1} := x_k + \alpha_k d_k$, 其中 α_k 由 Wolfe 线搜索或者 Armijo 线搜索得到.

步 4 令 $k := k+1$, 转步 2.

下面证明算法 4.1.2 全局收敛, 即 $\{x_k\}$ 的任意聚点都是价值函数 $\phi(x) = \frac{1}{2}\|F(x)\|^2$ 的稳定点. 记 $N(x^*)$ 为 x^* 的某个充分小的邻域.

定理 4.1.3 设 $F : \mathbb{R}^n \to \mathbb{R}^m$ 连续可微, $F(x)$ 和 $J(x)$ 都 Lipschitz 连续. 则算法 4.1.2 产生的迭代点列 $\{x_k\}$ 满足

$$\lim_{k \to \infty} \|J_k^\mathsf{T} F_k\| = 0. \tag{4.1.53}$$

如果 $\{x_k\} \subset N(x^*)$ 收敛到 (1.1.1) 的解集, $F(x)$ 在 $N(x^*)$ 内具有局部误差界, 则 $\{x_k\}$ 二次收敛到 (1.1.1) 的某个解.

证明 易见 $\{\|F_k\|\}$ 单调下降且有下界. 如果 $\{\|F_k\|\}$ 收敛到 0, 则 $\{x_k\}$ 的任意聚点是 (1.1.1) 的解. 否则, $\|F_k\| \to \gamma > 0$. 此时, (4.1.52) 成立的次数是有限的. 不妨假设不等式 (4.1.51) 对所有 k 成立. 因此,

$$\sum_{k=1}^{\infty} \frac{(F_k^\mathsf{T} J_k d_k)^2}{\|d_k\|^2} < +\infty. \tag{4.1.54}$$

由 d_k 的定义及 $\|F_k\| \geqslant \gamma > 0$ 可知

$$(F_k^\mathsf{T} J_k d_k)^2 = (d_k^\mathsf{T}(J_k^\mathsf{T} J_k + \lambda_k I)d_k)^2 \geqslant \gamma^2 \|d_k\|^4. \tag{4.1.55}$$

(4.1.54) 和 (4.1.55) 表明

$$\lim_{k \to \infty} d_k = 0. \tag{4.1.56}$$

由 (4.1.5) 即知定理成立.

不妨假设 $\{x_k\}$ 收敛到 x^*, 所以存在 $\tilde{k}$ 使得 $x_{\tilde{k}} \in N(x^*, \epsilon)$ 且 $\|F_{\tilde{k}}\| \leqslant \left(\dfrac{\eta \kappa_{\text{leb}}^{\frac{3}{2}}}{\kappa_{\text{lf}} c_2}\right)^2$, 其中 $\kappa_{\text{lf}}, \kappa_{\text{leb}}, c_2, \epsilon$ 见本节前面所定义. 下面证明 (4.1.52) 对所有 $k \geqslant \tilde{k}$ 成立. 由定

理 4.1.1 的证明可知 $x_k \in N(x^*, r/2)$ 对所有 $k \geqslant \tilde{k}$ 成立. 利用 (4.1.8), (4.1.10) 和引理 4.1.2, 有

$$\frac{\|F_{k+1}\|}{\|F_k\|} \leqslant \frac{\kappa_{\mathrm{lf}}\|x_{k+1} - \bar{x}_{k+1}\|}{\kappa_{\mathrm{leb}}\|x_k - \bar{x}_k\|} \leqslant \frac{\kappa_{\mathrm{lf}} c_2}{\kappa_{\mathrm{leb}}} \|x_k - \bar{x}_k\|^{\frac{1}{2}} \leqslant \frac{\kappa_{\mathrm{lf}} c_2 \|F_k\|^{\frac{1}{2}}}{\kappa_{\mathrm{leb}}^{\frac{3}{2}}}. \tag{4.1.57}$$

从而, $\|F_{\tilde{k}+1}\| \leqslant \eta \|F_{\tilde{k}}\|$, 且 $\|F_{k+1}\| \leqslant \eta \|F_k\|$ 对所有 $k \geqslant \tilde{k}+1$ 成立. 故 (4.1.52) 对所有 $k \geqslant \tilde{k}$ 成立. 由定理 4.1.2 可知 $\{x_k\}$ 二次收敛到 x^*. □

4.1.3 基于信赖域的算法

本小节给出非线性方程组 (1.1.1) 的基于信赖域的 Levenberg-Marquardt 算法[68]. 在第 k 次迭代, 求解

$$(J_k^{\mathrm{T}} J_k + \lambda_k I) d = -J_k^{\mathrm{T}} F_k, \quad \lambda_k = \mu_k \|F_k\| \tag{4.1.58}$$

得到 d_k. 不难验证 d_k 也是信赖域子问题

$$\min_{d \in \mathbb{R}^n} \|F_k + J_k d\|^2 \tag{4.1.59a}$$

$$\text{s.t.} \ \|d\| \leqslant \Delta_k := \|d_k\| \tag{4.1.59b}$$

的解. 在此意义下, Levenberg-Marquardt 方法是一种特殊的信赖域方法. 一般的信赖域方法每次迭代直接调节信赖域半径 Δ_k, 方法直观; 而 Levenberg-Marquardt 方法每次迭代调节参数 λ_k, 隐含的起到调节 Δ_k、限制 $\|d_k\|$ 的作用. 关于 Levenberg-Marquardt 方法与信赖域方法之间的关系可参考文献 [170, 171, 252].

在第 k 次迭代, 定义价值函数 $\phi(x) = \frac{1}{2} \|F(x)\|^2$ 的实际下降量

$$\mathrm{Ared}_k = \frac{1}{2} (\|F_k\|^2 - \|F(x_k + d_k)\|^2) \tag{4.1.60}$$

和预估下降量

$$\mathrm{Pred}_k = \frac{1}{2} (\|F_k\|^2 - \|F_k + J_k d_k\|^2). \tag{4.1.61}$$

它们之间的比值

$$r_k = \frac{\mathrm{Ared}_k}{\mathrm{Pred}_k} \tag{4.1.62}$$

用来判断是否可接受试探步 d_k 以及如何更新参数 μ_k. 粗略地说, 如果试探步较好, 则 μ_k 保持不变或缩小; 否则将扩大.

算法 4.1.3 (基于信赖域的 Levenberg-Marquardt 算法)

步 1   给出 $x_1 \in \mathbb{R}^n, a_1 > 1 > a_2 > 0, 0 < p_0 < p_1 < p_2 < 1, \mu_1 \geqslant \mu_{\min} > 0; k := 1$.

步 2 如果 $\|J_k^T F_k\| = 0$, 则停; 求解 (4.1.58) 得到 d_k.
步 3 计算 $r_k = \text{Ared}_k/\text{Pred}_k$; 令

$$x_{k+1} = \begin{cases} x_k + d_k, & \text{如果 } r_k \geqslant p_0, \\ x_k, & \text{其他}; \end{cases} \tag{4.1.63}$$

计算

$$\mu_{k+1} = \begin{cases} a_1 \mu_k, & \text{如果 } r_k < p_1, \\ \mu_k, & \text{如果 } r_k \in [p_1, p_2], \\ \max\{a_2 \mu_k, \mu_{\min}\}, & \text{其他}. \end{cases} \tag{4.1.64}$$

步 4 令 $k := k+1$, 转步 2.

算法 4.1.3 中, 正常数 $\mu_{\min}$ 是 $\{\mu_k\}$ 的下界, 以防止试探步在解附近过长.

下面讨论算法 4.1.3 的全局收敛性. 利用 Powell 在文献 [187] 中的结论, 可得到如下的结果.

引理 4.1.4 设 d_k 是 (4.1.58) 的解, 则

$$\text{Pred}_k \geqslant \frac{1}{2} \|J_k^T F_k\| \min\left\{ \|d_k\|, \frac{\|J_k^T F_k\|}{\|J_k^T J_k\|} \right\}. \tag{4.1.65}$$

假设 4.1.2 $F(x): \mathbb{R}^n \to \mathbb{R}^m$ 连续可微, 存在常数 $\kappa_{lj} > 0$ 和 $\kappa_j > 0$, 使得

$$\|J(y) - J(x)\| \leqslant \kappa_{lj}, \quad \forall x, y \in \mathbb{R}^n, \tag{4.1.66}$$

$$\|J(x)\| \leqslant \kappa_j, \quad \forall x \in \mathbb{R}^n. \tag{4.1.67}$$

由 (4.1.66) 可得

$$\|F(y) - F(x) - J(x)(y-x)\| \leqslant \kappa_{lj} \|y-x\|^2, \quad \forall x, y \in \mathbb{R}^n. \tag{4.1.68}$$

定理 4.1.4 设 $F: \mathbb{R}^n \to \mathbb{R}^m$ 满足假设 4.1.2, 则算法 4.1.3 产生的迭代点列 $\{x_k\}$ 满足

$$\liminf_{k \to \infty} \|J_k^T F_k\| = 0. \tag{4.1.69}$$

证明 反设 (4.1.69) 不成立. 则存在常数 $\tau > 0$, 使得

$$\|J_k^T F_k\| \geqslant \tau, \quad \forall k. \tag{4.1.70}$$

定义成功迭代的指标集合为

$$S = \{k \mid r_k \geqslant p_0\}. \tag{4.1.71}$$

下面分两种情形讨论.

情形 1. S 是有限集. 则存在 $\tilde{k}$, 使得 $r_k < p_0$ 对所有 $k \geqslant \tilde{k}$ 成立. 由 (4.1.64) 及 $a_1 > 1$ 可知

$$\mu_k \to +\infty. \tag{4.1.72}$$

从而由 (4.1.67) 及 d_k 的定义, 可得

$$\|d_k\| \leqslant \frac{\|J_k^{\mathrm{T}} F_k\|}{\mu_k \|F_k\|} \leqslant \frac{\|J_k\|}{\mu_k} \leqslant \frac{\kappa_{\mathrm{j}}}{\mu_k} \to 0. \tag{4.1.73}$$

利用 (4.1.66), (4.1.65) 和 $\|F_k + J_k d_k\| \leqslant \|F_1\| + \kappa_{\mathrm{j}} \|d_k\|$, 可得

$$|r_k - 1| = \left| \frac{\mathrm{Ared}_k - \mathrm{Pred}_k}{\mathrm{Pred}_k} \right|$$

$$= \frac{|\|F(x_k + d_k)\|^2 - \|F_k + J_k d_k\|^2|}{\|F_k\|^2 - \|F_k + J_k d_k\|^2}$$

$$\leqslant \frac{\|F_k + J_k d_k\| O(\|d_k\|^2) + O(\|d_k\|^4)}{\|d_k\|}$$

$$\to 0. \tag{4.1.74}$$

故 $r_k \to 1$. 由 (4.1.64) 及 $0 < a_2 < 1$ 可知, 存在常数 $\hat{\mu}$, 使得

$$\mu_k < \hat{\mu} \tag{4.1.75}$$

对所有充分大的 k 成立, 此与 (4.1.72) 矛盾. 故 (4.1.70) 不成立, 从而有 (4.1.69).

情形 2. S 是无限集. 易见 $\{\|F_k\|\}$ 非增且下有界. 由 (4.1.65) 和 (4.1.67) 可知

$$+\infty > \sum_{k \in S} (\|F_k\|^2 - \|F_{k+1}\|^2)$$

$$\geqslant \sum_{k \in S} p_0 (\|F_k\|^2 - \|F_k + J_k d_k\|^2)$$

$$\geqslant \sum_{k \in S} p_0 \|J_k^{\mathrm{T}} F_k\| \min \left\{ \|d_k\|, \frac{\|J_k^{\mathrm{T}} F_k\|}{\|J_k^{\mathrm{T}} J_k\|} \right\}$$

$$\geqslant \sum_{k \in S} p_0 \tau \min \left\{ \|d_k\|, \frac{\tau}{\kappa_{\mathrm{j}}^2} \right\}, \tag{4.1.76}$$

故

$$\lim_{k \in S, k \to \infty} d_k = 0. \tag{4.1.77}$$

又对所有 $k \notin S$, 都有 $d_k = 0$. 因此,

$$\lim_{k\to\infty} d_k = 0. \tag{4.1.78}$$

由 d_k 的定义可知 (4.1.72) 也成立. 同 (4.1.74) 和 (4.1.75), 可证 (4.1.70) 不成立. 故定理成立. □

定理 4.1.4 表明, 算法 4.1.3 在 Jacobi 矩阵 Lipschitz 连续和有界的条件下弱全局收敛, 即 $\{x_k\}$ 至少有一聚点是价值函数 $\phi(x) = \frac{1}{2}\|F(x)\|^2$ 的稳定点. 下面证明算法 4.1.3 在函数和 Jacobi 矩阵都 Lipschitz 连续的条件下强全局收敛, 即 $\{x_k\}$ 的所有聚点都是价值函数的稳定点.

假设 4.1.3 $F(x): \mathbb{R}^n \to \mathbb{R}^m$ 连续可微, $F(x)$ 和 Jacobi 矩阵 $J(x)$ 都 Lipschitz 连续, 即存在正常数 κ_{lj} 和 κ_{lf} 使得

$$\|J(y) - J(x)\| \leqslant \kappa_{lj}\|y - x\|, \quad \forall x, y \in \mathbb{R}^n, \tag{4.1.79}$$

$$\|F(y) - F(x)\| \leqslant \kappa_{lf}\|y - x\|, \quad \forall x, y \in \mathbb{R}^n. \tag{4.1.80}$$

定理 4.1.5 设 $F: \mathbb{R}^n \to \mathbb{R}^m$ 满足假设 4.1.3, 则算法 4.1.3 产生的迭代点列 $\{x_k\}$ 满足

$$\lim_{k\to\infty} \|J_k^\mathsf{T} F_k\| = 0. \tag{4.1.81}$$

证明 反设 (4.1.81) 不成立, 则存在常数 $\tau > 0$ 和无穷多个 k, 使得

$$\|J_k^\mathsf{T} F_k\| \geqslant \tau. \tag{4.1.82}$$

令 S_1 和 S_2 为如下指标集:

$$S_1 = \{k \mid \|J_k^\mathsf{T} F_k\| \geqslant \tau/2\}, \tag{4.1.83}$$

$$S_2 = \{k \mid x_{k+1} \neq x_k, k \in S_1\}. \tag{4.1.84}$$

由 (4.1.80) 和引理 4.1.4 可知

$$\begin{aligned}
\|F_1\|^2 &\geqslant \sum_{k\in S_1} (\|F_k\|^2 - \|F_{k+1}\|^2) \\
&= \sum_{k\in S_2} (\|F_k\|^2 - \|F_{k+1}\|^2) \\
&\geqslant \sum_{k\in S_2} p_0(\|F_k\|^2 - \|F_k + J_k d_k\|^2) \\
&\geqslant \sum_{k\in S_2} p_0 \|J_k^\mathsf{T} F_k\| \min\left\{\|d_k\|, \frac{\|J_k^\mathsf{T} F_k\|}{\|J_k^\mathsf{T} J_k\|}\right\} \\
&\geqslant \sum_{k\in S_2} \frac{p_0 \tau}{2} \min\left\{\|d_k\|, \frac{\tau}{2\kappa_{lf}^2}\right\}.
\end{aligned} \tag{4.1.85}$$

下面分两种情形讨论.

情形 1: S_2 是有限集. 则集合

$$S_3 = \{k \mid \|J_k^{\mathrm{T}} F_k\| \geqslant \tau \text{ 且 } x_{k+1} \neq x_k\} \tag{4.1.86}$$

也是有限集. 令 $\bar{k}$ 为 S_3 中最大的元素. 则存在 $\tilde{k} > \bar{k}$, 使得 $\|J_{\tilde{k}}^{\mathrm{T}} F_{\tilde{k}}\| \geqslant \tau$ 且 $x_{\tilde{k}+1} = x_{\tilde{k}}$. 故 $\|J_k^{\mathrm{T}} F_k\| \geqslant \tau$, 且 $x_{k+1} = x_k$ 对所有 $k \geqslant \tilde{k}$ 成立. 由 (4.1.64) 及 $a_1 > 1$ 可知

$$\mu_k \to +\infty. \tag{4.1.87}$$

从而由 (4.1.80) 及 d_k 的定义, 可得

$$\|d_k\| \leqslant \frac{\|J_k^{\mathrm{T}} F_k\|}{\mu_k \|F_k\|} \leqslant \frac{\|J_k\|}{\mu_k} \leqslant \frac{\kappa_{1f}}{\mu_k} \to 0. \tag{4.1.88}$$

利用 (4.1.65), (4.1.68) 和 $\|F_k + J_k d_k\| \leqslant \|F_1\| + \kappa_{1f}\|d_k\|$, 有

$$|r_k - 1| = \left|\frac{\text{Ared}_k - \text{Pred}_k}{\text{Pred}_k}\right|$$

$$= \frac{\|\|F(x_k + d_k)\|^2 - \|F_k + J_k d_k\|^2\|}{\|F_k\|^2 - \|F_k + J_k d_k\|^2}$$

$$\leqslant \frac{\|F_k + J_k d_k\| O(\|d_k\|^2) + O(\|d_k\|^4)}{\|d_k\|}$$

$$\to 0. \tag{4.1.89}$$

故 $r_k \to 1$. 从而由 (4.1.64) 及 $0 < a_2 < 1$ 可知, 存在常数 $\hat{\mu} > 0$, 使得

$$\mu_k < \hat{\mu} \tag{4.1.90}$$

对所有充分大的 k 成立, 此与 (4.1.87) 矛盾. 故 (4.1.82) 不成立, 因此定理成立.

情形 2: S_2 是无限集. 则由 (4.1.85) 可知

$$\sum_{k \in S_2} \|d_k\| < +\infty. \tag{4.1.91}$$

从而由 (4.1.79) 和 (4.1.80) 可得

$$\sum_{k \in S_2} \left|\|J_k^{\mathrm{T}} F_k\| - \|J_{k+1}^{\mathrm{T}} F_{k+1}\|\right| < +\infty. \tag{4.1.92}$$

因为 (4.1.82) 对无穷多个 k 成立, 所以存在 $\hat{k}$, 使得 $\|J_{\hat{k}}^{\mathrm{T}} F_{\hat{k}}\| \geqslant \tau$ 且

$$\sum_{k \in S_2, k \geqslant \hat{k}} \left|\|J_k^{\mathrm{T}} F_k\| - \|J_{k+1}^{\mathrm{T}} F_{k+1}\|\right| < \frac{\tau}{2}. \tag{4.1.93}$$

4.1 Levenberg-Marquardt 方法

由归纳法可知, $\|J_k^{\mathrm{T}} F_k\| \geqslant \tau/2$ 对所有 $k \geqslant \hat{k}$ 成立. 故由 (4.1.91) 可得

$$d_k \to 0. \tag{4.1.94}$$

利用 (4.1.58), (4.1.82), $\|J_k\| \leqslant \kappa_{\mathrm{lf}}$ 及 $\|F_k\| \leqslant \|F_1\|$, 有

$$\mu_k \to +\infty. \tag{4.1.95}$$

同 (4.1.89) 和 (4.1.90), 可证 (4.1.82) 不成立, 因此定理成立. □

下面讨论算法 4.1.3 的局部收敛性质.

定理 4.1.6 设 $F: \mathbb{R}^n \to \mathbb{R}^m$ 满足假设 4.1.1. 如果算法 4.1.3 产生的迭代点列 $\{x_k\} \subset N(x^*)$ 且收敛到 (1.1.1) 的解集, 则 $\{x_k\}$ 二次收敛到 (1.1.1) 的某个解.

证明 同引理 4.1.1 的证明, 有

$$\|d_k\| \leqslant O(\|x_k - \bar{x}_k\|). \tag{4.1.96}$$

下证 $\{\mu_k\}$ 有界. 如果 $\|\bar{x}_k - x_k\| \leqslant \|d_k\|$, 利用 (4.1.7), (4.1.8) 及 d_k 为 $\varphi_k(d)$ 的极小点, 有

$$\begin{aligned}\|F_k\| - \|F_k + J_k d_k\| &\geqslant \|F_k\| - \|F_k + J_k(\bar{x}_k - x_k)\| \\ &\geqslant \kappa_{\mathrm{leb}} \|\bar{x}_k - x_k\| - \kappa_{\mathrm{lj}} \|\bar{x}_k - x_k\|^2. \end{aligned} \tag{4.1.97}$$

如果 $\|\bar{x}_k - x_k\| > \|d_k\|$, 则有

$$\begin{aligned}\|F_k\| - \|F_k + J_k d_k\| &\geqslant \|F_k\| - \left\|F_k + \frac{\|d_k\|}{\|\bar{x}_k - x_k\|} J_k(\bar{x}_k - x_k)\right\| \\ &\geqslant \frac{\|d_k\|}{\|\bar{x}_k - x_k\|}(\|F_k\| - \|F_k + J_k(\bar{x}_k - x_k)\|) \\ &\geqslant \frac{\|d_k\|}{\|\bar{x}_k - x_k\|}(\kappa_{\mathrm{leb}} \|\bar{x}_k - x_k\| - \kappa_{\mathrm{lj}} \|\bar{x}_k - x_k\|^2) \\ &= \kappa_{\mathrm{leb}} \|d_k\| - \kappa_{\mathrm{lj}} \|d_k\| \|\bar{x}_k - x_k\|. \end{aligned} \tag{4.1.98}$$

由 (4.1.96)–(4.1.98) 可得

$$\begin{aligned}\|F_k\|^2 - \|F_k + J_k d_k\|^2 &= (\|F_k\| + \|F_k + J_k d_k\|)(\|F_k\| - \|F_k + J_k d_k\|) \\ &\geqslant \|F_k\|(\|F_k\| - \|F_k + J_k d_k\|) \\ &\geqslant \|F_k\| O(\|d_k\|). \end{aligned} \tag{4.1.99}$$

利用 (4.1.7), (4.1.8), (4.1.96), (4.1.99) 及 $\|F_k + J_k d_k\| \leqslant \|F_k\|$, 有

$$|r_k - 1| = \left| \frac{\text{Ared}_k - \text{Pred}_k}{\text{Pred}_k} \right|$$

$$\leqslant \left| \frac{\|F_k + J_k d_k\|^2 - \|F(x_k + d_k)\|^2}{\|F_k\|^2 - \|F_k + J_k d_k\|^2} \right|$$

$$\leqslant \frac{\|F_k + J_k d_k\| O(\|d_k\|^2) + O(\|d_k\|^4)}{\|F_k\| \|d_k\|}$$

$$\to 0, \tag{4.1.100}$$

故 $r_k \to 1$. 从而由 (4.1.64) 及 $0 < a_2 < 1$ 可知, 存在常数 $\hat{\mu} > \mu_{\min}$, 使得

$$\mu_k < \hat{\mu} \tag{4.1.101}$$

对所有 k 成立.

由 J_k 的奇异值分解 (4.1.29), 与 (4.1.35) 和 (4.1.36) 类似,

$$d_k = -V_{k,1}(\Sigma_{k,1}^2 + \mu_k \|F_k\| I)^{-1} \Sigma_{k,1} U_{k,1}^{\mathsf{T}} F_k$$
$$- V_{k,2}(\Sigma_{k,2}^2 + \mu_k \|F_k\| I)^{-1} \Sigma_{k,2} U_{k,2}^{\mathsf{T}} F_k, \tag{4.1.102}$$

且

$$F_k + J_k d_k = \mu_k \|F_k\| U_{k,1}(\Sigma_{k,1}^2 + \mu_k \|F_k\| I)^{-1} U_{k,1}^{\mathsf{T}} F_k$$
$$+ \mu_k \|F_k\| U_{k,2}(\Sigma_{k,2}^2 + \mu_k \|F_k\| I)^{-1} U_{k,2}^{\mathsf{T}} F_k. \tag{4.1.103}$$

从而由 (4.1.37), (4.1.38), (4.1.96) 和 (4.1.101) 可知

$$\|F_k + J_k d_k\| \leqslant O(\|x_k - \bar{x}_k\|^2). \tag{4.1.104}$$

又由 (4.1.7), (4.1.8) 和 (4.1.96) 可得

$$\kappa_{\text{leb}} \|x_{k+1} - \bar{x}_{k+1}\| \leqslant \|F(x_k + d_k)\|$$
$$\leqslant \|F_k + J_k d_k\| + O(\|d_k\|^2)$$
$$\leqslant O(\|x_k - \bar{x}_k\|^2). \tag{4.1.105}$$

类似于 (4.1.23)–(4.1.27), 有

$$\|d_{k+1}\| \leqslant O(\|d_k\|^2). \tag{4.1.106}$$

因此定理成立. $\square$

4.1.4 基于 $J_k^\mathsf{T} F_k$ 的参数选取法

算法 4.1.3 根据价值函数的实际下降量与预估下降量的比值 r_k 来判断是否接受试探步 d_k 和如何更新 μ_k. 如果 r_k 较好, 则保持 μ_k 不变或缩小; 否则扩大. 事实上, Levenberg-Marquardt 步 d_k 也是信赖域子问题 (4.1.59) 的解, 且 $\|d_k\|$ 与 (4.1.59) 的目标函数的梯度模 $\|J_k^\mathsf{T} F_k\|$ 有相同的量级. 因此, 信赖域半径 Δ_k 和 $\dfrac{1}{\mu_k}$ 与 $\|J_k^\mathsf{T} F_k\|$ 也应有类似的关系. 所以, 当迭代成功时, 如果 $\dfrac{1}{\mu_k}$ 相对 $\|J_k^\mathsf{T} F_k\|$ 较大, 则应缩小 $\dfrac{1}{\mu_k}$ 或保持不变; 否则, 应扩大 $\dfrac{1}{\mu_k}$.

本节讨论一种新的基于信赖域的 Levenberg-Marquardt 算法 [271]. 我们仍然根据 r_k 来判断是否接受试探步 d_k, 但 μ_k 的更新不再仅根据 r_k 的值. 如果迭代不成功, 则扩大 μ_k; 否则当迭代成功时, 我们根据 $\dfrac{1}{\mu_k}$ 与 $\|J_k^\mathsf{T} F_k\|$ 的大小关系更新 μ_k. 如果 $\dfrac{1}{\mu_k}$ 相对 $\|J_k^\mathsf{T} F_k\|$ 较大, 就缩小 $\dfrac{1}{\mu_k}$ (即扩大 μ_k) 或者保持 $\dfrac{1}{\mu_k}$ 不变, 即

$$\mu_{k+1} = \begin{cases} a_1 \mu_k, & \text{如果 } \|J_k^\mathsf{T} F_k\| < \dfrac{p_1}{\mu_k}, \\ \mu_k, & \text{如果 } \|J_k^\mathsf{T} F_k\| \in \left[\dfrac{p_1}{\mu_k}, \dfrac{p_2}{\mu_k}\right], \\ \max\{a_2 \mu_k, \mu_{\min}\}, & \text{其他}. \end{cases} \quad (4.1.107)$$

算法 4.1.4

步 1 给出 $x_1 \in \mathbb{R}^n, a_1 > 1 > a_2 > 0, 0 < p_0 < p_1 < p_2 < 1, \mu_1 \geqslant \mu_{\min} > 0; k := 1$.

步 2 如果 $\|J_k^\mathsf{T} F_k\| = 0$, 则停; 求解

$$(J_k^\mathsf{T} J_k + \lambda_k I) d = -J_k^\mathsf{T} F_k, \quad \lambda_k = \mu_k \|F_k\|^2 \quad (4.1.108)$$

得到 d_k.

步 3 计算 $r_k = \dfrac{\text{Ared}_k}{\text{Pred}_k}$; 如果 $r_k < p_0$, 令 $x_{k+1} := x_k$, 计算 $\mu_{k+1} = a_1 \mu_k$; 否则令 $x_{k+1} := x_k + d_k$, 由 (4.1.107) 计算 μ_{k+1}.

步 4 令 $k := k+1$, 转步 2.

设 d_k 是 (4.1.108) 的解, 则有

$$\text{Pred}_k \geqslant \frac{1}{2} \|J_k^\mathsf{T} F_k\| \min\left\{\|d_k\|, \frac{\|J_k^\mathsf{T} F_k\|}{\|J_k^\mathsf{T} J_k\|}\right\}. \quad (4.1.109)$$

下面讨论算法 4.1.4 的全局收敛性质.

定理 4.1.7 设 $F: \mathbb{R}^n \to \mathbb{R}^m$ 满足假设 4.1.2, 则算法 4.1.4 产生的迭代点列 $\{x_k\}$ 满足

$$\liminf_{k\to\infty} \|J_k^\mathsf{T} F_k\| = 0. \tag{4.1.110}$$

证明 反设 (4.1.110) 不成立. 则存在常数 $\tau > 0$, 使得

$$\|J_k^\mathsf{T} F_k\| \geqslant \tau, \quad \forall k. \tag{4.1.111}$$

记成功迭代的指标集合为

$$S = \{k \mid r_k \geqslant p_0\}. \tag{4.1.112}$$

因为 $\{\|F_k\|\}$ 非增且下有界, 由 (4.1.70) 和 (4.1.109) 可得

$$\begin{aligned}
+\infty &> \sum_{k\in S}(\|F_k\|^2 - \|F_{k+1}\|^2) \\
&\geqslant \sum_{k\in S} p_0(\|F_k\|^2 - \|F_k + J_k d_k\|^2) \\
&\geqslant \sum_{k\in S} p_0 \|J_k^\mathsf{T} F_k\| \min\left\{\|d_k\|, \frac{\|J_k^\mathsf{T} F_k\|}{\|J_k^\mathsf{T} J_k\|}\right\} \\
&\geqslant \sum_{k\in S} p_0 \tau \min\left\{\|d_k\|, \frac{\tau}{\kappa_j^2}\right\}.
\end{aligned} \tag{4.1.113}$$

下面分两种情形讨论.

情形 1: S 是有限集. 则存在 $\tilde{k}$, 使得 $r_k < p_0$ 对所有 $k \geqslant \tilde{k}$ 成立. 因为 $\mu_{k+1} = a_1 \mu_k$ 且 $a_1 > 1$, 所以

$$\mu_k \to +\infty. \tag{4.1.114}$$

由 $\|J_k^\mathsf{T} F_k\| \geqslant \tau$ 和 $\|J_k\| \leqslant \kappa_j$, 可知 $\|F_k\| \geqslant \dfrac{\tau}{\kappa_j}$ 对所有 k 成立. 因此,

$$\|d_k\| \leqslant \frac{\|J_k^\mathsf{T} F_k\|}{\mu_k \|F_k\|^2} \leqslant \frac{\|J_k\|}{\mu_k \|F_k\|} \leqslant \frac{\kappa_j^2}{\tau \mu_k} \to 0. \tag{4.1.115}$$

从而, 由 (4.1.109) 和 (4.1.111) 可得

$$\begin{aligned}
|r_k - 1| &= \left|\frac{\mathrm{Ared}_k - \mathrm{Pred}_k}{\mathrm{Pred}_k}\right| \\
&= \frac{|\|F(x_k+d_k)\|^2 - \|F_k + J_k d_k\|^2|}{\|F_k\|^2 - \|F_k + J_k d_k\|^2} \\
&\leqslant \frac{\|F_k + J_k d_k\| O(\|d_k\|^2) + O(\|d_k\|^4)}{\tau \min\{\|d_k\|, \tau/\kappa_j^2\}} \\
&\to 0,
\end{aligned} \tag{4.1.116}$$

故 $r_k \to 1$. 因此, 对所有充分大的 k, μ_k 按 (4.1.107) 更新. 又由 (4.1.111) 和 (4.1.114) 可知, $\mu_k = \max\{a_2\mu_k, \mu_{\min}\}$. 因为 $0 < a_2 < 1$, 所以存在常数 $\hat{\mu} > 0$, 使得

$$\mu_k < \hat{\mu} \tag{4.1.117}$$

对所有充分大的 k 成立, 此与 (4.1.114) 矛盾. 因此 (4.1.111) 不成立.

情形 2: S 是无限集. 由 (4.1.113) 可知

$$\lim_{k \in S, k \to \infty} d_k = 0. \tag{4.1.118}$$

又对所有 $k \notin S$, 都有 $d_k = 0$. 故

$$\lim_{k \to \infty} d_k = 0. \tag{4.1.119}$$

从而由 $\|J_k\| \leqslant \kappa_j$, $\|F_k\| \leqslant \|F_1\|$, (4.1.111) 及 (4.1.108) 可得

$$\mu_k \to +\infty. \tag{4.1.120}$$

同 (4.1.116) 和 (4.1.117), 可知 (4.1.111) 不成立. 故定理成立. □

引理 4.1.5 假设 $a, b_1, \cdots, b_N > 0$, 则

$$\sum_{j=1}^{N} \min\{a, b_j\} \geqslant \min\left\{a, \sum_{j=1}^{N} b_j\right\}. \tag{4.1.121}$$

证明 如果对所有 $j \in \{1, \cdots, N\}$ 都有 $b_j \leqslant a$, 则

$$\sum_{j=1}^{N} \min\{a, b_j\} = \sum_{j=1}^{N} b_j \geqslant \min\left\{a, \sum_{j=1}^{N} b_j\right\}. \tag{4.1.122}$$

如果存在 $j_0 \in \{1, \cdots, N\}$ 使得 $b_{j_0} > a$, 则由 $a, b_1, \cdots, b_N > 0$ 可得

$$\sum_{j=1}^{N} \min\{a, b_j\} = \sum_{j=1, j \neq j_0}^{N} \min\{a, b_j\} + \min\{a, b_{j_0}\}$$

$$= \sum_{j=1, j \neq j_0}^{N} \min\{a, b_j\} + a$$

$$\geqslant a$$

$$\geqslant \min\left\{a, \sum_{j=1}^{N} b_j\right\}. \tag{4.1.123}$$

综上, (4.1.121) 成立. □

定理 4.1.8 设 $F:\mathbb{R}^n \to \mathbb{R}^m$ 满足假设 4.1.3, 则算法 4.1.4 产生的迭代点列 $\{x_k\}$ 满足

$$\lim_{k\to\infty} \|J_k^\mathrm{T} F_k\| = 0. \qquad (4.1.124)$$

证明 反设存在常数 $\tau > 0$, 使得集合

$$\Omega = \{k \mid \|J_k^\mathrm{T} F_k\| \geqslant \tau\} \qquad (4.1.125)$$

是无限集. 给定 $k \in \Omega$, 设 l_k 为首个大于 k 且满足 $\|J_{l_k}^\mathrm{T} F_{l_k}\| \leqslant \dfrac{\tau}{2}$ 的指标. 由定理 4.1.7 知这样的 k 存在. 故由 (4.1.79), (4.1.80) 和 $\|F_k\| \leqslant \|F_1\|$ 可知

$$\begin{aligned}
\frac{\tau}{2} &\leqslant \|J_k^\mathrm{T} F_k\| - \|J_{l_k}^\mathrm{T} F_{l_k}\| \leqslant \|J_k^\mathrm{T} F_k - J_{l_k}^\mathrm{T} F_{l_k}\| \\
&\leqslant \|J_k^\mathrm{T} F_k - J_k^\mathrm{T} F_{l_k}\| + \|J_k^\mathrm{T} F_{l_k} - J_{l_k}^\mathrm{T} F_{l_k}\| \leqslant (\kappa_{lj}\|F_1\| + \kappa_{lf}^2)\|x_k - x_{l_k}\|.
\end{aligned} \qquad (4.1.126)$$

定义集合

$$S(k) = \{j \mid k \leqslant j < l_k, x_{j+1} \neq x_j\}. \qquad (4.1.127)$$

则由 (4.1.126) 可得

$$\frac{\tau}{2(\kappa_{lj}\|F_1\| + \kappa_{lf}^2)} \leqslant \|x_k - x_{l_k}\| \leqslant \sum_{j \in S(k)} \|x_j - x_{j+1}\| \leqslant \sum_{j \in S(k)} \|d_j\|. \qquad (4.1.128)$$

从而由 (4.1.109) 和引理 4.1.5 可知, 对所有 $k \in \Omega$ 都有

$$\begin{aligned}
\|F_k\|^2 - \|F_{l_k}\|^2 &= \sum_{j \in S(k)} (\|F_j\|^2 - \|F_{j+1}\|^2) \\
&\geqslant \sum_{j \in S(k)} p_0 \|J_j^\mathrm{T} F_j\| \min\left\{\|d_j\|, \frac{\|J_j^\mathrm{T} F_j\|}{\|J_j^\mathrm{T} J_j\|}\right\} \\
&\geqslant \sum_{j \in S(k)} \frac{p_0 \tau}{2} \min\left\{\|d_j\|, \frac{\tau}{2\kappa_{lf}^2}\right\} \\
&\geqslant \frac{p_0 \tau}{2} \min\left\{\sum_{j \in S(k)} \|d_j\|, \frac{\tau}{2\kappa_{lf}^2}\right\} \\
&\geqslant \frac{p_0 \tau}{2} \min\left\{\frac{\tau}{2(\kappa_{lj}\|F_1\| + \kappa_{lf}^2)}, \frac{\tau}{2\kappa_{lf}^2}\right\} \\
&= \frac{p_0 \tau^2}{4(\kappa_{lj}\|F_1\| + \kappa_{lf}^2)}.
\end{aligned} \qquad (4.1.129)$$

另一方面, $\{\|F_k\|^2\}$ 非增且下有界, 故 $(\|F_k\|^2 - \|F_{l_k}\|^2) \to 0$, 此与 (4.1.129) 矛盾. 因此, 反设 (4.1.125) 所定义的 Ω 是无限集不成立, 从而定理成立. □

下面讨论算法 4.1.4 的收敛速度.

4.1 Levenberg-Marquardt 方法

引理 4.1.6 设 $F: \mathbb{R}^n \to \mathbb{R}^m$ 满足假设 4.1.1. 如果算法 4.1.4 产生的迭代点列 $\{x_k\} \subset N(x^*)$ 且收敛到 (1.1.1) 的解集, 则存在常数 $c_1 > 0$, 使得

$$\|d_k\| \leqslant c_1 \|\bar{x}_k - x_k\| \tag{4.1.130}$$

对所有充分大的 k 成立.

引理 4.1.6 的证明与引理 4.1.1 的证明类似, 故略.

下面的引理说明在 $x^* \in X^*$ 的某个邻域内, 价值函数的梯度也具有局部误差界.

引理 4.1.7 在引理 4.1.6 的假设条件下, 存在常数 $c_2 > 0$, 使得

$$\|J_k^\mathsf{T} F_k\| \geqslant c_2 \|\bar{x}_k - x_k\| \tag{4.1.131}$$

对所有充分大的 k 成立.

证明 由 (4.1.8) 可知

$$\|F_k + J_k(\bar{x}_k - x_k)\| \leqslant \kappa_{\mathrm{lj}} \|\bar{x}_k - x_k\|^2, \tag{4.1.132}$$

从而

$$\|F_k\|^2 + 2(\bar{x}_k - x_k)^\mathsf{T} J_k^\mathsf{T} F_k + (\bar{x}_k - x_k)^\mathsf{T} J_k^\mathsf{T} J_k (\bar{x}_k - x_k) \leqslant \kappa_{\mathrm{lj}}^2 \|\bar{x}_k - x_k\|^4. \tag{4.1.133}$$

因此,

$$\|F_k\|^2 + 2(\bar{x}_k - x_k)^\mathsf{T} J_k^\mathsf{T} F_k \leqslant \kappa_{\mathrm{lj}}^2 \|\bar{x}_k - x_k\|^4. \tag{4.1.134}$$

再利用 (4.1.7), 可得

$$\kappa_{\mathrm{leb}}^2 \|\bar{x}_k - x_k\| - \kappa_{\mathrm{lj}}^2 \|\bar{x}_k - x_k\|^3 \leqslant 2\|J_k^\mathsf{T} F_k\|. \tag{4.1.135}$$

故 (4.1.131) 成立. □

引理 4.1.8 在引理 4.1.6 的假设条件下, 存在某个正整数 N, 使得

$$r_k \geqslant p_0, \quad \forall k \geqslant N. \tag{4.1.136}$$

证明 由 (4.1.109), 引理 4.1.6 和引理 4.1.7 可得

$$\|F_k\|^2 - \|F_k + J_k d_k\|^2 \geqslant \|J_k^\mathsf{T} F_k\| \min\left\{\|d_k\|, \frac{\|J_k^\mathsf{T} F_k\|}{\|J_k^\mathsf{T} J_k\|}\right\}$$

$$\geqslant c_2 \|\bar{x}_k - x_k\| \min\left\{\|d_k\|, \frac{c_2}{\kappa_{\mathrm{lf}}^2} \|\bar{x}_k - x_k\|\right\}$$

$$\geqslant \min\left\{c_2, \frac{c_2^2}{\kappa_{\mathrm{lf}}^2 c_1}\right\} \|\bar{x}_k - x_k\| \cdot \|d_k\|. \tag{4.1.137}$$

因为
$$\|F_k + J_k d_k\| \leqslant \|F_k\| \leqslant \kappa_{\mathrm{lf}} \|\bar{x}_k - x_k\|, \tag{4.1.138}$$

所以由 (4.1.8) 和引理 4.1.6 得到
$$\begin{aligned}
|r_k - 1| &= \left| \frac{\mathrm{Ared}_k - \mathrm{Pred}_k}{\mathrm{Pred}_k} \right| \\
&\leqslant \frac{\|F_k + J_k d_k\| O(\|d_k\|^2) + O(\|d_k\|^4)}{\|F_k\|^2 - \|F_k + J_k d_k\|^2} \\
&\leqslant \frac{\|\bar{x}_k - x_k\| O(\|d_k\|^2) + O(\|d_k\|^4)}{\|\bar{x}_k - x_k\| \|d_k\|} \\
&\to 0,
\end{aligned} \tag{4.1.139}$$

故 $r_k \to 1$. 因此引理成立. □

引理 4.1.8 表明, 当 $k \geqslant N$ 时, μ_k 通过 (4.1.107) 进行更新. 记
$$M_1 = \max\{p_2, \kappa_{\mathrm{lf}} \mu_{\min} a_2^{-1} \|F_1\|\}, \tag{4.1.140}$$
$$c_3 = \kappa_{\mathrm{lf}}^2 + \kappa_{\mathrm{lj}} \|F_1\|. \tag{4.1.141}$$

引理 4.1.9 在引理 4.1.6 的假设条件和 $a_2 \leqslant (1 + c_1 c_2^{-1} c_3)^{-1}$ 下, 如果 $k \geqslant N$ 且 $\mu_k \|J_k^\mathsf{T} F_k\| > M_1$, 则
$$\mu_{k+1} \|J_{k+1}^\mathsf{T} F_{k+1}\| \leqslant \mu_k \|J_k^\mathsf{T} F_k\|. \tag{4.1.142}$$

证明 由 (4.1.6) 和 (4.1.9) 可知
$$\begin{aligned}
\|\|J_{k+1}^\mathsf{T} F_{k+1}\| - \|J_k^\mathsf{T} F_k\|\| &\leqslant \|\|J_{k+1}^\mathsf{T} F_{k+1}\| - \|J_{k+1}^\mathsf{T} F_k\|\| + \|\|J_{k+1}^\mathsf{T} F_k\| - \|J_k^\mathsf{T} F_k\|\| \\
&\leqslant \|J_{k+1}\| \|F_{k+1} - F_k\| + \|F_k\| \|J_{k+1} - J_k\| \\
&\leqslant (\kappa_{\mathrm{lf}}^2 + \kappa_{\mathrm{lj}} \|F_1\|) \|d_k\| \\
&= c_3 \|d_k\|.
\end{aligned} \tag{4.1.143}$$

故由引理 4.1.6 和引理 4.1.7 可得
$$\|J_{k+1}^\mathsf{T} F_{k+1}\| \leqslant \|J_k^\mathsf{T} F_k\| + c_3 \|d_k\| \leqslant (1 + c_1 c_2^{-1} c_3) \|J_k^\mathsf{T} F_k\|. \tag{4.1.144}$$

因为 $\mu_k \|J_k^\mathsf{T} F_k\| > M_1$, 由 (4.1.140) 及 $\|F_k\| \leqslant \|F_1\|$, $\|J_k\| \leqslant \kappa_{\mathrm{lf}}$, 可知
$$\mu_k \|J_k^\mathsf{T} F_k\| \geqslant \frac{\kappa_{\mathrm{lf}} \mu_{\min}}{a_2} \|F_1\| \geqslant \frac{\kappa_{\mathrm{lf}} \mu_{\min}}{a_2} \|F_k\| \geqslant \frac{\mu_{\min}}{a_2} \|J_k^\mathsf{T} F_k\|, \tag{4.1.145}$$

故 $\mu_k \geqslant \dfrac{\mu_{\min}}{a_2}$. 又 $\mu_k \|J_k^\mathsf{T} F_k\| > M_1 \geqslant p_2$, 故 $\mu_k > \dfrac{p_2}{\|J_k^\mathsf{T} F_k\|}$. 从而由引理 4.1.8 及

4.1 Levenberg-Marquardt 方法

(4.1.107) 可得

$$\mu_{k+1} = a_2 \mu_k. \tag{4.1.146}$$

再利用 $a_2 \leqslant (1 + c_1 c_2^{-1} c_3)^{-1}$ 和 (4.1.144), 可得

$$\begin{aligned}\mu_{k+1}\|J_{k+1}^\mathrm{T} F_{k+1}\| &= a_2 \mu_k \|J_{k+1}^\mathrm{T} F_{k+1}\| \\ &\leqslant a_2(1 + c_1 c_2^{-1} c_3) \mu_k \|J_k^\mathrm{T} F_k\| \\ &\leqslant \mu_k \|J_k^\mathrm{T} F_k\|.\end{aligned} \tag{4.1.147}$$

从而引理成立. □

记

$$M_2 = \max\{\mu_N \|J_N^\mathrm{T} F_N\|, a_1(1 + c_1 c_2^{-1} c_3) M_1\}. \tag{4.1.148}$$

引理 4.1.10 在引理 4.1.9 的假设条件下, 有

$$\mu_k \|J_k^\mathrm{T} F_k\| \leqslant M_2, \quad \forall k \geqslant N. \tag{4.1.149}$$

证明 下面分两种情形讨论.

情形 1: $\mu_N \|J_N^\mathrm{T} F_N\| \leqslant a_1(1 + c_1 c_2^{-1} c_3) M_1$. 此时必有

$$\mu_{N+1} \|J_{N+1}^\mathrm{T} F_{N+1}\| \leqslant a_1(1 + c_1 c_2^{-1} c_3) M_1. \tag{4.1.150}$$

否则, 反设

$$\mu_{N+1} \|J_{N+1}^\mathrm{T} F_{N+1}\| > a_1(1 + c_1 c_2^{-1} c_3) M_1. \tag{4.1.151}$$

由 (4.1.144) 和 $\mu_{N+1} \leqslant a_1 \mu_N$ 可知

$$(1 + c_1 c_2^{-1} c_3) \mu_N \|J_N^\mathrm{T} F_N\| \geqslant \mu_N \|J_{N+1}^\mathrm{T} F_{N+1}\| > (1 + c_1 c_2^{-1} c_3) M_1. \tag{4.1.152}$$

因此

$$\mu_N \|J_N^\mathrm{T} F_N\| > M_1. \tag{4.1.153}$$

从而由引理 4.1.9 可得

$$\mu_{N+1} \|J_{N+1}^\mathrm{T} F_{N+1}\| \leqslant \mu_N \|J_N^\mathrm{T} F_N\| \leqslant a_1(1 + c_1 c_2^{-1} c_3) M_1. \tag{4.1.154}$$

此与 (4.1.151) 矛盾, 故 (4.1.150) 成立.

以此类推, 有

$$\mu_k \|J_k^\mathrm{T} F_k\| \leqslant a_1(1 + c_1 c_2^{-1} c_3) M_1, \quad \forall k \geqslant N. \tag{4.1.155}$$

情形 2: $\mu_N\|J_N^T F_N\| > a_1(1+c_1c_2^{-1}c_3)M_1$. 因为 $a_1 > 1$, 所以

$$\mu_N\|J_N^T F_N\| > M_1. \qquad (4.1.156)$$

由引理 4.1.9 可知,

$$\mu_{N+1}\|J_{N+1}^T F_{N+1}\| \leqslant \mu_N\|J_N^T F_N\|. \qquad (4.1.157)$$

如果 $\mu_{N+1}\|J_{N+1}^T F_{N+1}\| > a_1(1+c_1c_2^{-1}c_3)M_1$, 则由引理 4.1.9 可得

$$\mu_{N+2}\|J_{N+2}^T F_{N+2}\| \leqslant \mu_{N+1}\|J_{N+1}^T F_{N+1}\|. \qquad (4.1.158)$$

否则, 类似于情形 1 的证明, 有

$$\mu_{N+2}\|J_{N+2}^T F_{N+2}\| \leqslant a_1(1+c_1c_2^{-1}c_3)M_1. \qquad (4.1.159)$$

故由 (4.1.157) 可得

$$\begin{aligned}\mu_{N+2}\|J_{N+2}^T F_{N+2}\| &\leqslant \max\{\mu_{N+1}\|J_{N+1}^T F_{N+1}\|, a_1(1+c_1c_2^{-1}c_3)M_1\}. \\ &\leqslant \max\{\mu_N\|J_N^T F_N\|, a_1(1+c_1c_2^{-1}c_3)M_1\}. \end{aligned} \qquad (4.1.160)$$

类似可证, 对所有 $k > N$, 均有

$$\begin{aligned}\mu_k\|J_k^T F_k\| &\leqslant \max\{\mu_{k-1}\|J_{k-1}^T F_{k-1}\|, a_1(1+c_1c_2^{-1}c_3)M_1\} \\ &\leqslant \max\{\mu_{k-2}\|J_{k-2}^T F_{k-2}\|, a_1(1+c_1c_2^{-1}c_3)M_1\} \\ &\leqslant \cdots \\ &\leqslant \max\{\mu_{N+1}\|J_{N+1}^T F_{N+1}\|, a_1(1+c_1c_2^{-1}c_3)M_1\} \\ &\leqslant \max\{\mu_N\|J_N^T F_N\|, a_1(1+c_1c_2^{-1}c_3)M_1\} \\ &= M_2. \end{aligned} \qquad (4.1.161)$$

综上, 引理成立. $\square$

引理 4.1.11 在引理 4.1.9 的假设条件下, 存在常数 $M_3 > 0$, 使得

$$\mu_k\|F_k\| \leqslant M_3 \qquad (4.1.162)$$

对所有充分大的 k 成立.

证明 利用 (4.1.9), 引理 4.1.7 和引理 4.1.10, 有

$$\mu_k\|F_k\| \leqslant \kappa_{\mathrm{lf}}\mu_k\|\bar{x}_k - x_k\| \leqslant \kappa_{\mathrm{lf}}\mu_k c_2^{-1}\|J_k^T F_k\| \leqslant \kappa_{\mathrm{lf}}c_2^{-1}M_2. \qquad (4.1.163)$$

令 $M_3 = \kappa_{\mathrm{lf}}c_2^{-1}M_2$, 即得 (4.1.162). $\square$

注意到, 适当选取参数 a_2, 总可使引理 4.1.9 中的条件 $a_2 \leqslant (1+c_1c_2^{-1}c_3)^{-1}$ 满足. 因此有下面的结果.

定理 4.1.9 设 $F: \mathbb{R}^n \to \mathbb{R}^m$ 满足假设 4.1.1. 如果算法 4.1.3 产生的迭代点列 $\{x_k\} \subset N(x^*)$ 且收敛到 (1.1.1) 的解集, 则 $\{x_k\}$ 二次收敛到 (1.1.1) 的某个解.

证明 由引理 4.1.6 和引理 4.1.11, 类似于定理 4.1.1 可证 $\{x_k\}$ 超线性收敛到 (1.1.1) 的某个解. 由 J_k 的奇异值分解 (4.1.29), 计算可得

$$F_k + J_k d_k = \mu_k \|F_k\|^2 U_{k,1} (\Sigma_{k,1}^2 + \mu_k \|F_k\|^2 I)^{-1} U_{k,1}^\mathsf{T} F_k \\ + \mu_k \|F_k\|^2 U_{k,2} (\Sigma_{k,2}^2 + \mu_k \|F_k\|^2 I)^{-1} U_{k,2}^\mathsf{T} F_k. \quad (4.1.164)$$

利用 (4.1.9), (4.1.37), 引理 4.1.3 和引理 4.1.11, 有

$$\begin{aligned} \|F_k + J_k d_k\| &\leqslant \mu_k \|F_k\|^2 \|\Sigma_{k,1}^{-2}\| \|U_{k,1} U_{k,1}^\mathsf{T} F_k\| + \|U_{k,2} U_{k,2}^\mathsf{T} F_k\| \\ &\leqslant M_3 \|F_k\| \|\Sigma_{k,1}^{-2}\| \|U_{k,1} U_{k,1}^\mathsf{T} F_k\| + \|U_{k,2} U_{k,2}^\mathsf{T} F_k\| \\ &\leqslant O(\|\bar{x}_k - x_k\|^2). \end{aligned} \quad (4.1.165)$$

从而由 (4.1.7), (4.1.8) 和引理 4.1.6 可得

$$\begin{aligned} \kappa_{\text{leb}} \|\bar{x}_{k+1} - x_{k+1}\| &\leqslant \|F_{k+1}\| \\ &\leqslant \|F_k + J_k d_k\| + \kappa_{\text{lj}} \|d_k\|^2 \\ &\leqslant O(\|\bar{x}_k - x_k\|^2). \end{aligned} \quad (4.1.166)$$

类似 (4.1.23)–(4.1.27) 可证

$$\|d_{k+1}\| \leqslant O(\|d_k\|^2). \quad (4.1.167)$$

因此定理成立. □

4.1.5 复杂度

近些年, 最优化算法的复杂度得到了广泛而深入的研究[29, 106, 177]. 本小节研究非线性方程组的 Levenberg-Marquardt 算法的复杂度, 即给定容许误差 $\varepsilon > 0$, 使得算法达到 $\|J_k^\mathsf{T} F_k\| \leqslant \varepsilon$ 所需要的迭代次数 k 的一个上界.

传统的 Levenberg-Marquardt 算法如下更新 Levenberg-Marquardt 参数:

$$\lambda_{k+1} = \begin{cases} a_1 \lambda_k, & \text{如果 } r_k < p_1, \\ \lambda_k, & \text{如果 } r_k \in [p_1, p_2], \\ a_2 \lambda_k, & \text{其他}, \end{cases} \quad (4.1.168)$$

其中 $a_1 > 1 > a_2 > 0, 0 < p_1 < p_2 < 1$ 是常数. Ueda 和 Yamashita [224] 证明了此时 Levenberg-Marquardt 算法的复杂度为 $O(\varepsilon^{-2})$.

Fan[68] 选取
$$\lambda_k = \mu_k \|F_k\|, \tag{4.1.169}$$
其中
$$\mu_{k+1} = \begin{cases} a_1 \mu_k, & \text{如果 } r_k < p_1, \\ \mu_k, & \text{如果 } r_k \in [p_1, p_2], \\ \max\{a_2 \mu_k, \mu_{\min}\}, & \text{其他}. \end{cases} \tag{4.1.170}$$

Ueda 和 Yamashita[225] 证明了此时 Levenberg-Marquardt 算法 (即算法 4.1.3) 的复杂度仍为 $O(\varepsilon^{-2})$.

Zhao 和 Fan[270] 选取
$$\lambda_k = \mu_k \|J_k^\mathsf{T} F_k\|, \tag{4.1.171}$$
其中 μ_k 如算法 4.1.4 更新. 即当迭代失败时, 扩大 μ_k; 而当迭代成功时, 按 (4.1.107) 更新 μ_k, 即
$$\mu_{k+1} = \begin{cases} a_1 \mu_k, & \text{如果 } \|J_k^\mathsf{T} F_k\| < \dfrac{p_1}{\mu_k}, \\ \mu_k, & \text{如果 } \|J_k^\mathsf{T} F_k\| \in \left[\dfrac{p_1}{\mu_k}, \dfrac{p_2}{\mu_k}\right], \\ \max\{a_2 \mu_k, \mu_{\min}\}, & \text{其他}. \end{cases} \tag{4.1.172}$$

下面给出基于 (4.1.171) 和 (4.1.172) 的 Levenberg-Marquardt 算法.

算法 4.1.5

步 1   给出 $x_1 \in \mathbb{R}^n, 0 < p_0 < p_1 < p_2 < 1, a_1 > 1, 0 < a_2 \leqslant \dfrac{a_1}{a_1+1}, \mu_1 > \mu_{\min} > 0, \varepsilon > 0; k := 1$.

步 2   如果 $\|J_k^\mathsf{T} F_k\| \leqslant \varepsilon$, 则停; 求解
$$(J_k^\mathsf{T} J_k + \lambda_k I)d = -J_k^\mathsf{T} F_k, \quad \lambda_k = \mu_k \|J_k^\mathsf{T} F_k\| \tag{4.1.173}$$
得到 d_k.

步 3   计算 $r_k = \dfrac{\text{Ared}_k}{\text{Pred}_k}$; 如果 $r_k < p_0$, 令 $x_{k+1} := x_k$, 计算 $\mu_{k+1} = a_1 \mu_k$; 否则令 $x_{k+1} := x_k + d_k$, 由 (4.1.172) 计算 μ_{k+1}.

步 4   令 $k := k+1$, 转步 2.

设 d_k 是 (4.1.173) 的解, 则
$$\text{Pred}_k \geqslant \frac{1}{2} \|J_k^\mathsf{T} F_k\| \min\left\{\|d_k\|, \frac{\|J_k^\mathsf{T} F_k\|}{\|J_k^\mathsf{T} J_k\|}\right\}. \tag{4.1.174}$$

记
$$R_1 = \max\left\{\frac{2\kappa_{\mathrm{lj}}\|F_1\| + \kappa_{\mathrm{lj}}^2 \mu_{\min}^{-2}}{1 - p_0}, \kappa_{\mathrm{lf}}^2\right\}. \tag{4.1.175}$$

引理 4.1.12 设 $F: \mathbb{R}^n \to \mathbb{R}^m$ 满足假设 4.1.3. 如果 $\mu_k \|J_k^\mathsf{T} F_k\| \geqslant R_1$, 则
$$r_k \geqslant p_0. \tag{4.1.176}$$

证明 因为 $\mu_k \|J_k^\mathsf{T} F_k\| \geqslant \kappa_{1f}^2$, 所以由 d_k 的定义和 (4.1.80) 可知
$$\|d_k\| \leqslant \frac{\|J_k^\mathsf{T} F_k\|}{\mu_k \|J_k^\mathsf{T} F_k\|} \leqslant \frac{1}{\mu_k} \leqslant \frac{\|J_k^\mathsf{T} F_k\|}{\kappa_{1f}^2} \leqslant \frac{\|J_k^\mathsf{T} F_k\|}{\|J_k^\mathsf{T} J_k\|}. \tag{4.1.177}$$

注意到 $\|F_k + J_k d_k\| \leqslant \|F_k\| \leqslant \|F_1\|$, $\mu_k \geqslant \mu_{\min}$, 由 (4.1.68), (4.1.174) 和 (4.1.177) 得到

$$
\begin{aligned}
|r_k - 1| &= \left| \frac{\|F(x_k + d_k)\|^2 - \|F_k + J_k d_k\|^2}{\|F_k\|^2 - \|F_k + J_k d_k\|^2} \right| \\
&\leqslant \frac{(\|F_k + J_k d_k\| + \kappa_{1j}\|d_k\|^2)^2 - \|F_k + J_k d_k\|^2}{\|J_k^\mathsf{T} F_k\| \min\left\{\|d_k\|, \frac{\|J_k^\mathsf{T} F_k\|}{\|J_k^\mathsf{T} J_k\|}\right\}} \\
&\leqslant \frac{2\kappa_{1j}\|F_k + J_k d_k\|\|d_k\|^2 + \kappa_{1j}^2 \|d_k\|^4}{\|J_k^\mathsf{T} F_k\| \|d_k\|} \\
&\leqslant \frac{2\kappa_{1j}\|F_k\|\|d_k\| + \kappa_{1j}^2 \|d_k\|^3}{\|J_k^\mathsf{T} F_k\|} \\
&\leqslant \frac{2\kappa_{1j}\|F_1\| + \kappa_{1j}^2 \mu_{\min}^{-2}}{\mu_k \|J_k^\mathsf{T} F_k\|} \\
&\leqslant \frac{2\kappa_{1j}\|F_1\| + \kappa_{1j}^2 \mu_{\min}^{-2}}{R_1} \\
&\leqslant 1 - p_0, \tag{4.1.178}
\end{aligned}
$$

故 $r_k \geqslant p_0$. □

记
$$R_2 = \max\{R_1, p_2, a_2^{-1} \kappa_{1f} \mu_{\min} \|F_1\|\}. \tag{4.1.179}$$

引理 4.1.13 设 $F: \mathbb{R}^n \to \mathbb{R}^m$ 满足假设 4.1.3. 如果 $\mu_k \|J_k^\mathsf{T} F_k\| > R_2$, 则
$$\mu_{k+1} \|J_{k+1}^\mathsf{T} F_{k+1}\| \leqslant a_2 (\mu_k \|J_k^\mathsf{T} F_k\| + c), \tag{4.1.180}$$

其中 $c = \kappa_{1f}^2 + \kappa_{1j}\|F_1\|$ 为常数.

证明 由 (4.1.79) 和 (4.1.80) 可知
$$
\begin{aligned}
\|J_{k+1}^\mathsf{T} F_{k+1}\| - \|J_k^\mathsf{T} F_k\| &\leqslant \left|\|J_{k+1}^\mathsf{T} F_{k+1}\| - \|J_{k+1}^\mathsf{T} F_k\|\right| + \left|\|J_{k+1}^\mathsf{T} F_k\| - \|J_k^\mathsf{T} F_k\|\right| \\
&\leqslant \|J_{k+1}\|\|F_{k+1} - F_k\| + \|F_k\|\|J_{k+1} - J_k\| \\
&\leqslant (\kappa_{1f}^2 + \kappa_{1j}\|F_1\|)\|d_k\| \\
&= c\|d_k\|. \tag{4.1.181}
\end{aligned}
$$

因为 $\mu_k\|J_k^\mathsf{T} F_k\| > R_2, \|J_k\| \leqslant \kappa_{\mathrm{lf}}$, 所以由 (4.1.179) 知

$$\mu_k\|J_k^\mathsf{T} F_k\| \geqslant \frac{\kappa_{\mathrm{lf}}\mu_{\min}}{a_2}\|F_1\| \geqslant \frac{\kappa_{\mathrm{lf}}\mu_{\min}}{a_2}\|F_k\|$$
$$\geqslant \frac{\mu_{\min}}{a_2}\|J_k\|\|F_k\| \geqslant \frac{\mu_{\min}}{a_2}\|J_k^\mathsf{T} F_k\|, \qquad (4.1.182)$$

故 $a_2\mu_k \geqslant \mu_{\min}$. 同时由 (4.1.179) 和引理 4.1.12 知, $r_k > p_0$. 又 $\mu_k > \dfrac{R_2}{\|J_k^\mathsf{T} F_k\|} \geqslant \dfrac{p_2}{\|J_k^\mathsf{T} F_k\|}$, 故

$$\mu_{k+1} = a_2\mu_k. \qquad (4.1.183)$$

利用 (4.1.177), (4.1.181)–(4.1.183) 可得

$$\mu_{k+1}\|J_{k+1}^\mathsf{T} F_{k+1}\| \leqslant a_2\mu_k(\|J_k^\mathsf{T} F_k\| + c\|d_k\|) \leqslant a_2(\mu_k\|J_k^\mathsf{T} F_k\| + c). \qquad (4.1.184)$$

因此引理成立. □

记
$$R_3 = \max\{\mu_1\|J_1^\mathsf{T} F_1\|, a_1(R_2 + c)\}. \qquad (4.1.185)$$

引理 4.1.14 设 $F:\mathbb{R}^n \to \mathbb{R}^m$ 满足假设 4.1.3, 则对任意 k, 都有

$$\mu_k\|J_k^\mathsf{T} F_k\| \leqslant R_3. \qquad (4.1.186)$$

证明 分两种情形讨论.
情形 1: $\mu_1\|J_1^\mathsf{T} F_1\| \leqslant a_1(R_2 + c)$. 此时必有

$$\mu_2\|J_2^\mathsf{T} F_2\| \leqslant a_1(R_2 + c). \qquad (4.1.187)$$

否则, 反设

$$\mu_2\|J_2^\mathsf{T} F_2\| > a_1(R_2 + c). \qquad (4.1.188)$$

由 (4.1.177), (4.1.181) 和 $\mu_2 \leqslant a_1\mu_1$ 可知

$$a_1(R_2 + c) < \mu_2\|J_2^\mathsf{T} F_2\| \leqslant a_1\mu_1(\|J_1^\mathsf{T} F_1\| + c\|d_1\|)$$
$$\leqslant a_1\mu_1\|J_1^\mathsf{T} F_1\| + a_1 c, \qquad (4.1.189)$$

因此

$$\mu_1\|J_1^\mathsf{T} F_1\| > R_2. \qquad (4.1.190)$$

利用引理 4.1.13, 可得

$$\mu_2\|J_2^\mathsf{T} F_2\| \leqslant a_2(\mu_1\|J_1^\mathsf{T} F_1\| + c)$$
$$\leqslant a_2(a_1(R_2 + c) + c) = a_1 a_2 R_2 + (a_1 + 1)a_2 c. \qquad (4.1.191)$$

4.1 Levenberg-Marquardt 方法

结合 $0 < a_2 \leqslant \dfrac{a_1}{a_1 + 1}$, 有

$$\mu_2 \|J_2^{\mathsf{T}} F_2\| \leqslant a_1(a_2 R_2 + c) \leqslant a_1(R_2 + c), \tag{4.1.192}$$

此与 (4.1.188) 矛盾. 故 (4.1.187) 成立.

以此类推, 可知

$$\mu_k \|J_k^{\mathsf{T}} F_k\| \leqslant a_1(R_2 + c) \tag{4.1.193}$$

对所有 k 成立.

情形 2: $\mu_1 \|J_1^{\mathsf{T}} F_1\| > a_1(R_2 + c)$. 因为 $a_1 > 1$, 所以

$$\mu_1 \|J_1^{\mathsf{T}} F_1\| > R_2, \quad \dfrac{\mu_1}{a_1} \|J_1^{\mathsf{T}} F_1\| > c. \tag{4.1.194}$$

由引理 4.1.13 可得

$$\begin{aligned}
\mu_2 \|J_2^{\mathsf{T}} F_2\| &\leqslant a_2(\mu_1 \|J_1^{\mathsf{T}} F_1\| + c) \\
&< a_2 \left(\mu_1 \|J_1^{\mathsf{T}} F_1\| + \dfrac{\mu_1}{a_1} \|J_1^{\mathsf{T}} F_1\| \right) \leqslant \mu_1 \|J_1^{\mathsf{T}} F_1\|.
\end{aligned} \tag{4.1.195}$$

故有

$$\mu_2 \|J_2^{\mathsf{T}} F_2\| \leqslant \max\{\mu_1 \|J_1^{\mathsf{T}} F_1\|, a_1(R_2 + c)\}. \tag{4.1.196}$$

同上可证

$$\begin{aligned}
\mu_k \|J_k^{\mathsf{T}} F_k\| &\leqslant \max\{\mu_{k-1} \|J_{k-1}^{\mathsf{T}} F_{k-1}\|, a_1(R_2 + c)\} \\
&\leqslant \cdots \\
&\leqslant \max\{\mu_2 \|J_2^{\mathsf{T}} F_2\|, a_1(R_2 + c)\} \\
&\leqslant \max\{\mu_1 \|J_1^{\mathsf{T}} F_1\|, a_1(R_2 + c)\} \\
&= R_3.
\end{aligned} \tag{4.1.197}$$

因此引理成立. $\square$

记算法 4.1.5 的成功迭代和非成功迭代的指标集合分别为

$$S_1 = \{k \mid r_k \geqslant p_0\}, \quad S_2 = \{k \mid r_k < p_0\}. \tag{4.1.198}$$

它们的元素个数分别为

$$N_1 = |S_1|, \quad N_2 = |S_2|. \tag{4.1.199}$$

则算法 4.1.5 满足停机准则所需要的总迭代次数为

$$N = N_1 + N_2. \tag{4.1.200}$$

引理 4.1.15 设 $F:\mathbb{R}^n \to \mathbb{R}^m$ 满足假设 4.1.3, 则算法 4.1.5 至多需要

$$N_1 \leqslant \left\lfloor \frac{(\kappa_{1f}^2 + R_3)\|F_1\|^2}{p_0\varepsilon^2} \right\rfloor + 1 \tag{4.1.201}$$

次成功迭代即可得到 $\|J_k^\mathsf{T} F_k\| \leqslant \varepsilon$, 其中 $\lfloor t \rfloor$ 表示不大于 t 的最大整数.

证明 记 $K = \left\lfloor \dfrac{(\kappa_{1f}^2 + R_3)\|F_1\|^2}{p_0\varepsilon^2} \right\rfloor + 1$. 反设 $N_1 > K$. 由引理 4.1.14 和 $\|J_k\| \leqslant \kappa_{1f}$ 可知

$$\begin{aligned}
\|d_k\| &= \|(J_k^\mathsf{T} J_k + \mu_k \|J_k^\mathsf{T} F_k\| I)^{-1} J_k^\mathsf{T} F_k\| \\
&\geqslant \frac{\|J_k^\mathsf{T} F_k\|}{\|J_k\|^2 + \mu_k \|J_k^\mathsf{T} F_k\|} \geqslant \frac{\varepsilon}{\kappa_{1f}^2 + R_3}.
\end{aligned} \tag{4.1.202}$$

故对 $k \in S_1$, 有

$$\begin{aligned}
\|F_k\|^2 - \|F_{k+1}\|^2 &\geqslant p_0(\|F_k\|^2 - \|F_k + J_k d_k\|^2) \\
&\geqslant p_0 \|J_k^\mathsf{T} F_k\| \min\left\{\|d_k\|, \frac{\|J_k^\mathsf{T} F_k\|}{\|J_k^\mathsf{T} J_k\|}\right\} \\
&\geqslant p_0 \varepsilon \min\left\{\frac{\varepsilon}{\kappa_{1f}^2 + R_3}, \frac{\varepsilon}{\kappa_{1f}^2}\right\} \\
&\geqslant \frac{p_0 \varepsilon^2}{\kappa_{1f}^2 + R_3}.
\end{aligned} \tag{4.1.203}$$

从而,

$$\begin{aligned}
\|F_1\|^2 &\geqslant \|F_1\|^2 - \|F_{K+1}\|^2 = \sum_{j=1}^{K} (\|F_j\|^2 - \|F_{j+1}\|^2) \\
&\geqslant \frac{K p_0 \varepsilon^2}{\kappa_{1f}^2 + R_3} > \|F_1\|^2,
\end{aligned} \tag{4.1.204}$$

矛盾. 所以引理成立, 因此,

$$N_1 \leqslant O(\varepsilon^{-2}). \tag{4.1.205}$$

证毕. □

引理 4.1.16 设 $F:\mathbb{R}^n \to \mathbb{R}^m$ 满足假设 4.1.3, 则算法 4.1.5 至多需要

$$N_2 \leqslant \left\lfloor \frac{\lg\dfrac{1}{a_2}}{\lg a_1} N_1 + \frac{\lg\dfrac{R_3}{\mu_1 \varepsilon}}{\lg a_1} \right\rfloor + 1 \tag{4.1.206}$$

次非成功迭代即可得到 $\|J_k^\mathsf{T} F_k\| \leqslant \varepsilon$.

证明 由引理 4.1.14 可知,
$$\mu_k \leqslant \frac{R_3}{\|J_k^\mathsf{T} F_k\|} \leqslant \frac{R_3}{\varepsilon} \tag{4.1.207}$$
对所有 k 成立. 注意到
$$\mu_{k+1} \geqslant a_2 \mu_k, \quad \forall k \in S_1, \tag{4.1.208}$$
$$\mu_{k+1} = a_1 \mu_k, \quad \forall k \in S_2, \tag{4.1.209}$$
有
$$\mu_1 a_1^{N_2} a_2^{N_1} \leqslant \frac{R_3}{\varepsilon}. \tag{4.1.210}$$
利用引理 4.1.15, 可得 (4.1.206). 故
$$N_2 \leqslant O(\varepsilon^{-2}). \tag{4.1.211}$$
证毕. □

综合引理 4.1.14 和引理 4.1.15, 有如下的结果:

定理 4.1.10 设 $F: \mathbb{R}^n \to \mathbb{R}^m$ 满足假设 4.1.3, 则算法 4.1.5 的复杂度为 $O(\varepsilon^{-2})$.

4.2 多步 Levenberg-Marquardt 方法

Levenberg-Marquardt 方法每次迭代计算当前点处的 Jacobi 矩阵. 当 $F(x)$ 很复杂或者 n 很大时, Jacobi 矩阵的计算量可能会很大. 为节省计算量, 本节介绍多步 Levenberg-Marquardt 方法, 每次迭代利用当前点处的 Jacobi 矩阵, 不仅计算一个 Levenberg-Marquardt 步, 还计算多个近似 Levenberg-Marquardt 步.

Fan[70] 提出了改进 Levenberg-Marquardt 方法. 在第 k 次迭代, 首先求解
$$(J_k^\mathsf{T} J_k + \lambda_k I) d = -J_k^\mathsf{T} F_k \tag{4.2.1}$$
得到 Levenberg-Marquardt 步 $\tilde{d}_k$, 然后求解
$$(J_k^\mathsf{T} J_k + \lambda_k I) d = -J_k^\mathsf{T} F(y_k), \quad y_k = x_k + \tilde{d}_k \tag{4.2.2}$$
得到近似 Levenberg-Marquardt 步 $\hat{d}_k$. 注意到线性方程组 (4.2.2) 和 (4.2.1) 的系数矩阵相同, 因此可利用 (4.2.1) 的系数矩阵的分解, 只需要少量计算即可求得 $\hat{d}_k$.

进一步, Fan[71] 提出了多步 Levenberg-Marquardt 方法. 每次迭代首先计算 Levenberg-Marquardt 步
$$d_{k,0} = -(J_k^\mathsf{T} J_k + \lambda_k I)^{-1} J_k^\mathsf{T} F_k, \tag{4.2.3}$$

然后计算 $q-1$ 个近似 Levenberg-Marquardt 步

$$d_{k,i} = -(J_k^\mathrm{T} J_k + \lambda_k I)^{-1} J_k^\mathrm{T} F(x_{k,i}), \quad i=1,\cdots,q-1, \tag{4.2.4}$$

其中 $q \geqslant 1$ 是正整数, $x_{k,i} = x_{k,i-1} + d_{k,i-1}$ 且 $x_{k,0} = x_k$, 并令第 k 次迭代的试探步为

$$s_k = \sum_{i=0}^{q-1} d_{k,i}. \tag{4.2.5}$$

多步 Levenberg-Marquardt 方法将 q 个步的计算记为一次迭代, 每计算 q 个步后进行 Jacobi 矩阵的计算和矩阵分解. 当 $q=1$ 时, 其退化为 Levenberg-Marquardt 方法; 当 $q=2$ 时, 其退化为改进 Levenberg-Marquardt 方法.

在第 k 次迭代, 定义价值函数的实际下降量为

$$\mathrm{Ared}_k = \frac{1}{2}(\|F_k\|^2 - \|F(x_k+s_k)\|^2). \tag{4.2.6}$$

由于 $\frac{1}{2}(\|F_k\|^2 - \|F_k + J_k s_k\|^2)$ 可能非正, 因此不能将其定义为预估下降量. 注意到 $d_{k,i}(i=0,\cdots,q-1)$ 不仅是凸优化问题

$$\min_{d \in \mathbb{R}^n} \|F_{k,i} + J_k d\|^2 + \lambda_k \|d\|^2 := \varphi_{k,i}(d) \tag{4.2.7}$$

的极小点, 而且是信赖域子问题

$$\min_{d \in \mathbb{R}^n} \|F_{k,i} + J_k d\|^2 \tag{4.2.8a}$$

$$\mathrm{s.t.} \quad \|d\| \leqslant \Delta_{k,i} := \|d_{k,i}\| \tag{4.2.8b}$$

的解. 由 Powell[187] 的结论可知

$$\|F_{k,i}\|^2 - \|F_{k,i} + J_k d_{k,i}\|^2 \geqslant \|J_k^\mathrm{T} F_{k,i}\| \min\left\{\|d_{k,i}\|, \frac{\|J_k^\mathrm{T} F_{k,i}\|}{\|J_k^\mathrm{T} J_k\|}\right\}. \tag{4.2.9}$$

因此, 定义新的预估下降量

$$\mathrm{Pred}_k = \frac{1}{2} \sum_{i=0}^{q-1} (\|F_{k,i}\|^2 - \|F_{k,i} + J_k d_{k,i}\|^2), \tag{4.2.10}$$

它满足

$$\mathrm{Pred}_k \geqslant \frac{1}{2} \sum_{i=0}^{q-1} \|J_k^\mathrm{T} F_{k,i}\| \min\left\{\|d_{k,i}\|, \frac{\|J_k^\mathrm{T} F_{k,i}\|}{\|J_k^\mathrm{T} J_k\|}\right\}$$

$$\geqslant \frac{1}{2} \|J_k^\mathrm{T} F_{k,0}\| \min\left\{\|d_{k,0}\|, \frac{\|J_k^\mathrm{T} F_{k,0}\|}{\|J_k^\mathrm{T} J_k\|}\right\}. \tag{4.2.11}$$

4.2 多步 Levenberg-Marquardt 方法

下面给出基于信赖域的多步 Levenberg-Marquardt 算法 [71].

算法 4.2.1 (多步 Levenberg-Marquardt 算法)

步 1 给出 $x_1 \in \mathbb{R}^n, a_1 > 1 > a_2 > 0, 0 < p_0 < p_1 < p_2 < 1, \mu_1 \geqslant \mu_{\min} > 0, q \geqslant 1; k := 1$.

步 2 如果 $\|J_k^\mathrm{T} F_k\| = 0$, 则停; 求解

$$(J_k^\mathrm{T} J_k + \lambda_k I)d = -J_k^\mathrm{T} F_{k,i}, \quad \text{其中 } \lambda_k = \mu_k \|F_{k,0}\| \qquad (4.2.12)$$

得到 $d_{k,i}(i = 0, 1, \cdots, q-1)$, 其中 $x_{k,i} = x_{k,i-1} + d_{k,i-1}$ 且 $x_{k,0} = x_k$; 计算

$$s_k = \sum_{i=0}^{q-1} d_{k,i}. \qquad (4.2.13)$$

步 3 计算 $r_k = \mathrm{Ared}_k / \mathrm{Pred}_k$; 令

$$x_{k+1} = \begin{cases} x_k + s_k, & \text{如果 } r_k \geqslant p_0, \\ x_k, & \text{其他;} \end{cases} \qquad (4.2.14)$$

计算

$$\mu_{k+1} = \begin{cases} a_1 \mu_k, & \text{如果 } r_k < p_1, \\ \mu_k, & \text{如果 } r_k \in [p_1, p_2], \\ \max\{a_2 \mu_k, \mu_{\min}\}, & \text{其他.} \end{cases} \qquad (4.2.15)$$

步 4 令 $k := k+1$, 转步 2.

下面讨论算法 4.2.1 的全局收敛性质.

定理 4.2.1 设 $F : \mathbb{R}^n \to \mathbb{R}^m$ 满足假设 4.1.3, 则算法 4.2.1 产生的迭代点列 $\{x_k\}$ 满足

$$\lim_{k \to \infty} \|J_k^\mathrm{T} F_k\| = 0. \qquad (4.2.16)$$

证明 反设 (4.2.16) 不成立. 则存在常数 $\tau > 0$ 和无穷多个 k, 使得

$$\|J_k^\mathrm{T} F_k\| \geqslant \tau. \qquad (4.2.17)$$

令

$$S_1 = \{k \mid \|J_k^\mathrm{T} F_k\| \geqslant \tau\}, \qquad (4.2.18)$$

$$S_2 = \left\{k \mid \|J_k^\mathrm{T} F_k\| \geqslant \frac{\tau}{2} \text{ 且 } x_{k+1} \neq x_k\right\}. \qquad (4.2.19)$$

考虑两种情形.

情形 $1: S_2$ 是有限集. 则集合

$$S_3 = \{k \mid \|J_k^{\mathrm{T}} F_k\| \geqslant \tau \text{ 且 } x_{k+1} \neq x_k\} \tag{4.2.20}$$

是有限集. 令 $\bar{k}$ 为 S_3 中最大的元素. 则存在 $\tilde{k} > \bar{k}$, 使得 $\|J_{\tilde{k}}^{\mathrm{T}} F_{\tilde{k}}\| \geqslant \tau$ 且 $x_{\tilde{k}+1} = x_{\tilde{k}}$. 故

$$\|J_k^{\mathrm{T}} F_k\| \geqslant \tau \text{ 且 } x_{k+1} = x_k, \quad \forall k \geqslant \tilde{k}. \tag{4.2.21}$$

由 (4.2.15) 和 $a_1 > 1$ 可知

$$\mu_k \to +\infty. \tag{4.2.22}$$

从而由 (4.1.80) 及 $d_{k,0}$ 的定义, 有

$$\|d_{k,0}\| \leqslant \frac{\|J_k^{\mathrm{T}} F_{k,0}\|}{\mu_k \|F_k\|} \leqslant \frac{\kappa_{\mathrm{lf}}}{\mu_k} \to 0. \tag{4.2.23}$$

由 (4.1.68), (4.1.79) 和 (4.1.80) 可得

$$\begin{aligned}
\|d_{k,i}\| &= \| - (J_k^{\mathrm{T}} J_k + \lambda_k I)^{-1} J_k^{\mathrm{T}} F_{k,i}\| \\
&\leqslant \|(J_k^{\mathrm{T}} J_k + \lambda_k I)^{-1} J_k^{\mathrm{T}} F_{k,0}\| + \left\|(J_k^{\mathrm{T}} J_k + \lambda_k I)^{-1} J_k^{\mathrm{T}} J_k \left(\sum_{j=0}^{i-1} d_{k,j}\right)\right\| \\
&\quad + \kappa_{\mathrm{lj}} \|(J_k^{\mathrm{T}} J_k + \lambda_k I)^{-1} J_k^{\mathrm{T}}\| \left\|\sum_{j=0}^{i-1} d_{k,j}\right\|^2 \\
&\leqslant \|d_{k,0}\| + \sum_{j=0}^{i-1} \|d_{k,j}\| + \frac{\kappa_{\mathrm{lj}} \kappa_{\mathrm{lf}}}{\lambda_k} \left(\sum_{j=0}^{i-1} \|d_{k,j}\|\right)^2,
\end{aligned} \tag{4.2.24}$$

依次推导可得

$$\|d_{k,i}\| \leqslant O(\|d_{k,0}\|), \quad i = 1, \cdots, q-1. \tag{4.2.25}$$

又由 (4.1.68) 可知

$$\begin{aligned}
&\left|\|F_{k,i+1}\|^2 - \|F_{k,i} + J_k d_{k,i}\|^2\right| \\
&\leqslant \left\|F_{k,0} + J_k \left(\sum_{j=0}^{i} d_{k,j}\right)\right\| O\left(\left\|\sum_{j=0}^{i} d_{k,j}\right\|^2\right) + O\left(\left\|\sum_{j=0}^{i} d_{k,j}\right\|^4\right) \\
&\quad + \left\|F_{k,0} + J_k \left(\sum_{j=0}^{i} d_{k,j}\right)\right\| O\left(\left\|\sum_{j=0}^{i-1} d_{k,j}\right\|^2\right) + O\left(\left\|\sum_{j=0}^{i-1} d_{k,j}\right\|^4\right) \\
&\leqslant O(\|d_{k,0}\|^2), \quad i = 0, \cdots, q-1.
\end{aligned} \tag{4.2.26}$$

4.2 多步 Levenberg-Marquardt 方法

记 $x_{k+1} = x_{k,q}$. 利用 (4.2.11), (4.2.21) 和 $\|J_k\| \leqslant \kappa_{\mathrm{lf}}$, 我们有

$$|r_k - 1| = \left|\frac{\mathrm{Ared}_k - \mathrm{Pred}_k}{\mathrm{Pred}_k}\right| = \left|\frac{\sum_{i=0}^{q-1}(\|F_{k,i+1}\|^2 - \|F_{k,i} + J_k d_{k,i}\|^2)}{\sum_{i=0}^{q-1}(\|F_{k,i}\|^2 - \|F_{k,i} + J_k d_{k,i}\|^2)}\right|$$

$$\leqslant \frac{O(\|d_{k,0}\|^2)}{\|J_k^{\mathrm{T}} F_{k,0}\| \min\left\{\|d_{k,0}\|, \frac{\|J_k^{\mathrm{T}} F_{k,0}\|}{\|J_k^{\mathrm{T}} J_k\|}\right\}}$$

$$\to 0, \tag{4.2.27}$$

故 $r_k \to 1$. 由 (4.2.15) 可知, 存在常数 $\hat{\mu}$, 使得 $\mu_k < \hat{\mu}$ 对所有 k 成立, 此与 (4.2.22) 矛盾. 故 (4.2.17) 不成立.

情形 2: S_2 是无限集. 由 (4.2.11) 和 $\|J_k\| \leqslant \kappa_{\mathrm{lf}}$ 可知

$$\|F_1\|^2 \geqslant \sum_{k \in S_2}(\|F_k\|^2 - \|F_{k+1}\|^2)$$

$$\geqslant \sum_{k \in S_2} p_0 \|J_k^{\mathrm{T}} F_{k,0}\| \min\left\{\|d_{k,0}\|, \frac{\|J_k^{\mathrm{T}} F_{k,0}\|}{\|J_k^{\mathrm{T}} J_k\|}\right\}$$

$$\geqslant \sum_{k \in S_2} \frac{p_0 \tau}{2} \min\left\{\|d_{k,0}\|, \frac{\tau}{2\kappa_{\mathrm{lf}}^2}\right\}, \tag{4.2.28}$$

故

$$d_{k,0} \to 0, \quad k \in S_2. \tag{4.2.29}$$

从而由 $\|J_k\| \leqslant \kappa_{\mathrm{lf}}$ 和 $d_{k,0}$ 的定义可得

$$\lambda_k \to +\infty, \quad k \in S_2. \tag{4.2.30}$$

利用 (4.2.24), 有

$$\|d_{k,i}\| \leqslant O(\|d_{k,0}\|), \quad k \in S_2, \ i = 1, \cdots, q-1. \tag{4.2.31}$$

因此,

$$\|s_k\| = \left\|\sum_{i=0}^{q-1} d_{k,i}\right\| \leqslant O(\|d_{k,0}\|), \quad k \in S_2. \tag{4.2.32}$$

故由 (4.1.79), (4.1.80) 和 (4.2.28) 可得

$$\sum_{k \in S_2} \left|\|J_k^{\mathrm{T}} F_k\| - \|J_{k+1}^{\mathrm{T}} F_{k+1}\|\right|$$

$$\leqslant \sum_{k \in S_2} \left|(\|J_k^{\mathrm{T}} F_k\| - \|J_k^{\mathrm{T}} F_{k+1}\|) - (\|J_{k+1}^{\mathrm{T}} F_{k+1}\| - \|J_k^{\mathrm{T}} F_{k+1}\|)\right|$$

$$\leqslant \sum_{k \in S_2} (\kappa_{\mathrm{lf}}^2 \|s_k\| + \kappa_{\mathrm{lj}} \|F_{k+1}\| \|s_k\|)$$

$$< +\infty. \tag{4.2.33}$$

从而由 (4.2.17) 可知, 存在 $\hat{k}$, 使得

$$\|J_k^\mathsf{T} F_k\| \geqslant \tau \text{ 且 } \sum_{k \in S_2, k \geqslant \hat{k}} \left| \|J_k^\mathsf{T} F_k\| - \|J_{k+1}^\mathsf{T} F_{k+1}\| \right| < \frac{\tau}{2}. \tag{4.2.34}$$

因此,

$$\|J_k^\mathsf{T} F_k\| \geqslant \frac{\tau}{2}, \quad \forall k \geqslant \hat{k}. \tag{4.2.35}$$

故由 (4.2.29)–(4.2.31) 和 $\|F_k\| \leqslant \|F_1\|$ 可知,

$$d_{k,i} \to 0, \quad i = 0, \cdots, q - 1, \tag{4.2.36}$$

并且

$$\mu_k = \frac{\lambda_k}{\|F_k\|} \geqslant \frac{\lambda_k}{\|F_1\|} \to +\infty. \tag{4.2.37}$$

从而

$$s_k = \sum_{i=0}^{q-1} d_{k,i} \to 0. \tag{4.2.38}$$

类似 (4.2.27) 的分析, 可得 $r_k \to 1$. 故存在常数 $\hat{\mu}$, 使得 $\mu_k < \hat{\mu}$ 对所有充分大的 k 成立, 此与 (4.2.37) 矛盾, 故 (4.2.17) 不成立. 因此定理成立. □

下面讨论算法 4.2.1 的收敛速度.

引理 4.2.1 设 $F : \mathbb{R}^n \to \mathbb{R}^m$ 满足假设 4.1.1. 如果算法 4.2.1 产生的迭代点列 $\{x_k\} \subset N(x^*)$ 且收敛到 (1.1.1) 的解集, 则

$$\|d_{k,i}\| \leqslant O(\|\bar{x}_k - x_k\|), \quad i = 0, \cdots, q - 1. \tag{4.2.39}$$

证明 由 (4.1.7) 可知

$$\lambda_k = \mu_k \|F_k\| \geqslant \mu_{\min} \kappa_{\text{leb}} \|\bar{x}_k - x_k\|. \tag{4.2.40}$$

因为 $d_{k,0}$ 是 $\varphi_{k,0}(d)$ 的极小点, 由 (4.1.8) 可得

$$\begin{aligned}
\|d_{k,0}\|^2 &\leqslant \frac{\varphi_{k,0}(d_{k,0})}{\lambda_k} \\
&\leqslant \frac{\varphi_{k,0}(\bar{x}_k - x_k)}{\lambda_k} \\
&= \frac{\|F_{k,0} + J_k(\bar{x}_k - x_k)\|^2}{\lambda_k} + \|\bar{x}_k - x_k\|^2 \\
&\leqslant \frac{\kappa_{1j}^2}{\mu_{\min} \kappa_{\text{leb}}} \|\bar{x}_k - x_k\|^3 + \|\bar{x}_k - x_k\|^2 \\
&\leqslant O(\|\bar{x}_k - x_k\|^2).
\end{aligned} \tag{4.2.41}$$

故 (4.2.39) 对 $i = 0$ 成立. 当 $i = 1, \cdots, q-1$ 时, 由 (4.2.24) 知

$$\|d_{k,i}\| \leqslant \|d_{k,0}\| + \sum_{j=0}^{i-1} \|d_{k,j}\| + \kappa_{lj}\|(J_k^\mathsf{T} J_k + \lambda_k I)^{-1} J_k^\mathsf{T}\| \left(\sum_{j=0}^{i-1} \|d_{k,j}\|\right)^2. \quad (4.2.42)$$

由 J_k 的奇异值分解 (4.1.29), 计算可得

$$\|(J_k^\mathsf{T} J_k + \lambda_k I)^{-1} J_k^\mathsf{T}\|$$

$$= \left\|(V_{k,1}, V_{k,2}) \begin{pmatrix} (\Sigma_{k,1}^2 + \lambda_k I)^{-1}\Sigma_{k,1} & \\ & (\Sigma_{k,2}^2 + \lambda_k I)^{-1}\Sigma_{k,2} \end{pmatrix} \begin{pmatrix} U_{k,1}^\mathsf{T} \\ U_{k,2}^\mathsf{T} \end{pmatrix}\right\|$$

$$= \left\|\begin{pmatrix} (\Sigma_{k,1}^2 + \lambda_k I)^{-1}\Sigma_{k,1} & \\ & (\Sigma_{k,2}^2 + \lambda_k I)^{-1}\Sigma_{k,2} \end{pmatrix}\right\|. \quad (4.2.43)$$

因为

$$\frac{\sigma_{k,j}}{\sigma_{k,j}^2 + \lambda_k} \leqslant \frac{\sigma_{k,j}}{2\sigma_{k,j}\sqrt{\lambda_k}} = \frac{1}{2\sqrt{\lambda_k}}, \quad j = 1, \cdots, n, \quad (4.2.44)$$

所以, 由 (4.2.40) 可得

$$\|(J_k^\mathsf{T} J_k + \lambda_k I)^{-1} J_k^\mathsf{T}\| \leqslant \frac{1}{2\mu_{\min}^{\frac{1}{2}} \kappa_{\mathrm{leb}}^{\frac{1}{2}}} \|\bar{x}_k - x_k\|^{-\frac{1}{2}}. \quad (4.2.45)$$

利用 (4.2.41) 和 (4.2.42), 依次推导可得

$$\|d_{k,i}\| \leqslant O(\|d_{k,0}\|), \quad i = 1, \cdots, q-1. \quad (4.2.46)$$

从而由 (4.2.41) 知 (4.2.39) 成立. □

引理 4.2.2 在引理 4.2.1 的假设条件下, 存在常数 $\hat{\mu} > \mu_{\min}$, 使得

$$\mu_k \leqslant \hat{\mu} \quad (4.2.47)$$

对所有充分大的 k 成立.

证明 首先证明不等式

$$\|F_{k,i}\|^2 - \|F_{k,i} + J_k d_{k,i}\|^2 \geqslant O(\|F_{k,i}\|) \min\{\|d_{k,i}\|, \|\bar{x}_{k,i} - x_{k,i}\|\} \quad (4.2.48)$$

对 $i = 0, \cdots, q-1$ 成立. 考虑两种情形.

情形 1: $\|\bar{x}_{k,i} - x_{k,i}\| \leqslant \|d_{k,i}\|$. 因为 $d_{k,i}$ 是信赖域子问题 (4.2.8) 的解, 由 (4.1.7), (4.1.8) 和引理 4.2.1 可得

$$\|F_{k,i}\| - \|F_{k,i} + J_k d_{k,i}\|$$
$$\geqslant \|F_{k,i}\| - \|F_{k,i} + J_k(\bar{x}_{k,i} - x_{k,i})\|$$
$$\geqslant \|F_{k,i}\| - \|F_{k,i} + J(x_{k,i})(\bar{x}_{k,i} - x_{k,i})\| - \|J_k - J(x_{k,i})\|\|\bar{x}_{k,i} - x_{k,i}\|$$
$$\geqslant \kappa_{\mathrm{leb}}\|\bar{x}_{k,i} - x_{k,i}\| - \kappa_{\mathrm{lj}}\|\bar{x}_{k,i} - x_{k,i}\|^2 - \kappa_{\mathrm{lj}}\left(\sum_{j=0}^{i-1}\|d_{k,i}\|\right)\|\bar{x}_{k,i} - x_{k,i}\|$$
$$\geqslant \tilde{c}\|\bar{x}_{k,i} - x_{k,i}\| \tag{4.2.49}$$

对所有充分大的 k 成立, 其中 $\tilde{c} > 0$ 为某一常数.

情形 2: $\|\bar{x}_{k,i} - x_{k,i}\| > \|d_{k,i}\|$. 同上, 有

$$\|F_{k,i}\| - \|F_{k,i} + J_k d_{k,i}\| \geqslant \|F_{k,i}\| - \left\|F_{k,i} + \frac{\|d_{k,i}\|}{\|\bar{x}_{k,i} - x_{k,i}\|} J_k(\bar{x}_{k,i} - x_{k,i})\right\|$$
$$\geqslant \frac{\|d_{k,i}\|}{\|\bar{x}_{k,i} - x_{k,i}\|}\left(\|F_{k,i}\| - \|F_{k,i} + J_k(\bar{x}_{k,i} - x_{k,i})\|\right)$$
$$\geqslant \frac{\|d_{k,i}\|}{\|\bar{x}_{k,i} - x_{k,i}\|} \tilde{c}\|\bar{x}_{k,i} - x_{k,i}\|$$
$$\geqslant \tilde{c}\|d_{k,i}\|. \tag{4.2.50}$$

综合 (4.2.49) 和 (4.2.50), 得到

$$\|F_{k,i}\|^2 - \|F_{k,i} + J_k d_{k,i}\|^2$$
$$\geqslant \tilde{c}(\|F_{k,i}\| + \|F_{k,i} + J_k d_{k,i}\|)\min\{\|d_{k,i}\|, \|\bar{x}_{k,i} - x_{k,i}\|\}$$
$$\geqslant \tilde{c}\|F_{k,i}\|\min\{\|d_{k,i}\|, \|\bar{x}_{k,i} - x_{k,i}\|\}. \tag{4.2.51}$$

故 (4.2.48) 成立.

又因为 $d_{k,i}$ 是 (4.2.8) 的解, 所以

$$\|F_{k,i} + J_k d_{k,i}\| \leqslant \|F_{k,i}\|, \quad i = 0, 1, \cdots, q-1. \tag{4.2.52}$$

由 $\|J_k\| \leqslant \kappa_{\mathrm{lf}}$, (4.1.9) 和引理 4.2.1, 有

$$\|F_{k,0} + J_k(d_{k,0} + \cdots + d_{k,i})\| \leqslant \|F_{k,0} + J_k d_{k,0}\| + \|J_k\|(\|d_{k,1}\| + \cdots + \|d_{k,i}\|)$$
$$\leqslant O(\|\bar{x}_k - x_k\|), \quad i = 1, \cdots, q-1. \tag{4.2.53}$$

从而由 (4.1.7), (4.2.26), (4.2.39), (4.2.46) 和 (4.2.53) 可得

4.2 多步 Levenberg-Marquardt 方法

$$|r_k - 1| = \left|\frac{\text{Ared}_k - \text{Pred}_k}{\text{Pred}_k}\right| = \left|\frac{\sum_{i=0}^{q-1}(\|F_{k,i+1}\|^2 - \|F_{k,i} + J_k d_{k,i}\|^2)}{\sum_{i=0}^{q-1}(\|F_{k,i}\|^2 - \|F_{k,i} + J_k d_{k,i}\|^2)}\right|$$

$$\leqslant \frac{\|\bar{x}_k - x_k\|O(\|\sum_{j=0}^{q-1} d_{k,j}\|^2) + O(\|\sum_{j=0}^{q-1} d_{k,j}\|^4)}{\|F_{k,0}\|\min\{\|d_{k,0}\|, \|\bar{x}_{k,0} - x_{k,0}\|\}}$$

$$\leqslant \frac{\|\bar{x}_k - x_k\|O(\|d_{k,0}\|^2) + O(\|d_{k,0}\|^4)}{\|\bar{x}_k - x_k\|\|d_{k,0}\|}$$

$$\to 0, \tag{4.2.54}$$

故 $r_k \to 1$. 因此, 存在常数 $\hat{\mu} > \mu_{\min}$, 使得 (4.2.47) 成立. □

引理 4.2.3 在引理 4.2.1 的假设条件下, 对 $i = 0, \cdots, q-1$, 均有

$$\|U_{k,1}U_{k,1}^\mathsf{T} F_{k,i}\| \leqslant O(\|\bar{x}_k - x_k\|^{i+1}), \tag{4.2.55}$$

$$\|U_{k,2}U_{k,2}^\mathsf{T} F_{k,i}\| \leqslant O(\|x_k - \bar{x}_k\|^{i+2}), \tag{4.2.56}$$

$$\|d_{k,i}\| \leqslant O(\|\bar{x}_k - x_k\|^{i+1}), \tag{4.2.57}$$

$$\|F_{k,i} + J_k d_{k,i}\| \leqslant O(\|\bar{x}_k - x_k\|^{i+2}). \tag{4.2.58}$$

证明 用数学归纳法证明. 由引理 4.1.1 和引理 4.1.3 可知, (4.2.55)–(4.2.57) 对 $i=0$ 成立. 由 Behling 和 Iusem 在文献 [7] 中的结论, $\text{rank}(J(\bar{x})) = s$ 对所有 $\bar{x} \in N(x^*, r) \cap X^*$ 成立. 假设 $J(\bar{x}_k)$ 的奇异值分解为

$$J(\bar{x}_k) = \bar{U}_k \bar{\Sigma}_k \bar{V}_k^\mathsf{T}$$

$$= (\bar{U}_{k,1}, \bar{U}_{k,2}) \begin{pmatrix} \bar{\Sigma}_{k,1} & \\ & 0 \end{pmatrix} \begin{pmatrix} \bar{V}_{k,1}^\mathsf{T} \\ \bar{V}_{k,2}^\mathsf{T} \end{pmatrix}$$

$$= \bar{U}_{k,1} \bar{\Sigma}_{k,1} \bar{V}_{k,1}^\mathsf{T}, \tag{4.2.59}$$

其中 $\bar{\Sigma}_{k,1} = \text{diag}(\bar{\sigma}_{k,1}, \bar{\sigma}_{k,2}, \cdots, \bar{\sigma}_{k,s}) > 0$. 由 (4.1.6) 和矩阵扰动理论[210], 可得

$$\|\text{diag}(\Sigma_{k,1} - \bar{\Sigma}_{k,1}, \Sigma_{k,2}, 0)\| \leqslant \|J_k - \bar{J}_k\| \leqslant \kappa_{lj}\|\bar{x}_k - x_k\|. \tag{4.2.60}$$

从而, 由 (4.2.40) 可知

$$\|\lambda_k^{-1}\Sigma_{k,2}\| \leqslant \frac{\kappa_{lj}\|\bar{x}_k - x_k\|}{\mu_{\min}\kappa_{leb}\|\bar{x}_k - x_k\|} \leqslant \frac{\kappa_{lj}}{\mu_{\min}\kappa_{leb}}. \tag{4.2.61}$$

不妨假设对充分大的 k, 有 $\kappa_{lj}\|\bar{x}_k - x_k\| \leqslant \bar{\sigma}_s/2$. 由 (4.2.60) 可知

$$\|\Sigma_{k,1}^{-1}\| = \left|\frac{1}{\sigma_r}\right| \leqslant \left|\frac{1}{\bar{\sigma}_s - \kappa_{lj}\|\bar{x}_k - x_k\|}\right| \leqslant \frac{2}{\bar{\sigma}_s}. \tag{4.2.62}$$

又由引理 4.2.2 知 $\{\mu_k\}$ 有界, 故

$$\begin{aligned}\|F_{k,0} + J_k d_{k,0}\| &= \|\lambda_k U_{k,1}(\Sigma_{k,1}^2 + \lambda_k I)^{-1} U_{k,1}^\mathsf{T} F_{k,0} \\ &\quad + \lambda_k U_{k,2}(\Sigma_{k,2}^2 + \lambda_k I)^{-1} U_{k,2}^\mathsf{T} F_{k,0}\| \\ &\leqslant \mu_k \|F_k\| \|\Sigma_{k,1}^{-2}\| \|U_{k,1}^\mathsf{T} F_{k,0}\| + \|U_{k,2}^\mathsf{T} F_{k,0}\| \\ &\leqslant O(\|\bar{x}_k - x_k\|^2). \end{aligned} \quad (4.2.63)$$

因此, (4.2.58) 对 $i = 0$ 成立.

假设 (4.2.55)–(4.2.58) 对所有 $1 \leqslant p \leqslant i - 1$ 成立. 下面证明当 $p = i$ 时, (4.2.55)–(4.2.58) 也成立. 由 (4.1.8) 及假设, 可得

$$\begin{aligned}\|F_{k,i}\| &= \|F(x_{k,i-1} + d_{k,i-1})\| \\ &\leqslant \|F_{k,i-1} + J(x_{k,i-1}) d_{k,i-1}\| + \kappa_{\mathrm{lj}} \|d_{k,i-1}\|^2 \\ &\leqslant \|F_{k,i-1} + J_k d_{k,i-1}\| + \|J(x_{k,i-1}) - J_k\| \|d_{k,i-1}\| + \kappa_{\mathrm{lj}} \|d_{k,i-1}\|^2 \\ &\leqslant O(\|\bar{x}_k - x_k\|^{i+1}) + O\left(\sum_{j=0}^{i-2} \|d_{k,j}\| \|d_{k,i-1}\|\right) + O(\|\bar{x}_k - x_k\|^{2i}) \\ &\leqslant O(\|\bar{x}_k - x_k\|^{i+1}), \end{aligned} \quad (4.2.64)$$

故

$$\|U_{k,1} U_{k,1}^\mathsf{T} F_{k,i}\| \leqslant \|F_{k,i}\| \leqslant O(\|\bar{x}_k - x_k\|^{i+1}), \quad (4.2.65)$$

且由 (4.2.64) 可得

$$\|\bar{x}_{k,i} - x_{k,i}\| \leqslant \kappa_{\mathrm{leb}}^{-1} \|F_{k,i}\| \leqslant O(\|\bar{x}_k - x_k\|^{i+1}). \quad (4.2.66)$$

令 $\tilde{J}_k = U_{k,1} \Sigma_{k,1} V_{k,1}^\mathsf{T}$ 且 $\tilde{w}_{k,i} = -\tilde{J}_k^+ F_{k,i}$, 则 $\tilde{w}_{k,i}$ 是问题 $\min_{w \in \mathbb{R}^n} \|F_{k,i} + \tilde{J}_k w\|$ 的最小二乘解. 所以由 (4.1.8), (4.2.60), (4.2.66) 及假设, 可得

$$\begin{aligned}&\|U_{k,2} U_{k,2}^\mathsf{T} F_{k,i}\| \\ &= \|F_{k,i} + \tilde{J}_k \tilde{w}_{k,i}\| \\ &\leqslant \|F_{k,i} + \tilde{J}_k (\bar{x}_{k,i} - x_{k,i})\| \\ &\leqslant \|F_{k,i} + J_{k,i}(\bar{x}_{k,i} - x_{k,i})\| + \|(\tilde{J}_k - J_{k,i})(\bar{x}_{k,i} - x_{k,i})\| \\ &\leqslant \|F_{k,i} + J_{k,i}(\bar{x}_{k,i} - x_{k,i})\| + \|(J_k - J_{k,i})\| \|\bar{x}_{k,i} - x_{k,i}\| \\ &\quad + \|U_{k,2} \Sigma_{k,2} V_{k,2}^\mathsf{T}\| \|\bar{x}_{k,i} - x_{k,i}\| \\ &\leqslant \kappa_{\mathrm{lj}} \|\bar{x}_{k,i} - x_{k,i}\|^2 + \kappa_{\mathrm{lj}} \left(\sum_{j=0}^{i-1} \|d_{k,j}\|\right) \|\bar{x}_{k,i} - x_{k,i}\| + \kappa_{\mathrm{lj}} \|\bar{x}_k - x_k\| \|\bar{x}_{k,i} - x_{k,i}\|\end{aligned}$$

4.2 多步 Levenberg-Marquardt 方法

$$\leqslant O(\|\bar{x}_k - x_k\|^{2i+2}) + O(\|\bar{x}_k - x_k\|^{i+2}) + O(\|\bar{x}_k - x_k\|^{i+2})$$
$$\leqslant O(\|\bar{x}_k - x_k\|^{i+2}). \tag{4.2.67}$$

由 (4.2.61), (4.2.62), (4.2.65) 和 (4.2.67) 可知

$$\begin{aligned}\|d_{k,i}\| =& \| -V_{k,1}(\Sigma_{k,1}^2 + \lambda_k I)^{-1}\Sigma_{k,1}U_{k,1}^{\mathrm{T}}F_{k,i} - V_{k,2}(\Sigma_{k,2}^2 + \lambda_k I)^{-1}\Sigma_{k,2}U_{k,2}^{\mathrm{T}}F_{k,i}\|\\ \leqslant & \|\Sigma_{k,1}^{-1}\|\|U_{k,1}^{\mathrm{T}}F_{k,i}\| + \|\lambda_k^{-1}\Sigma_{k,2}\|\|U_{k,2}^{\mathrm{T}}F_{k,i}\|\\ \leqslant & O(\|\bar{x}_k - x_k\|^{i+1}),\end{aligned} \tag{4.2.68}$$

且由引理 4.2.2, (4.1.9), (4.2.65) 和 (4.2.67) 可得

$$\begin{aligned}\|F_{k,i} + J_k d_{k,i}\| =& \|\lambda_k U_{k,1}(\Sigma_{k,1}^2 + \lambda_k I)^{-1}U_{k,1}^{\mathrm{T}}F_{k,i} + \lambda_k U_{k,2}(\Sigma_{k,2}^2 + \lambda_k I)^{-1}U_{k,2}^{\mathrm{T}}F_{k,i}\|\\ \leqslant & \mu_k \|F_k\|\|\Sigma_{k,1}^{-2}\|\|U_{k,1}^{\mathrm{T}}F_{k,i}\| + \|U_{k,2}^{\mathrm{T}}F_{k,i}\|\\ \leqslant & O(\|\bar{x}_k - x_k\|^{i+2}).\end{aligned} \tag{4.2.69}$$

综合 (4.2.65) 和 (4.2.67)–(4.2.69), 可得 (4.2.55)–(4.2.58) 对 $p = i$ 成立. 因此引理成立. □

定理 4.2.2 设 $F : \mathbb{R}^n \to \mathbb{R}^m$ 满足假设 4.1.1. 如果算法 4.2.1 产生的迭代点列 $\{x_k\} \subset N(x^*)$ 且收敛到 (1.1.1) 的解集, 则 $\{x_k\}$ 收敛到 (1.1.1) 的某个解, 且收敛阶为 $q+1$.

证明 利用 (4.1.8) 和引理 4.2.3, 有

$$\begin{aligned}\kappa_{\mathrm{leb}}\|\bar{x}_{k+1} - x_{k+1}\| \leqslant & \|F(x_{k+1})\|\\ =& \|F(x_{k,q-1} + d_{k,q-1})\|\\ \leqslant & \|F_{k,q-1} + J_{k,q-1}d_{k,q-1}\| + \kappa_{\mathrm{lj}}\|d_{k,q-1}\|^2\\ \leqslant & \|F_{k,q-1} + J_k d_{k,q-1}\| + \|(J_{k,q-1} - J_k)d_{k,q-1}\| + \kappa_{\mathrm{lj}}\|d_{k,q-1}\|^2\\ \leqslant & \|F_{k,q-1} + J_k d_{k,q-1}\| + \kappa_{\mathrm{lj}}\left\|\sum_{j=0}^{q-2}d_{k,j}\right\|\|d_{k,q-1}\| + \kappa_{\mathrm{lj}}\|d_{k,q-1}\|^2\\ \leqslant & O(\|\bar{x}_k - x_k\|^{q+1}) + O(\|\bar{x}_k - x_k\|^{q+1}) + O(\|\bar{x}_k - x_k\|^{2q})\\ \leqslant & O(\|\bar{x}_k - x_k\|^{q+1}).\end{aligned} \tag{4.2.70}$$

注意到

$$\|\bar{x}_k - x_k\| \leqslant \|\bar{x}_{k+1} - x_{k+1}\| + \|s_k\|, \tag{4.2.71}$$

故
$$\|\bar{x}_k - x_k\| \leqslant 2\|s_k\| \tag{4.2.72}$$

对所有充分大的 k 成立. 又由引理 4.2.3 可知

$$\|s_k\| = \left\|\sum_{i=0}^{q-1} d_{k,i}\right\| \leqslant \sum_{i=0}^{q-1} \|d_{k,i}\| \leqslant O(\|\bar{x}_k - x_k\|). \tag{4.2.73}$$

故
$$\|s_{k+1}\| \leqslant O(\|s_k\|^{q+1}). \tag{4.2.74}$$

从而定理成立. □

定理 4.2.2 表明, 如果将一个 Levenberg-Marquardt 步和 $q-1$ 个近似 Levenberg-Marquardt 步记为一次迭代, 则 Levenberg-Marquardt 方法二次收敛 [68, 78, 85], 改进 Levenberg-Marquardt 方法三次收敛 [70, 73, 272], q 步 Levenberg-Marquardt 方法 $q+1$ 次收敛 [71].

4.3 自适应 Levenberg-Marquardt 方法

多步 Levenberg-Marquardt 方法每次迭代计算一个 Levenberg-Marquardt 步和 $q-1$ 个近似 Levenberg-Marquardt 步. 看起来 q 越大, Jacobi 矩阵的计算越少. 但是, q 越大意味着迭代点处 Jacobi 矩阵的近似可能越差. 另一方面, 对于不同的问题, 最优的 q 可能不同且一般未知. Fan, Huang 和 Pan [75] 提出了自适应 Levenberg-Marquardt 方法. 根据当前迭代点处的信息, 方法自动判断是计算当前迭代点处的 Jacobi 矩阵并计算 Levenberg-Marquardt 步, 还是利用上次迭代的 Jacobi 矩阵来计算近似 Levenberg-Marquardt 步. 即对每个已知的 Jacobi 矩阵, 其被用来计算近似 Levenberg-Marquardt 步的次数是可变化的, 但最多为 $q_{max} - 1$, 这里 q_{max} 为给定正整数.

如果将每个 Levenberg-Marquardt 步和每个近似 Levenberg-Marquardt 步的计算都视为一次迭代, 自适应 Levenberg-Marquardt 方法, 在第 k 次迭代, 求解线性方程组

$$(G_k^\mathsf{T} G_k + \lambda_k I)d = -G_k^\mathsf{T} F_k \tag{4.3.1}$$

得到试探步 d_k, 其中 G_k 为当前迭代点处的 Jacobi 矩阵或者上一次迭代的 Jacobi 矩阵.

定义价值函数的实际下降量与预估下降量的比值

$$r_k = \frac{\text{Ared}_k}{\text{Pred}_k} = \frac{\|F_k\|^2 - \|F(x_k + d_k)\|^2}{\|F_k\|^2 - \|F_k + G_k d_k\|^2}. \tag{4.3.2}$$

4.3 自适应 Levenberg-Marquardt 方法

如果迭代成功,则接受 d_k; 否则拒绝 d_k. 如果 d_k 很好且利用 G_k 计算近似 Levenberg-Marquardt 步的次数少于 $q_{\max} - 1$ 次, 则保持 λ_k 和 G_k 不变, 并计算一个近似 Levenberg-Marquardt 步; 否则, 计算当前迭代点处的 Jacobi 矩阵, 更新 Levenberg-Marquardt 参数, 并计算一个 Levenberg-Marquardt 步.

下面给出基于信赖域的自适应 Levenberg-Marquardt 算法.

算法 4.3.1 (自适应 Levenberg-Marquardt 算法)

步 1 给出 $x_1 \in \mathbb{R}^n$, $a_1 > 1 > a_2 > 0$, $0 < p_0 < p_1 < p_3 < p_2 < 1$, $\mu_1 \geqslant \mu_{\min} > 0$, $q_{\max} \geqslant 1$, $G_1 = J_1$, $\lambda_1 = \mu_1 \|F_1\|$; $k := 1, q := 1, i := 1, k_i := 1$.

步 2 如果 $\|G_{k_i}^{\mathrm{T}} F_{k_i}\| = 0$, 则停; 求解 (4.3.1) 得到 d_k.

步 3 由 (4.3.2) 计算 r_k; 令

$$x_{k+1} = \begin{cases} x_k + d_k, & \text{如果 } r_k \geqslant p_0, \\ x_k, & \text{其他}; \end{cases} \tag{4.3.3}$$

计算

$$G_{k+1} = \begin{cases} G_k, & \text{如果 } r_k \geqslant p_3 \text{ 且 } q < q_{\max}, \\ J_{k+1}, & \text{其他} \end{cases} \tag{4.3.4}$$

和

$$\lambda_{k+1} = \begin{cases} \lambda_k, & \text{如果 } r_k \geqslant p_3 \text{ 且 } q < q_{\max}, \\ \mu_{k+1}\|F_{k+1}\|, & \text{其他}, \end{cases} \tag{4.3.5}$$

其中

$$\mu_{k+1} = \begin{cases} a_1 \mu_k, & \text{如果 } r_k < p_1, \\ \mu_k, & \text{如果 } r_k \in [p_1, p_2], \\ \max\{a_2 \mu_k, \mu_{\min}\}, & \text{其他}. \end{cases} \tag{4.3.6}$$

步 4 令 $k := k+1$; 如果 G_k 是 x_k 处的 Jacobi 矩阵, 令 $q := 1, i := i+1, k_i = k$, 否则令 $q := q+1$; 转步 2.

记 $\bar{S} = \{k_i \mid i = 1, 2, \cdots\}$ 是算法 4.3.1 中利用迭代点处的 Jacobi 矩阵计算 Levenberg-Marquardt 步的迭代指标序列. 令

$$q_i = k_{i+1} - k_i. \tag{4.3.7}$$

因为只能利用 J_{k_i} 计算一个 Levenberg-Marquardt 步和至多 $q_{\max}-1$ 个近似 Levenberg-Marquardt 步, 所以 $q_i \leqslant q_{\max}$.

对任意迭代指标 k, 存在 k_i 和 $0 \leqslant q \leqslant q_i - 1$, 使得

$$k = k_i + q. \tag{4.3.8}$$

注意到

$$G_{k_i} = G_{k_i+1} = \cdots = G_{k_i+q_i-1} = J_{k_i}, \tag{4.3.9}$$

因此, 对于 $k = k_i, \cdots, k_i + q_i - 1$, 线性方程组 (4.3.1) 也可写成

$$(J_{k_i}^T J_{k_i} + \lambda_{k_i} I)d = -J_{k_i}^T F_k. \tag{4.3.10}$$

下面讨论算法 4.3.1 的全局收敛性. 注意到 d_k 是信赖域子问题

$$\min_{d \in \mathbb{R}^n} \|F_k + G_k d\|^2 \tag{4.3.11a}$$

$$\text{s.t.} \quad \|d\| \leqslant \Delta_k := \|d_k\| \tag{4.3.11b}$$

的解. 由 Powell [187] 中结果, 有下面的引理.

引理 4.3.1 设 d_k 是 (4.3.1) 的解, 则

$$\|F_k\|^2 - \|F_k + G_k d_k\|^2 \geqslant \|G_k^\mathsf{T} F_k\| \min\left\{\|d_k\|, \frac{\|G_k^\mathsf{T} F_k\|}{\|G_k^\mathsf{T} G_k\|}\right\}. \tag{4.3.12}$$

定理 4.3.1 设 $F: \mathbb{R}^n \to \mathbb{R}^m$ 满足假设 4.1.2. 则算法 4.3.1 产生的迭代点列 $\{x_k\}$ 满足

$$\liminf_{k \to \infty} \|J_k^T F_k\| = 0. \tag{4.3.13}$$

证明 反设 (4.3.13) 不成立, 则存在常数 $\tau > 0$, 使得

$$\|J_k^\mathsf{T} F_k\| \geqslant \tau, \quad \forall k. \tag{4.3.14}$$

记

$$S = \{k \mid r_k \geqslant p_0\} \tag{4.3.15}$$

为成功迭代的指标集合. 下面分两种情形讨论.

情形 1 S 是有限集. 则存在 $\tilde{k}$, 使得

$$r_k < p_0 < p_1, \quad \forall k \geqslant \tilde{k}. \tag{4.3.16}$$

由 (4.3.6) 和 $a_1 > 1$ 可知

$$\mu_k \to +\infty. \tag{4.3.17}$$

因为对所有的 $k \geqslant \tilde{k}$, 有 $G_k = J_k$, 又 $\{\|F_k\|\}$ 非增, 由 (4.1.67) 可知

$$\|F_1\| \geqslant \|F_k\| \geqslant \frac{\|J_k^\mathsf{T} F_k\|}{\kappa_j} \geqslant \frac{\tau}{\kappa_j}. \tag{4.3.18}$$

4.3 自适应 Levenberg-Marquardt 方法

利用 $\lambda_k = \mu_k \|F_k\|$, 得到

$$\lambda_k \to +\infty. \tag{4.3.19}$$

从而由 d_k 的定义可得

$$d_k \to 0. \tag{4.3.20}$$

情形 2 S 是无限集. 利用 $\|G_k\| \leqslant \kappa_{\rm j}$ 和引理 4.3.1, 有

$$\begin{aligned}
\|F_1\|^2 &\geqslant \sum_{k \in S} \left(\|F_k\|^2 - \|F_{k+1}\|^2 \right) \\
&\geqslant \sum_{k \in S} p_0 {\rm Pred}_k \geqslant \sum_{k \in S \cap \bar{S}} p_0 {\rm Pred}_k \\
&\geqslant \sum_{k \in S \cap \bar{S}} p_0 \|J_k^{\rm T} F_k\| \min \left\{ \|d_k\|, \frac{\|J_k^{\rm T} F_k\|}{\|J_k^{\rm T} J_k\|} \right\} \\
&\geqslant \sum_{k \in S \cap \bar{S}} p_0 \tau \min \left\{ \|d_k\|, \frac{\tau}{\kappa_{\rm j}^2} \right\}.
\end{aligned} \tag{4.3.21}$$

下面说明集合 $\bar{S} \cap S$ 是无限集. 反设它是有限集. 令 $k_{\bar{i}}$ 是它的最大元素. 则对 $i > \bar{i}$, 有 $r_{k_i} < p_0 < p_3$. 由 (4.3.4) 知, $G_{k_i+1} = J_{k_i+1}$. 因此, $k_{i+1} = k_i + 1$. 从而, $k_{i+1} \notin S$. 进一步可知, 对所有充分大的 k, 有 $k \notin S$, 此与 S 是无限集矛盾. 故 $\bar{S} \cap S$ 是无限集.

由 (4.3.21) 可知, $k_i \in S$ 时, $d_{k_i} \to 0$. 而 $k_i \notin S$ 时, $d_{k_i} = 0$, 故 $d_{k_i} \to 0$. 又 $\|G_{k_i}\| \leqslant \kappa_{\rm j}$, $\|G_{k_i}^{\rm T} F_{k_i}\| = \|J_{k_i}^{\rm T} F_{k_i}\| \geqslant \tau$, 由 d_{k_i} 的定义可得 $\lambda_{k_i} \to +\infty$. 注意到 $k = k_i + 1, \cdots, k_i + q_i - 1$ 时, $G_k = J_{k_i}$ 且 $\lambda_k = \lambda_{k_i}$. 此时利用 (4.1.66) 和 (4.1.67), 有

$$\begin{aligned}
\|d_k\| &= \| - (G_k^{\rm T} G_k + \lambda_k I)^{-1} G_k^{\rm T} F_k\| \\
&\leqslant \|(J_{k_i}^{\rm T} J_{k_i} + \lambda_{k_i} I)^{-1} J_{k_i}^{\rm T} F_{k_i}\| + \left\| (J_{k_i}^{\rm T} J_{k_i} + \lambda_{k_i} I)^{-1} J_{k_i}^{\rm T} J_{k_i} \left(\sum_{j=k_i}^{k-1} d_j \right) \right\| \\
&\quad + \kappa_{\rm lj} \|(J_{k_i}^{\rm T} J_{k_i} + \lambda_{k_i} I)^{-1} J_{k_i}^{\rm T}\| \left\| \left(\sum_{j=k_i}^{k-1} d_j \right) \right\|^2 \\
&\leqslant \|d_{k_i}\| + \sum_{j=k_i}^{k-1} \|d_j\| + \frac{\kappa_{\rm j} \kappa_{\rm lj}}{\lambda_{k_i}} \left(\sum_{j=k_i}^{k-1} \|d_j\| \right)^2.
\end{aligned} \tag{4.3.22}$$

依次推导可得, 存在常数 $\hat{c} > 0$, 使得 $k = k_i + 1, \cdots, k_i + q_i - 1$ 时,

$$\|d_k\| \leqslant \hat{c} \|d_{k_i}\| \tag{4.3.23}$$

对所有充分大的 k_i 成立. 故 $d_k \to 0$, 且由 (4.1.66) 可知

$$\|J_k - G_k\| = \|J_k - J_{k_i}\| \leqslant \kappa_{lj} \sum_{j=k_i}^{k-1} \|d_j\| \to 0. \tag{4.3.24}$$

因此,

$$\|G_k^T F_k\| \geqslant \|J_k^T F_k\| - \|(J_k - G_k)^T F_k\| \geqslant \|J_k^T F_k\| - \|J_k - G_k\|\|F_1\| \geqslant \tau/2 \tag{4.3.25}$$

对充分大的 k 成立. 又 $\|F_k\| \geqslant \|G_k^T F_k\|/\|G_k\| \geqslant \frac{\tau}{2\kappa_j}$, 由 d_k 和 λ_k 的定义可得 $\lambda_k \to +\infty, \mu_k \to +\infty$. 从而, 不论 S 为有限集还是无限集, 都有

$$d_k \to 0, \quad \lambda_k \to +\infty, \quad \mu_k \to +\infty, \tag{4.3.26}$$

且 (4.3.24) 和 (4.3.25) 成立.

利用 (4.3.24), (4.3.25) 和引理 4.3.1, 可得

$$|r_k - 1| = \left|\frac{\text{Ared}_k - \text{Pred}_k}{\text{Pred}_k}\right| = \left|\frac{\|F_{k+1}\|^2 - \|F_k + G_k d_k\|^2}{\|F_k\|^2 - \|F_k + G_k d_k\|^2}\right|$$

$$\leqslant \frac{\left|\|F_k + J_k d_k\|^2 - \|F_k + G_k d_k\|^2\right| + \|F_k + J_k d_k\| O\left(\|d_k^2\|\right) + O(\|d_k\|^4)}{\|G_k^T F_k\| \min\left\{\|d_k\|, \frac{\|G_k^T F_k\|}{\|G_k^T G_k\|}\right\}}$$

$$\leqslant \frac{\left(\left(\|J_k^T J_k\| + \|G_k^T G_k\|\right) O(\|d_k\|^2) + 2\|J_k - G_k\|\|F_k\|\|d_k\|\right) + O\left(\|d_k\|^2\right)}{\frac{\tau}{2} \min\left\{\|d_k\|, \frac{\tau}{2\kappa_j^2}\right\}}$$

$$\to 0, \tag{4.3.27}$$

故 $r_k \to 1$. 从而由 (4.3.4)–(4.3.6) 可知, 存在常数 $\hat{\mu} > 0$, 使得

$$\mu_k \leqslant \hat{\mu} \tag{4.3.28}$$

对所有 k 成立. 此与 (4.3.26) 矛盾, 故 (4.3.14) 不成立. 因此定理成立. □

下面讨论算法 4.3.1 的局部收敛性质.

引理 4.3.2　设 $F: \mathbb{R}^n \to \mathbb{R}^m$ 满足假设 4.1.1. 如果算法 4.3.1 产生的迭代点列 $\{x_k\} \subset N(x^*)$ 且收敛到 (1.1.1) 的解集, 则

$$\|d_k\| \leqslant O(\|\bar{x}_{k_i} - x_{k_i}\|), \quad k = k_i, \cdots, k_i + q_i - 1. \tag{4.3.29}$$

引理 4.3.3　在引理 4.3.2 的假设条件下, 存在常数 $\hat{\mu} > 0$, 使得

$$\mu_k \leqslant \hat{\mu} \tag{4.3.30}$$

对所有充分大的 k 成立.

引理 4.3.4   在引理 4.3.2 的假设条件下, 对 $k = k_i, \cdots, k_i + q_i - 1$, 均有

$$\|d_k\| \leqslant O(\|\bar{x}_{k_i} - x_{k_i}\|^{k-k_i+1}), \tag{4.3.31}$$

$$\|F_k + G_k d_k\| \leqslant O(\|\bar{x}_{k_i} - x_{k_i}\|^{k-k_i+2}). \tag{4.3.32}$$

定理 4.3.2   在引理 4.3.2 的假设条件下, 有

$$\|d_{k_{i+1}}\| \leqslant O(\|d_{k_i}\|^{q_i+1}). \tag{4.3.33}$$

引理 4.3.2—引理 4.3.4 和定理 4.3.2 的证明分别类似于引理 4.2.1—引理 4.2.3 和定理 4.2.2 的证明, 故略.

定理 4.3.2 表明算法 4.3.1 产生的迭代点列收敛于 (1.1.1) 的某个解, 收敛阶至少为 $\dfrac{q_{\max} + 1}{q_{\max}}$.

4.4   非精确 Levenberg-Marquardt 方法

对于大规模问题, 精确计算 Levenberg-Marquardt 步可能很耗费时间. 实际应用中, 有时候不一定需要非线性方程组的精确解, 只需要解满足一定的精度即可. 本节讨论非精确 Levenberg-Marquardt 方法的收敛速度和复杂度.

4.4.1   收敛速度

非精确求解线性方程组

$$(J_k^\mathsf{T} J_k + \lambda_k I)d = -J_k^\mathsf{T} F_k. \tag{4.4.1}$$

设得到的解是 d_k, 其满足

$$(J_k^\mathsf{T} J_k + \lambda_k I)d_k = -J_k^\mathsf{T} F_k + r_k, \tag{4.4.2}$$

其中 $r_k \in \mathbb{R}^n$ 为残量, 反映了求解线性方程组 (4.4.1) 的非精确程度.

在 Jacobi 矩阵非奇异的条件下, Facchinei 和 Manzow[67] 证明了: 如果 $\lambda_k \to 0$ 且 $\|r_k\| \leqslant o(\|J_k^\mathsf{T} F_k\|)$, 非精确 Levenberg-Marquardt 方法超线性收敛; 如果 $\lambda_k = O(\|J_k^\mathsf{T} F_k\|)$ 且 $\|r_k\| = O(\|J_k^\mathsf{T} F_k\|^2)$, 则非精确 Levenberg-Marquardt 方法二次收敛. 设

$$\lambda_k = O(\|F_k\|^\alpha) \text{ 且 } \|r_k\| = O(\|F_k\|^{\alpha+\theta}), \tag{4.4.3}$$

其中 α, θ 为正常数. 在局部误差界条件下, Dan, Yamashita 和 Fukushima[38] 证明了, 如果 $\alpha \in (0,2)$ 且 $\theta = 1$, 非精确 Levenberg-Marquardt 方法超线性收敛; 如果

$\alpha = 2$ 且 $\theta = 2$, 则非精确 Levenberg-Marquardt 方法二次收敛; Fan 和 Pan[77] 证明了 $\alpha = 1$ 且 $\theta = 2$ 时, 非精确 Levenberg-Marquardt 方法也二次收敛; Fischer, Shukla 和 Wang[89] 证明了如果 $\alpha \in (0,1]$ 且 $\theta = 1$, 非精确 Levenberg-Marquardt 方法的收敛阶为 $\alpha + 1$. 这些结果说明非精确 Levenberg-Marquardt 方法的收敛速度不仅依赖于 Levenberg-Marquardt 参数, 而且依赖于残量.

Fan 和 Pan[81] 考虑了当

$$\lambda_k = \|F_k\|^\alpha, \quad \alpha \in (0,4), \tag{4.4.4}$$

$$\|r_k\| = \|F_k\|^{\alpha+\theta}, \quad \theta > 0 \tag{4.4.5}$$

时, 非精确 Levenberg-Marquardt 方法

$$x_{k+1} = x_k + d_k \tag{4.4.6}$$

的收敛速度.

令 $\bar{d}_k$ 为 Levenberg-Marquardt 步:

$$\bar{d}_k = -(J_k^\mathsf{T} J_k + \lambda_k I)^{-1} F_k. \tag{4.4.7}$$

假设非精确 Levenberg-Marquardt 方法产生的迭代点列 $\{x_k\}$ 收敛到非线性方程组 (1.1.1) 的解集 X^*.

引理 4.4.1 设 $F : \mathbb{R}^n \to \mathbb{R}^m$ 满足假设 4.1.1. 如果迭代 (4.4.6) 产生的点列 $\{x_k\} \subset N(x^*)$ 且收敛到 (1.1.1) 的解集, 则

$$\|d_k\| \leqslant O(\|\bar{x}_k - x_k\|^{\min\{2-\frac{\alpha}{2},1,\theta\}}). \tag{4.4.8}$$

证明 由 (4.1.7) 和 (4.1.9) 可得

$$\kappa_{\text{leb}}^\alpha \|\bar{x}_k - x_k\|^\alpha \leqslant \lambda_k = \|F_k\|^\alpha \leqslant \kappa_{\text{lf}}^\alpha \|\bar{x}_k - x_k\|^\alpha. \tag{4.4.9}$$

定义

$$\varphi_k(d) := \|F_k + J_k d\|^2 + \lambda_k \|d\|^2. \tag{4.4.10}$$

则 Levenberg-Marquardt 步 $\bar{d}_k$ 是凸函数 $\varphi_k(d)$ 的唯一极小点. 由 (4.1.8) 和 (4.4.9) 可知

$$\begin{aligned}\varphi_k(\bar{d}_k) &\leqslant \varphi_k(\bar{x}_k - x_k) \\ &= \|F_k + J_k(\bar{x}_k - x_k)\|^2 + \lambda_k \|\bar{x}_k - x_k\|^2 \\ &\leqslant \kappa_{\text{lj}}^2 \|\bar{x}_k - x_k\|^4 + \kappa_{\text{lf}}^\alpha \|\bar{x}_k - x_k\|^{2+\alpha},\end{aligned} \tag{4.4.11}$$

故

$$\|\bar{d}_k\|^2 \leqslant \frac{\varphi_k(\bar{d}_k)}{\lambda_k} \leqslant \frac{\varphi_k(\bar{x}_k - x_k)}{\lambda_k}$$

4.4 非精确 Levenberg-Marquardt 方法

$$= \frac{\|F_k + J_k(\bar{x}_k - x_k)\|^2}{\lambda_k} + \|\bar{x}_k - x_k\|^2$$

$$\leqslant \kappa_{\mathrm{lj}}^2 \kappa_{\mathrm{leb}}^{-\alpha} \|\bar{x}_k - x_k\|^{4-\alpha} + \|\bar{x}_k - x_k\|^2, \qquad (4.4.12)$$

从而

$$\|\bar{d}_k\| \leqslant \sqrt{\kappa_{\mathrm{lj}}^2 \kappa_{\mathrm{leb}}^{-\alpha} + 1} \|\bar{x}_k - x_k\|^{\min\{2-\frac{\alpha}{2},1\}} \qquad (4.4.13)$$

对充分大的 k 成立. 因此由 (4.4.7) 可得

$$\|d_k\| \leqslant \|\bar{d}_k\| + \|d_k - \bar{d}_k\| = \|\bar{d}_k\| + \|(J_k^\mathsf{T} J_k + \lambda_k I)^{-1} r_k\|$$

$$\leqslant \|\bar{d}_k\| + \frac{\|r_k\|}{\lambda_k} = \|\bar{d}_k\| + \|F_k\|^\theta$$

$$\leqslant \sqrt{\kappa_{\mathrm{lj}}^2 \kappa_{\mathrm{leb}}^{-\alpha} + 1} \|\bar{x}_k - x_k\|^{\min\{2-\frac{\alpha}{2},1\}} + \kappa_{\mathrm{lf}}^\theta \|\bar{x}_k - x_k\|^\theta$$

$$\leqslant O(\|\bar{x}_k - x_k\|^{\min\{2-\frac{\alpha}{2},1,\theta\}}). \qquad (4.4.14)$$

$\square$

类似于 Levenberg-Marquardt 方法的收敛速度分析, 利用 Jacobi 矩阵的奇异值分解分析非精确 Levenberg-Marquardt 方法的收敛速度. 由 (4.1.29) 计算可得

$$\begin{aligned} d_k =\,& \bar{d}_k + (J_k^\mathsf{T} J_k + \lambda_k I)^{-1} r_k \\ =\,& -V_{k,1}(\Sigma_{k,1}^2 + \lambda_k I)^{-1} \Sigma_{k,1} U_{k,1}^\mathsf{T} F_k - V_{k,2}(\Sigma_{k,2}^2 + \lambda_k I)^{-1} \Sigma_{k,2} U_{k,2}^\mathsf{T} F_k \\ & + V_{k,1}(\Sigma_{k,1}^2 + \lambda_k I)^{-1} V_{k,1}^\mathsf{T} r_k + V_{k,2}(\Sigma_{k,2}^2 + \lambda_k I)^{-1} V_{k,2}^\mathsf{T} r_k, \end{aligned} \qquad (4.4.15)$$

$$\begin{aligned} F_k + J_k d_k =\,& F_k + J_k \bar{d}_k + J_k(J_k^\mathsf{T} J_k + \lambda_k I)^{-1} r_k \\ =\,& \lambda_k U_{k,1}(\Sigma_{k,1}^2 + \lambda_k I)^{-1} U_{k,1}^\mathsf{T} F_k + \lambda_k U_{k,2}(\Sigma_{k,2}^2 + \lambda_k I)^{-1} U_{k,2}^\mathsf{T} F_k \\ & + U_{k,1} \Sigma_{k,1}(\Sigma_{k,1}^2 + \lambda_k I)^{-1} V_{k,1}^\mathsf{T} r_k + U_{k,2} \Sigma_{k,2}(\Sigma_{k,2}^2 + \lambda_k I)^{-1} V_{k,2}^\mathsf{T} r_k. \end{aligned}$$
$$(4.4.16)$$

利用 (4.4.9), (4.4.16) 和引理 4.1.3 可得

$$\|F_k + J_k d_k\| \leqslant O(\|\bar{x}_k - x_k\|^{\min\{\alpha+1, 2, \alpha+\theta, 1+\theta\}}). \qquad (4.4.17)$$

下面分两种情形讨论.

情形 1: $0 < \theta < 1$. 由 (4.1.8), (4.4.14) 和 (4.4.17) 可知

$$\|\bar{x}_{k+1} - x_{k+1}\| \leqslant \frac{1}{\kappa_{\mathrm{leb}}} \|F_{k+1}\|$$

$$\leqslant \frac{1}{\kappa_{\mathrm{leb}}} \|F_k + J_k d_k\| + \frac{\kappa_{\mathrm{lj}}}{\kappa_{\mathrm{leb}}} \|d_k\|^2$$

$$\leqslant O(\|\bar{x}_k - x_k\|^{\min\{\alpha+1,2,\alpha+\theta,1+\theta\}}) + O(\|\bar{x}_k - x_k\|^{\min\{4-\alpha,2\theta\}})$$
$$\leqslant O(\|\bar{x}_k - x_k\|^{\min\{\alpha+1,2,\alpha+\theta,1+\theta,4-\alpha,2\theta\}}). \tag{4.4.18}$$

如果 $\alpha \in (0,2]$，则
$$4-\alpha \geqslant 2 > 2\theta, \quad \alpha+1 > \alpha+\theta, \quad 1+\theta > 2\theta, \tag{4.4.19}$$
故
$$\|\bar{x}_{k+1} - x_{k+1}\| \leqslant O(\|\bar{x}_k - x_k\|^{\min\{\alpha+\theta,2\theta\}}). \tag{4.4.20}$$

如果 $\alpha \in (2,4)$，则
$$\alpha+1 > \alpha+\theta > 2 > 1+\theta > 2\theta, \tag{4.4.21}$$
故
$$\|\bar{x}_{k+1} - x_{k+1}\| \leqslant O(\|\bar{x}_k - x_k\|^{\min\{4-\alpha,2\theta\}}). \tag{4.4.22}$$

情形 2: $\theta \geqslant 1$. 由 (4.1.8), (4.4.14) 和 (4.4.17) 可知
$$\|\bar{x}_{k+1} - x_{k+1}\| \leqslant \frac{1}{\kappa_{\text{leb}}} \|F_{k+1}\|$$
$$\leqslant \frac{1}{\kappa_{\text{leb}}} \|F_k + J_k d_k\| + \frac{\kappa_{\text{lj}}}{\kappa_{\text{leb}}} \|d_k\|^2$$
$$\leqslant O(\|\bar{x}_k - x_k\|^{\min\{\alpha+1,2,\alpha+\theta,1+\theta\}}) + O(\|\bar{x}_k - x_k\|^{\min\{4-\alpha,2\}})$$
$$\leqslant O(\|\bar{x}_k - x_k\|^{\min\{\alpha+1,2,\alpha+\theta,1+\theta,4-\alpha\}}). \tag{4.4.23}$$

如果 $\alpha \in (0,2]$，则
$$4-\alpha \geqslant 2, \quad \alpha+\theta \geqslant \alpha+1, \quad 1+\theta \geqslant 2, \tag{4.4.24}$$
故
$$\|\bar{x}_{k+1} - x_{k+1}\| \leqslant O(\|\bar{x}_k - x_k\|^{\min\{1+\alpha,2\}}). \tag{4.4.25}$$

如果 $\alpha \in (2,4)$，则
$$\alpha+1 > 2, \quad \alpha+\theta > 1+\theta \geqslant 2 > 4-\alpha, \tag{4.4.26}$$
故
$$\|\bar{x}_{k+1} - x_{k+1}\| \leqslant O(\|\bar{x}_k - x_k\|^{4-\alpha}). \tag{4.4.27}$$

综合不等式 (4.4.20), (4.4.22), (4.4.25) 和 (4.4.27), 有下面的结果.

定理 4.4.1 设 $F: \mathbb{R}^n \to \mathbb{R}^m$ 满足假设 4.1.1. 如果迭代 (4.4.6) 产生的点列 $\{x_k\} \subset N(x^*)$ 且收敛到 (1.1.1) 的解集，则收敛阶为 $r(\alpha,\theta)$，即
$$\|\bar{x}_{k+1} - x_{k+1}\| \leqslant O(\|\bar{x}_k - x_k\|^{r(\alpha,\theta)}), \tag{4.4.28}$$

其中
$$r(\alpha,\theta) = \begin{cases} \alpha + \theta, & \text{如果 } \alpha \in (0,\theta), \\ 2\theta, & \text{如果 } \alpha \in [\theta, 4-2\theta], \\ 4-\alpha, & \text{如果 } \alpha \in (4-2\theta, 4), \end{cases} \quad \text{对任意 } \theta \in (0,1), \tag{4.4.29}$$

且
$$r(\alpha,\theta) = \begin{cases} 1+\alpha, & \text{如果 } \alpha \in (0,1), \\ 2, & \text{如果 } \alpha \in [1,2], \\ 4-\alpha, & \text{如果 } \alpha \in (2,4), \end{cases} \quad \text{对任意 } \theta \geqslant 1. \tag{4.4.30}$$

易见, 收敛阶 $r(\alpha,\theta)$ 是 α 和 θ 的连续函数. 对任意 $\alpha \in [1,2]$ 和 $\theta \geqslant 1$, 非精确 Levenberg-Marquardt 方法也达到了二次收敛速度. 但当 $\theta \in (0,1)$ 时, 不论 α 为何值, 非精确 Levenberg-Marquardt 方法都无法达到二次收敛速度, 此时最大的收敛阶为 2θ.

如果 $\theta = +\infty$, 此时非精确 Levenberg-Marquardt 方法退化为 Levenberg-Marquardt 方法. 事实上, 对于任意 $\theta \geqslant 1$, 非精确 Levenberg-Marquardt 方法和 Levenberg-Marquardt 方法的收敛阶相同, 这意味着对任意 $\alpha \in (0,4)$, 此时 Levenberg-Marquardt 方法可以有 $\|r_k\| = O(\|F_k\|^{\alpha+1})$ 的误差, 而不会损失收敛速度.

4.4.2 复杂度

线性方程组 (4.4.1) 中的 Jacobi 矩阵 J_k 是精确的. 事实上, 当 $F(x)$ 比较复杂或 n 很大时, J_k 的计算量可能很大. 为节省计算量, 可以用某个计算量较少的矩阵近似 J_k. 即每次迭代求解线性方程组

$$(\tilde{J}_k^\mathsf{T} \tilde{J}_k + \lambda_k I)d = -\tilde{J}_k^\mathsf{T} F_k, \tag{4.4.31}$$

其中 $\tilde{J}_k$ 是 J_k 的近似或扰动. 设 $\tilde{d}_k$ 是 (4.4.31) 的非精确解, 其满足

$$(\tilde{J}_k^\mathsf{T} \tilde{J}_k + \lambda_k I)\tilde{d}_k = -\tilde{J}_k^\mathsf{T} F_k + r_k, \tag{4.4.32}$$

其中 $r_k \in \mathbb{R}^n$ 是残量, 它反映了求解 (4.4.31) 的非精确程度.

下面给出基于信赖域的非精确 Levenberg-Marquardt 方法[122].

算法 4.4.1 (非精确 Levenberg-Marquardt 方法)

步 1 给出 $x_1 \in \mathbb{R}^n$, $\mu_1 > \mu_{\min} > 0$, $a_1 > 1 > a_2 > 0$, $0 < p_0 < p_1 < p_3 < p_2 < 1$, $\lambda_1 = \mu_1 \|F_1\|$; $k := 1$.

步 2 如果 $\|\tilde{J}_k^\mathsf{T} F_k\| = 0$, 则停; 非精确求解 (4.4.31) 得到 $\tilde{d}_k$.

步 3 计算 $r_k = \dfrac{\|F_k\|^2 - \|F(x_k + \tilde{d}_k)\|^2}{\|F_k\|^2 - \|F_k + \tilde{J}_k \tilde{d}_k\|^2}$; 令

$$x_{k+1} = \begin{cases} x_k + \tilde{d}_k, & \text{如果 } r_k \geqslant p_0, \\ x_k, & \text{其他}; \end{cases} \tag{4.4.33}$$

计算

$$\lambda_{k+1} = \mu_{k+1}\|F_{k+1}\|, \tag{4.4.34}$$

或者

$$\lambda_{k+1} = \begin{cases} \lambda_k, & \text{如果 } r_k \geqslant p_3, \\ \mu_{k+1}\|F_{k+1}\|, & \text{其他}, \end{cases} \tag{4.4.35}$$

其中

$$\mu_{k+1} = \begin{cases} a_1 \mu_k, & \text{如果 } r_k < p_1, \\ \mu_k, & \text{如果 } r_k \in [p_1, p_2] \\ \max\{a_2\mu_k, \mu_{\min}\}, & \text{其他}. \end{cases} \tag{4.4.36}$$

步 4 令 $k := k+1$, 转步 2.

当 $r_k \geqslant p_3$ 时, 选取 $\lambda_{k+1} = \lambda_k$. 此时, 如果 $\tilde{J}_{k+1} = \tilde{J}_k$, 则可利用 $\tilde{J}_k^\mathrm{T}\tilde{J}_k + \lambda_k I$ 的分解来计算 $\tilde{d}_{k+1}$, 从而节省计算量.

下面首先讨论算法 4.4.1 的全局收敛性质.

假设 4.4.1 (i) $F: \mathbb{R}^n \to \mathbb{R}^m$ 连续可微, $J(x)$ Lipschitz 连续且有界, $\tilde{J}_k$ 是 J_k 的一阶近似且有界, 即存在常数 $\kappa_\mathrm{j}, \kappa_\mathrm{lj} > 0$, 使得

$$\|J(x)\| \leqslant \kappa_\mathrm{j}, \quad \|J(x) - J(y)\| \leqslant \kappa_\mathrm{lj}\|x-y\|, \quad \forall x, y \in \mathbb{R}^n, \tag{4.4.37}$$

$$\|\tilde{J}_k\| \leqslant \kappa_\mathrm{j}, \quad \|\tilde{J}_k - J_k\| \leqslant \kappa_\mathrm{lj}\|\tilde{d}_k\|, \quad \forall k. \tag{4.4.38}$$

(ii) 存在常数 $0 < \zeta < 1$, 使得对任意 k,

$$\|r_k\| \leqslant \zeta_k \|\tilde{J}_k^\mathrm{T} F_k\|, \tag{4.4.39}$$

其中 $0 < \zeta_k < \zeta$.

(iii) 对任意 k, 均有

$$\|F_k\|^2 - \|F_k + \tilde{J}_k\tilde{d}_k\|^2 \geqslant \kappa_\mathrm{pf} \|\tilde{J}_k^\mathrm{T} F_k\| \min\left\{\|\tilde{d}_k\|, \frac{\|\tilde{J}_k^\mathrm{T} F_k\|}{\|\tilde{J}_k^\mathrm{T}\tilde{J}_k\|}\right\}, \tag{4.4.40}$$

其中 $\kappa_\mathrm{pf} > 0$ 为常数.

4.4 非精确 Levenberg-Marquardt 方法

上述假设中，(i) 要求 $\tilde{J}_k$ 是 J_k 的一阶近似，不能偏离 J_k 太远；(ii) 要求 (4.4.31) 的求解要满足一定的精确度；(iii) 要求非精确 Levenberg-Marquardt 步具有充分下降性，这是保证算法 4.4.1 全局收敛的关键。

引理 4.4.2 设 $F: \mathbb{R}^n \to \mathbb{R}^m$ 满足假设 4.4.1，则对任意 k，都有

$$\frac{(1-\zeta)\|\tilde{J}_k^\mathsf{T} F_k\|}{\lambda_k + \|\tilde{J}_k\|^2} \leqslant \|\tilde{d}_k\| \leqslant \frac{(1+\zeta)\|\tilde{J}_k^\mathsf{T} F_k\|}{\lambda_k}. \tag{4.4.41}$$

证明 记 $(\tilde{J}_k^\mathsf{T}\tilde{J}_k + \lambda_k I)^{-1}$ 的特征值为 $\sigma_i((\tilde{J}_k^\mathsf{T}\tilde{J}_k + \lambda_k I)^{-1}), i = 1, \cdots, n$，则

$$\frac{1}{\lambda_k + \|\tilde{J}_k\|^2} \leqslant \sigma_i\left((\tilde{J}_k^\mathsf{T}\tilde{J}_k + \lambda_k I)^{-1}\right) \leqslant \frac{1}{\lambda_k}, \quad i = 1, \cdots, n. \tag{4.4.42}$$

故由 $\|\tilde{d}_k\|$ 的定义可知

$$\frac{\|\tilde{J}_k^\mathsf{T} F_k - r_k\|}{\lambda_k + \|\tilde{J}_k\|^2} \leqslant \|\tilde{d}_k\| \leqslant \frac{\|\tilde{J}_k^\mathsf{T} F_k - r_k\|}{\lambda_k}. \tag{4.4.43}$$

从而由 (4.4.39) 可得 (4.4.41)。 □

引理 4.4.3 设 $F: \mathbb{R}^n \to \mathbb{R}^m$ 满足假设 4.4.1。给定常数 $\tau > 0$，如果 $\|\tilde{J}_k^\mathsf{T} F_k\| \geqslant \tau$ 对所有 k 成立，则当 $\|\tilde{d}_k\| \to 0$ 时，

$$r_k \to 1. \tag{4.4.44}$$

证明 由 (4.4.38) 和 (4.4.40) 可知，对充分大的 k，

$$\begin{aligned}
\|F_k\|^2 - \|F_k + \tilde{J}_k\tilde{d}_k\|^2 &\geqslant \kappa_{\mathrm{pf}}\|\tilde{J}_k^\mathsf{T} F_k\| \min\left\{\|\tilde{d}_k\|, \frac{\|\tilde{J}_k^\mathsf{T} F_k\|}{\|\tilde{J}_k^\mathsf{T}\tilde{J}_k\|}\right\} \\
&\geqslant \kappa_{\mathrm{pf}}\tau \min\left\{\|\tilde{d}_k\|, \frac{\tau}{\kappa_{\mathrm{j}}^2}\right\} \\
&\geqslant \kappa_{\mathrm{pf}}\tau\|\tilde{d}_k\|.
\end{aligned} \tag{4.4.45}$$

又由 (4.4.37) 和 (4.4.38) 可得

$$\begin{aligned}
\|F(x_k + \tilde{d}_k)\| &= \left\|F_k + J_k\tilde{d}_k + \int_0^1 (J(x_k + \tau\tilde{d}_k) - J_k)\tilde{d}_k \mathrm{d}\tau\right\| \\
&\leqslant \|F_k + \tilde{J}_k\tilde{d}_k\| + \|(J_k - \tilde{J}_k)\tilde{d}_k\| + \kappa_{\mathrm{lj}}\|\tilde{d}_k\|^2 \\
&\leqslant \|F_k + \tilde{J}_k\tilde{d}_k\| + c_1\|\tilde{d}_k\|^2,
\end{aligned} \tag{4.4.46}$$

其中 $c_1 = 2\kappa_{\mathrm{lj}}$。从而，

$$|r_k - 1| = \left| \frac{\|F(x_k + \tilde{d}_k)\|^2 - \|F_k + \tilde{J}_k \tilde{d}_k\|^2}{\|F_k\|^2 - \|F_k + \tilde{J}_k \tilde{d}_k\|^2} \right|$$

$$\leqslant \left| \frac{2c_1 \|F_k + \tilde{J}_k \tilde{d}_k\| \|\tilde{d}_k\|^2 + c_1^2 \|\tilde{d}_k\|^4}{\kappa_{\mathrm{pf}} \tau \|\tilde{d}_k\|} \right|$$

$$\to 0. \tag{4.4.47}$$

故 $r_k \to 1$. □

由 (4.4.35) 可知, $r_k \geqslant p_3$ 时 $\lambda_{k+1} = \lambda_k$, 此时 $\mu_{k+1} \leqslant \mu_k, \|F_{k+1}\| \leqslant \|F_k\|$, 因此 $\lambda_{k+1} = \lambda_k \geqslant \mu_{k+1} \|F_{k+1}\|$; 而 $r_k < p_2$ 时, $\lambda_{k+1} = \mu_{k+1} \|F_{k+1}\|$. 综合 (4.4.34), 有

$$\lambda_k \geqslant \mu_k \|F_k\|, \quad \forall k. \tag{4.4.48}$$

引理 4.4.4 设 $F: \mathbb{R}^n \to \mathbb{R}^m$ 满足假设 4.4.1, 则算法 4.4.1 产生的迭代点列 $\{x_k\}$ 满足

$$\liminf_{k \to \infty} \|\tilde{J}_k^{\mathrm{T}} F_k\| = 0. \tag{4.4.49}$$

证明 反设 (4.4.49) 不成立, 则存在常数 $\tau > 0$, 使得

$$\|\tilde{J}_k^{\mathrm{T}} F_k\| \geqslant \tau, \quad \forall k. \tag{4.4.50}$$

记 $S = \{k \mid x_{k+1} \neq x_k\}$. 由 (4.4.38) 和 (4.4.40) 可知

$$\|F_0\|^2 \geqslant \sum_{k \in S} \left(\|F_k\|^2 - \|F_{k+1}\|^2 \right) \geqslant \sum_{k \in S} p_0 \left(\|F_k\|^2 - \|F_k + \tilde{J}_k \tilde{d}_k\|^2 \right)$$

$$\geqslant \sum_{k \in S} p_0 \kappa_{\mathrm{pf}} \|\tilde{J}_k^{\mathrm{T}} F_k\| \min \left\{ \|\tilde{d}_k\|, \frac{\|\tilde{J}_k^{\mathrm{T}} F_k\|}{\|\tilde{J}_k^{\mathrm{T}} \tilde{J}_k\|} \right\}$$

$$\geqslant \sum_{k \in S} p_0 \kappa_{\mathrm{pf}} \tau \min \left\{ \|\tilde{d}_k\|, \frac{\tau}{\kappa_j^2} \right\}. \tag{4.4.51}$$

如果 S 是有限集, 则 $r_k < p_0 < p_1$ 对所有充分大的 k 都成立, 此时 $\|F_k\|$ 不变. 由 (4.4.36) 可知 $\mu_k \to +\infty$. 从而由 (4.4.48) 可知 $\lambda_k \to +\infty$. 因为 $\|\tilde{J}_k^{\mathrm{T}} F_k\| \leqslant \kappa_j \|F_1\|$, 所以由引理 4.4.2 可得 $\|\tilde{d}_k\| \to 0$.

如果 S 是无限集, 由 (4.4.51) 可知, $k \in S$ 时 $\|\tilde{d}_k\| \to 0$. 故由 (4.4.50) 和 (4.4.41) 的第一个不等式可知, $k \in S$ 时 $\lambda_k \to +\infty$. 又 $k \notin S$ 时, μ_k 递增, $\|F_k\|$ 不变. 从而由 (4.4.48) 可知 $\lambda_k \to +\infty$. 因此由 (4.4.41) 的第二个不等式可得 $\|\tilde{d}_k\| \to 0$. 因为 $\tau \leqslant \|\tilde{J}_k^{\mathrm{T}} F_k\| \leqslant \kappa_j \|F_k\|$, 所以 $\|F_k\| \geqslant \frac{\tau}{\kappa_j}$. 又 $\|F_k\| \leqslant \|F_1\|$, 故由 (4.4.34) 可得 $\mu_k \to +\infty$.

综合上述两种情形, 有

$$\lambda_k \to +\infty, \quad \mu_k \to +\infty, \quad \|\tilde{d}_k\| \to 0. \tag{4.4.52}$$

由引理 4.4.3 可得 $r_k \to 1$. 从而由 (4.4.36), 存在常数 $\hat{\mu} > \mu_{\min}$, 使得 $\mu_k \leqslant \hat{\mu}$ 对所有充分大的 k 成立, 此与 (4.4.52) 矛盾. 因此引理成立. □

定理 4.4.2 设 $F : \mathbb{R}^n \to \mathbb{R}^m$ 满足假设 4.4.1, 则算法 4.4.1 产生的迭代点列 $\{x_k\}$ 满足

$$\liminf_{k \to \infty} \|J_k^\mathsf{T} F_k\| = 0. \tag{4.4.53}$$

证明 由 (4.4.38), (4.4.48) 和引理 4.4.2 可得

$$\|J_k^\mathsf{T} F_k\| \leqslant \|(J_k - \tilde{J}_k)^\mathsf{T} F_k\| + \|\tilde{J}_k^\mathsf{T} F_k\| \leqslant \kappa_{\mathrm{lj}} \|\tilde{d}_k\| \|F_k\| + \|\tilde{J}_k^\mathsf{T} F_k\|$$

$$\leqslant (1+\zeta)\kappa_{\mathrm{lj}} \frac{\|\tilde{J}_k^\mathsf{T} F_k\| \|F_k\|}{\lambda_k} + \|\tilde{J}_k^\mathsf{T} F_k\|$$

$$\leqslant \left(\frac{(1+\zeta)\kappa_{\mathrm{lj}}}{\mu_{\min}} + 1 \right) \|\tilde{J}_k^\mathsf{T} F_k\|. \tag{4.4.54}$$

由引理 4.4.4 即得 (4.4.53). □

定理 4.4.2 表明算法 4.4.1 产生的迭代点列 $\{x_k\}$ 至少有一个聚点是价值函数 $\phi(x) = \dfrac{1}{2}\|F(x)\|^2$ 的稳定点.

下面讨论算法 4.4.1 的复杂度, 即给定容许误差 $\varepsilon > 0$, 使得算法达到 $\|\tilde{J}_k^\mathsf{T} F_k\| \leqslant \varepsilon$ 所需要的迭代次数 k 的一个上界. 由 (4.4.40) 和引理 4.4.2 可得

$$\|F_k\|^2 - \|F_k + \tilde{J}_k \tilde{d}_k\|^2 \geqslant \kappa_{\mathrm{pf}} \|\tilde{J}_k^\mathsf{T} F_k\| \min \left\{ \|\tilde{d}_k\|, \frac{\|\tilde{J}_k^\mathsf{T} F_k\|}{\|\tilde{J}_k^\mathsf{T} \tilde{J}_k\|} \right\}$$

$$\geqslant \kappa_{\mathrm{pf}} \|\tilde{J}_k^\mathsf{T} F_k\|^2 \min \left\{ \frac{1-\zeta}{\lambda_k + \|\tilde{J}_k^\mathsf{T} \tilde{J}_k\|}, \frac{1}{\|\tilde{J}_k^\mathsf{T} \tilde{J}_k\|} \right\}$$

$$\geqslant \frac{\kappa_{\mathrm{pf}}(1-\zeta) \|\tilde{J}_k^\mathsf{T} F_k\|^2}{\lambda_k + \|\tilde{J}_k\|^2}. \tag{4.4.55}$$

$$c_2 = 2c_1\|F_1\| + 2c_1\kappa_j^2\|F_1\| + c_1^2(1+\zeta)^2\kappa_j^2\|F_1\|^2 + c_1^2(1+\zeta)^2\kappa_j^4\|F_1\|^2, \tag{4.4.56}$$

$$c_3 = \max\left\{ 1, \frac{(1+\zeta)^2 c_2}{(1-\zeta)\kappa_{\mathrm{pf}}(1-p_1)} \right\}. \tag{4.4.57}$$

引理 4.4.5 设 $F:\mathbb{R}^n \to \mathbb{R}^m$ 满足假设 4.4.1, 则存在常数 $c_\lambda > 0$, 使得
$$\lambda_k \leqslant c_\lambda, \quad \forall k. \tag{4.4.58}$$

证明 由 (4.4.46), (4.4.55), $\|F_k + \tilde{J}_k \tilde{d}_k\| \leqslant \|F_k\|$ 和引理 4.4.2 可得

$$|r_k - 1| = \left| \frac{\|F(x_k + \tilde{d}_k)\|^2 - \|F_k + \tilde{J}_k \tilde{d}_k\|^2}{\|F_k\|^2 - \|F_k + \tilde{J}_k \tilde{d}_k\|^2} \right|$$

$$\leqslant \left| \frac{2c_1 \|F_k + \tilde{J}_k \tilde{d}_k\| \|\tilde{d}_k\|^2 + c_1^2 \|\tilde{d}_k\|^4}{\frac{(1-\zeta)\kappa_{\mathrm{pf}} \|\tilde{J}_k^\mathsf{T} F_k\|^2}{\lambda_k + \|\tilde{J}_k\|^2}} \right|$$

$$\leqslant \frac{(\lambda_k + \|\tilde{J}_k\|^2)(2c_1 \|F_k\| + c_1^2 \|\tilde{d}_k\|^2)}{(1-\zeta)\kappa_{\mathrm{pf}}} \frac{\|\tilde{d}_k\|^2}{\|\tilde{J}_k^\mathsf{T} F_k\|^2}$$

$$\leqslant \frac{(\lambda_k + \kappa_j^2)\left(2c_1 \|F_1\| + c_1^2 \frac{(1+\zeta)^2 (\kappa_j \|F_1\|)^2}{\lambda_k^2}\right)}{(1-\zeta)\kappa_{\mathrm{pf}}} \frac{(1+\zeta)^2}{\lambda_k^2}$$

$$= \frac{(1+\zeta)^2}{(1-\zeta)\kappa_{\mathrm{pf}}} \left(\frac{2c_1 \|F_1\|}{\lambda_k} + \frac{2c_1 \kappa_j^2 \|F_1\|}{\lambda_k^2} \right.$$

$$\left. + \frac{c_1^2 (1+\zeta)^2 \kappa_j^2 \|F_1\|^2}{\lambda_k^3} + \frac{c_1^2 (1+\zeta)^2 \kappa_j^4 \|F_1\|^2}{\lambda_k^4} \right). \tag{4.4.59}$$

如果对所有 k 都有 $\lambda_k \leqslant c_3$, 则 λ_k 上有界. 否则, 设 k 是满足 $\lambda_k > c_3 \geqslant 1$ 的第一个指标, 则 $\lambda_k \leqslant \gamma_1 \lambda_{k-1} \leqslant \gamma_1 c_3$, 且由 (4.4.57) 和 (4.4.59) 可得

$$|r_k - 1| \leqslant \frac{(1+\zeta)^2}{(1-\zeta)\kappa_{\mathrm{pf}}} \frac{c_2}{\lambda_k} < \frac{(1+\zeta)^2}{(1-\zeta)\kappa_{\mathrm{pf}}} \frac{c_2}{c_3} \leqslant 1 - p_1. \tag{4.4.60}$$

故 $r_k > p_1$. 从而由 (4.4.36) 可知 $\mu_{k+1} \leqslant \mu_k$. 因为 $\|F_k\|$ 非增, 所以由 (4.4.34) 和 (4.4.35) 知 λ_k 有界. □

记 S_1 和 S_2 分别是算法 4.4.1 达到 $\|\tilde{J}_k^\mathsf{T} F_k\| \leqslant \varepsilon$ 时成功迭代和非成功迭代的指标集合, 即

$$S_1 = \{k \mid r_k \geqslant p_0, \|\tilde{J}_k^\mathsf{T} F_k\| \geqslant \varepsilon\}, \tag{4.4.61}$$

$$S_2 = \{k \mid r_k < p_0, \|\tilde{J}_k^\mathsf{T} F_k\| \geqslant \varepsilon\}. \tag{4.4.62}$$

令 $N_1 = |S_1|, N_2 = |S_2|$, 则算法 4.4.1 达到 $\|\tilde{J}_k^\mathsf{T} F_k\| \leqslant \varepsilon$ 时的总迭代次数为

$$N = N_1 + N_2. \tag{4.4.63}$$

4.4 非精确 Levenberg-Marquardt 方法

引理 4.4.6 设 $F: \mathbb{R}^n \to \mathbb{R}^m$ 满足假设 4.4.1. 如果 $\|\tilde{J}_k^{\mathrm{T}} F_k\| \geqslant \varepsilon$, 则存在常数 c_4, 使得

$$\|F_k\|^2 - \|F(x_k + \tilde{d}_k)\|^2 \geqslant c_4 \varepsilon^2, \quad \forall k \in S_1. \tag{4.4.64}$$

证明 由 (4.4.55) 和引理 4.4.5 可知, $k \in S_1$ 时,

$$\begin{aligned}
\|F_k\|^2 - \|F(x_k + \tilde{d}_k)\|^2 &\geqslant p_0(\|F_k\|^2 - \|F_k + \tilde{J}_k \tilde{d}_k\|^2) \\
&\geqslant \frac{p_0(1-\zeta)\kappa_{\mathrm{pf}} \|\tilde{J}_k^{\mathrm{T}} F_k\|^2}{\lambda_k + \|\tilde{J}_k\|^2} \\
&\geqslant \frac{p_0(1-\zeta)\kappa_{\mathrm{pf}} \varepsilon^2}{c_\lambda + \kappa_{\mathrm{j}}^2}.
\end{aligned} \tag{4.4.65}$$

令 $c_4 = \dfrac{p_0(1-\zeta)\kappa_{\mathrm{pf}}}{c_\lambda + \kappa_{\mathrm{j}}^2}$, 即得 (4.4.64). □

引理 4.4.7 设 $F: \mathbb{R}^n \to \mathbb{R}^m$ 满足假设 4.4.1. 如果 $\|\tilde{J}_k^{\mathrm{T}} F_k\| \geqslant \varepsilon$, 则

$$N_1 \leqslant \left\lfloor \frac{\|F_1\|^2}{c_4} \varepsilon^{-2} + 1 \right\rfloor, \tag{4.4.66}$$

其中 $\lfloor t \rfloor$ 为不大于 t 的最大正整数.

证明 令 $K = \left\lfloor \dfrac{\|F_1\|^2}{c_4} \varepsilon^{-2} + 1 \right\rfloor$. 反设 $N_1 > K$. 由引理 4.4.6 可得

$$\|F_1\|^2 \geqslant \sum_{i=1}^{N}(\|F_i\|^2 - \|F_{i+1}\|^2) \geqslant \sum_{i \in S_1}(\|F_i\|^2 - \|F_{i+1}\|^2) > c_4 \varepsilon^2 K. \tag{4.4.67}$$

另一方面, 由 K 的定义可知

$$c_4 \varepsilon^2 K = c_4 \varepsilon^2 \left\lfloor \frac{\|F_1\|^2}{c_4 \varepsilon^2} + 1 \right\rfloor > \|F_1\|^2, \tag{4.4.68}$$

此与 (4.4.67) 矛盾. 故 (4.4.66) 成立. □

定理 4.4.3 设 $F: \mathbb{R}^n \to \mathbb{R}^m$ 满足假设 4.4.1, 则算法 4.4.1 至多需要

$$N \leqslant \left\lfloor (1 - \log_{a_1} a_2) N_1 + \log_{a_1}\left(\frac{c_\lambda \kappa_{\mathrm{j}}}{\mu_1 \varepsilon}\right) + 1 \right\rfloor \tag{4.4.69}$$

次迭代达到 $\|\tilde{J}_k^{\mathrm{T}} F_k\| < \varepsilon$, 亦即 $N = O(\varepsilon^{-2})$.

证明 首先证明

$$N_2 \leqslant \left\lfloor \log_{a_1}\left(\frac{c_\lambda \kappa_{\mathrm{j}}}{\mu_1 \varepsilon a_2^{N_1}}\right) \right\rfloor. \tag{4.4.70}$$

反设 $N_2 > \log_{a_1}\left(\dfrac{c_\lambda \kappa_j}{\mu_1 \varepsilon a_2^{N_1}}\right)$. 因为 $k \in S_2$ 时 $\mu_{k+1} = a_1 \mu_k$, 且 $\mu_{k+1} = a_2 \mu_k$ 的次数至多为 $N_1 = |S_1|$, 所以

$$\mu_N \geqslant \mu_1 a_2^{N_1} a_1^{N_2} > \mu_1 a_2^{N_1} a_1^{\log_{a_1}\left(\frac{c_\lambda \kappa_j}{\mu_1 \varepsilon a_2^{N_1}}\right)} = \frac{c_\lambda \kappa_j}{\varepsilon}. \quad (4.4.71)$$

又 $\|F_k\| \geqslant \|\tilde{J}_k^\mathsf{T} F_k\|/\|\tilde{J}_k\| \geqslant \varepsilon/\kappa_j$, 结合 (4.4.48), 有

$$\lambda_N \geqslant \mu_N \|F_N\| > c_\lambda, \quad (4.4.72)$$

此与引理 4.4.5 矛盾, 故 (4.4.70) 成立.

由引理 4.4.7 可得

$$N = N_1 + N_2 \leqslant N_1 + \left\lfloor \log_{a_1}\left(\frac{c_\lambda \kappa_j}{\mu_1 \varepsilon}\right) - N_1 \log_{a_1} a_2 \right\rfloor$$

$$\leqslant N_1 + \log_{a_1}\left(\frac{c_\lambda \kappa_j}{\mu_1}\right) + \log_{a_1}\left(\varepsilon^{-1}\right) - N_1 \log_{a_1} a_2$$

$$\leqslant \left\lfloor (1 - \log_{a_1} a_2) \left\lfloor \frac{\|F_1\|^2}{c_4} \varepsilon^{-2} + 1 \right\rfloor + \log_{a_1}\left(\varepsilon^{-1}\right) + \log_{a_1}\left(\frac{c_\lambda \kappa_j}{\mu_1}\right) + 1 \right\rfloor. \quad (4.4.73)$$

又 $\log_{a_1}(\varepsilon^{-1}) \ll O(\varepsilon^{-2})$, 因此 $N = O(\varepsilon^{-2})$. $\square$

当 $\tilde{J}(x)$ 非奇异时, 算法 4.4.1 的停机准则可替换为 $\|F_k\| = 0$, 此时算法有更好的全局复杂度. 假设存在常数 $\nu > 0$, 使得 $\sigma_{\min}(\tilde{J}_k) \geqslant \nu$ 对所有 k 成立. 由 (4.4.55) 和引理 4.4.6 可知, $k \in S_1$ 时,

$$\|F_k\|^2 - \|F_{k+1}\|^2 \geqslant \frac{p_0(1-\zeta)\kappa_{\mathrm{pf}}\|\tilde{J}_k^\mathsf{T} F_k\|^2}{\lambda_k + \|\tilde{J}_k\|^2} \geqslant \frac{p_0(1-\zeta)\kappa_{\mathrm{pf}}\nu^2}{c_\lambda + \kappa_j^2}\|F_k\|^2. \quad (4.4.74)$$

令 $c_5 = \dfrac{p_0(1-\zeta)\kappa_{\mathrm{pf}}\nu^2}{c_\lambda + \kappa_j^2}$. 因为 $\|F_{k+1}\| > 0$, 所以 $c_5 < 1$. 从而

$$\|F_{k+1}\|^2 \leqslant (1-c_5)\|F_k\|^2, \quad \forall k \in S_1. \quad (4.4.75)$$

又 $k \notin S_1$ 时, $\|F_{k+1}\| = \|F_k\|$. 故

$$\|F_k\|^2 \leqslant \cdots \leqslant (1-c_5)^{N_1}\|F_1\|^2, \quad \forall k. \quad (4.4.76)$$

因此当

$$N_1 = \left\lfloor \frac{2\lg\dfrac{\|F_1\|}{\varepsilon}}{\lg(1-c_5)^{-1}} + 1 \right\rfloor \quad (4.4.77)$$

时, $\|F_k\| \leqslant \varepsilon$, 即 $N_1 = O(\lg \varepsilon^{-1})$. 由定理 4.4.3 可知, 此时算法的复杂度为 $O(\lg \varepsilon^{-1})$.

4.5　基于概率模型的 Levenberg-Marquardt 方法

实际应用中, 有时无法获得精确的 Jacobi 矩阵 J_k 和梯度 $J_k^\mathsf{T} F_k$, 但可通过概率或随机模型得到它们的近似 J_{m_k} 和 g_{m_k}. Bergou, Gratton 和 Vicente[13] 提出了基于概率梯度模型的 Levenberg-Marquardt 方法. 设 M_k 是随机模型, g_{M_k} 和 J_{M_k} 是随机变量, $m_k = M_k(\omega_k), g_{m_k} = g_{M_k}(\omega_k), J_{m_k} = J_{M_k}(\omega_k)$ 是它们的实现. 模型的随机性意味着迭代点 $x_k = X_k(\omega_k)$ 和参数 $\lambda_k = \Lambda_k(\omega_k)$ 的随机性.

设 $\alpha \in (0,1], \kappa_{\mathrm{eg}} > 0, p \in (0,1]$ 为常数. 如果事件

$$S_k = \left\{ \|g_{M_k} - J(X_k)^\mathsf{T} F(X_k)\| \leqslant \frac{\kappa_{\mathrm{eg}}}{\Lambda_k^\alpha} \right\} \tag{4.5.1}$$

满足下鞅条件

$$p_k^* = P(S_k | \mathcal{F}_{k-1}^M) \geqslant p, \tag{4.5.2}$$

其中 $\mathcal{F}_k^M = \sigma(M_0, \cdots, M_{k-1})$ 是由 $M_0, \cdots, M_{k-1}$ 产生的 σ 代数, 则称随机梯度模型序列 $\{g_{M_k}\}$, 关于 $\{X_k\}$ 和 $\{\Lambda_k\}$, 是 p 概率上按 κ_{eg} 一阶精确的. 相应地, 如果

$$\|g_{m_k} - J(x_k)^\mathsf{T} F(x_k)\| \leqslant \frac{\kappa_{\mathrm{eg}}}{\lambda_k^\alpha}, \tag{4.5.3}$$

则称梯度模型实现 g_{m_k} 是 κ_{eg} 一阶精确的. 记

$$m_k(x_k + d) = \frac{1}{2}\|F_k + J_k d\|^2 + \frac{1}{2}\lambda_k \|d\|^2. \tag{4.5.4}$$

设 F_{m_k} 是 F_k 的一个近似, 则模型

$$\begin{aligned} m_k(x_k + d) - m_k(x_k) &= \frac{1}{2}\|F_{m_k} + J_{m_k} d\|^2 + \frac{1}{2}\lambda_k \|d\|^2 - \frac{1}{2}\|F_{m_k}\|^2 \\ &= g_{m_k}^\mathsf{T} d + \frac{1}{2} d^\mathsf{T}(J_{m_k}^\mathsf{T} J_{m_k} + \lambda_k I) d \end{aligned} \tag{4.5.5}$$

是

$$M_k(X_k + d) - M_k(X_k) = g_{M_k}^\mathsf{T} d + \frac{1}{2} d^\mathsf{T}(J_{M_k}^\mathsf{T} J_{M_k} + \Lambda_k I) d \tag{4.5.6}$$

的一个实现. 考虑子问题

$$\min_{d \in \mathbb{R}^n} m_k(x_k + d) - m_k(x_k) = g_{m_k}^\mathsf{T} d + \frac{1}{2} d^\mathsf{T}(J_{m_k}^\mathsf{T} J_{m_k} + \lambda_k I) d. \tag{4.5.7}$$

设 d_k 是 (4.5.7) 的解. 给出 (4.5.2) 中 p_k^* 的一个估计 p_k, 使其满足 $p_{\min} \leqslant p_k \leqslant p_{\max}$, 这里 $0 < p_{\min} \leqslant p_{\max} < 1$ 是常数. 计算价值函数 $\phi(x) = \frac{1}{2}\|F(x)\|^2$ 在 x_k 处

的实际下降量与预估下降量的比值 $r_k = \dfrac{f(x_k) - f(x_k + d_k)}{m_k(x_k) - m_k(x_k + d_k)}$. 如果 r_k 大于某一正常数 $\eta_1 \in (0,1)$, 则接受 d_k, 令 $x_{k+1} := x_k + d_k$, 并计算

$$\lambda_{k+1} = \begin{cases} \beta \lambda_k, & \text{如果 } \|g_{m_k}\| < \eta_2/\lambda_k, \\ \max\left\{ \dfrac{\lambda_k}{\beta^{\frac{1-p_k}{p_k}}}, \lambda_{\min} \right\}, & \text{其他}, \end{cases} \tag{4.5.8}$$

其中 $\beta > 1, \eta_2 > 0, \lambda_{\min} > 0$ 是常数. 否则, 拒绝 d_k, 令 $x_{k+1} := x_k$, 并计算 $\lambda_{k+1} = \beta \lambda_k$.

如果使用精确梯度, 即 $g_{M_k} = J(X_k)^\mathsf{T} F(X_k)$, 则

$$p_k^* = P\left(0 \leqslant \dfrac{\kappa_{\mathrm{eg}}}{\Lambda_k^\alpha} \bigg| \mathcal{F}_{k-1}^M \right) = 1. \tag{4.5.9}$$

在这种情况下, 当迭代成功且 $\|g_{m_k}\| \geqslant \eta_2/\lambda_k$ 时, 参数的更新退化为 $\lambda_{k+1} = \max\{\lambda_k, \lambda_{\min}\}$. 实际应用中, 通常根据随机误差的情况来估计 p_k.

假设价值函数 $\phi = \dfrac{1}{2}\|F(x)\|^2$ 在包含 $L(x_1) = \{x \in \mathbb{R}^n \mid \phi(x) \leqslant \phi(x_1)\}$ 的某个开集内连续可微, $\nabla \phi$ 在 $L(x_1)$ 上 Lipschitz 连续, Jacobi 矩阵模型序列一致有界, 梯度模型序列 $\{g_{M_k}\}$ 是 (p_k) 概率上按 κ_{eg} 一阶精确的. 设 $\{X_k\}$ 是迭代产生的随机序列, 则几乎有

$$\liminf_{k \to \infty} \|\nabla \phi(X_k)\| = 0. \tag{4.5.10}$$

因此, 基于概率模型的 Levenberg-Marquardt 方法以概率 1 收敛到价值函数的一阶稳定点 [13].

实际应用时, 关键是如何保证随机梯度模型是 (p_k) 概率上的一阶精确模型, 即 $p_k^* \geqslant p_k$, 或找到一个下界 $p_{\min} > 0$ 使得 $p_k^* > p_{\min}$. 在某些情况下, 比如, 模型梯度是精确梯度的一个高斯扰动, 或模型梯度是精确梯度或其某种近似时, 这些困难是可以被克服的.

第 5 章　信赖域方法

本章考虑非线性方程组 (1.1.1) 的信赖域方法, 包括一般罚函数意义下的信赖域方法、信赖域半径趋于零的信赖域方法和改进信赖域方法.

5.1　信赖域方法

信赖域方法是非线性优化的一类重要数值计算方法. 它的基本思想是每次迭代在一个区域内试图找到一个好的点. 在第 k 次迭代, 算法在一个区域上寻找一个试探步. 该区域称为信赖域, 通常是以当前迭代点为中心的一个小邻域. 试探步往往要求是某个子问题在信赖域的解. 求出试探步后, 利用某一价值函数来判断它是否可以被接受. 试探步的好坏还用来决定如何调节信赖域. 粗略地说, 如果试探步较好, 则信赖域保持不变或扩大; 否则将缩小 [34, 248, 251, 260].

非线性方程组 (1.1.1) 的信赖域方法都基于极小化某一罚函数, 该罚函数在方程组的解处达到极小值. Yuan [252] 提出了一般罚函数意义下的信赖域方法.

设 $h(F): \mathbb{R}^m \to \mathbb{R}$, 如果 $h(0) = 0$ 且

$$h(F) > 0, \quad \forall 0 \neq F \in \mathbb{R}^m, \tag{5.1.1}$$

则称 $h(\cdot)$ 是非线性方程组 (1.1.1) 的罚函数.

在第 k 次迭代, 求解信赖域子问题

$$\min_{d \in \mathbb{R}^n} h(F_k + J_k d) + \frac{1}{2} d^\mathsf{T} B_k d := \varphi_k(d) \tag{5.1.2a}$$

$$\text{s.t.} \ \|d\|_* \leqslant \Delta_k, \tag{5.1.2b}$$

其中 $B_k \in \mathbb{R}^{n \times n}, \|\cdot\|_*$ 为 $\mathbb{R}^n$ 上某一给定范数, $\Delta_k > 0$ 是信赖域半径. 这里, $h(F_k + J_k d)$ 是罚函数 $h(F(x_k + d))$ 的一阶近似, $\frac{1}{2} d^\mathsf{T} B_k d$ 是二阶近似项.

设 d_k 是 (5.1.2) 的解. 用罚函数的实际下降量与预估下降量的比值

$$r_k = \frac{h(F(x_k)) - h(F(x_k + d_k))}{\varphi_k(0) - \varphi_k(d_k)} \tag{5.1.3}$$

来判断是否可接受试探步 d_k. 如果试探步较好, 则信赖域半径保持不变或扩大; 否则将缩小.

下面给出非线性方程组 (1.1.1) 的基于罚函数的信赖域算法 [252].

算法 5.1.1 (非线性方程组的信赖域算法)

步 1　给出 $x_1 \in \mathbb{R}^n, B_1 \in \mathbb{R}^{n \times n}$ 对称, $\Delta_1 > 0, 0 < a_2 < a_3 < 1 < a_1, 0 \leqslant p_0 < p_1 < 1; k := 1$.

步 2　如果 $h(F(x_k)) = 0$, 则停; 求解 (5.1.2) 得到 d_k.

步 3　由 (5.1.3) 计算 r_k; 令

$$x_{k+1} = \begin{cases} x_k + d_k, & \text{如果 } r_k \geqslant p_0, \\ x_k, & \text{其他}; \end{cases} \tag{5.1.4}$$

选取 Δ_{k+1} 满足

$$\Delta_{k+1} \in \begin{cases} [\Delta_k, a_1 \Delta_k], & \text{如果 } r_k \geqslant p_1, \\ [a_2 \|d_k\|, a_3 \Delta_k], & \text{其他}. \end{cases} \tag{5.1.5}$$

步 4　计算 B_{k+1}; 令 $k := k + 1$, 转步 2.

上述算法中, $h(\cdot)$ 有很多选择. Fletcher [90] 和 Yuan [247] 选取 $h(\cdot)$ 为凸函数, El Hallabi 和 Tapia [62] 选取 $h(\cdot)$ 为任意范数. 最常用的 $h(\cdot)$ 是 $\|\cdot\|_2, \|\cdot\|_1$ 和 $\|\cdot\|_\infty$. 下面简单给出这些算法.

2 范数信赖域算法　Moré [170] 和 Powell [186] 研究了非线性方程组的 2 范数信赖域算法. 在第 k 次迭代, 求解信赖域子问题:

$$\min_{d \in \mathbb{R}^n} \|F_k + J_k d\|_2 \tag{5.1.6a}$$

$$\text{s.t. } \|d\|_2 \leqslant \Delta_k. \tag{5.1.6b}$$

引理 5.1.1　设 d_k 是 (5.1.6) 的解, 则存在唯一的 $\lambda_k \geqslant 0$, 使得

$$(J_k^\mathsf{T} J_k + \lambda_k I) d_k = -J_k^\mathsf{T} F_k, \tag{5.1.7}$$

$$\lambda_k (\Delta_k - \|d_k\|_2) = 0. \tag{5.1.8}$$

如果 $\|J_k^+ F_k\|_2 \leqslant \Delta_k$, 可以令

$$d_k = -J(x_k)^+ F(x_k). \tag{5.1.9}$$

否则, $\lambda_k > 0$ 且满足

$$\|(J_k^\mathsf{T} J_k + \lambda_k I)^{-1} J_k^\mathsf{T} F_k\|_2 = \Delta_k. \tag{5.1.10}$$

利用牛顿法求解非线性方程

$$\psi(\lambda) = \frac{1}{\|(J_k^\mathsf{T} J_k + \lambda I)^{-1} J_k^\mathsf{T} F_k\|_2} - \frac{1}{\Delta_k} = 0. \tag{5.1.11}$$

这里考虑了 (5.1.11) 而不是更简单的方程

$$\|(J_k^\mathrm{T} J_k + \lambda I)^{-1} J_k^\mathrm{T} F_k\|_2 - \Delta_k = 0, \qquad (5.1.12)$$

原因是 (5.1.11) 与线性方程十分近似, 这样牛顿法将收敛得很快. 牛顿法求解 (5.1.11) 的迭代公式为

$$\lambda_k^1 = 0, \qquad (5.1.13)$$

$$\lambda_k^{i+1} = \lambda_k^i - \frac{(d_k^i)^\mathrm{T}(J_k^\mathrm{T} J_k + \lambda_k^i I)^{-1} d_k^i}{\|d_k^i\|_2^3} \left(\frac{1}{\|d_k^i\|_2} - \frac{1}{\Delta_k} \right), \qquad (5.1.14)$$

其中 $d_k^i = -(J_k^\mathrm{T} J_k + \lambda_k^i I)^{-1} J_k^\mathrm{T} F_k$. 由 $\psi(\lambda)$ 的凹性可证 $\{\lambda_k^i\}$ 二次收敛到 λ_k, 另有

$$\psi(\lambda_k^{i+1}) \geqslant \psi(\lambda_k^i) + \psi'(\lambda_k^{i+1})(\lambda_k^{i+1} - \lambda_k^i) = \psi(\lambda_k^i)\left(1 - \frac{\psi'(\lambda_k^{i+1})}{\psi'(\lambda_k^i)}\right). \qquad (5.1.15)$$

从而

$$\psi(\lambda_k^{i+1}) \geqslant \frac{1}{2}\psi(\lambda_k^i) \qquad (5.1.16)$$

或

$$\psi'(\lambda_k^{i+1}) \leqslant \frac{1}{2}\psi'(\lambda_k^i) \qquad (5.1.17)$$

成立. 因此, 当初始点 $\lambda_k^1 = 0$ 时, 牛顿迭代 (5.1.14) 是一个多项式时间算法.

试探步 d_k 具有重要的充分下降性质.

引理 5.1.2 设 d_k 是 (5.1.6) 的解, 则

$$\|F_k\|_2 - \|F_k + J_k d_k\|_2 \geqslant \min\left\{1, \frac{\Delta_k}{\|J_k^+ F_k\|_2}\right\}(\|F_k\|_2 - \|(I - J_k J_k^+) F_k\|_2). \qquad (5.1.18)$$

证明 记 $d_k^* = -J_k^+ F_k$. 如果 $\|d_k^*\|_2 \leqslant \Delta_k$, 则 $\|F_k + J_k d_k\|_2 = \|F_k + J_k d_k^*\|_2$, 故 (5.1.18) 成立.

如果 $\|d_k^*\|_2 > \Delta_k$, 则

$$\|F_k\|_2 - \|F_k + J_k d_k\|_2 \geqslant \|F_k\|_2 - \left\|F_k + \frac{\Delta_k}{\|d_k^*\|_2} J_k d_k^*\right\|_2$$

$$\geqslant \frac{\Delta_k}{\|d_k^*\|_2}(\|F_k\|_2 - \|F_k + J_k d_k^*\|_2). \qquad (5.1.19)$$

此时 (5.1.18) 仍然成立. 从而引理成立. □

Duff-Nocedal-Reid 算法　Duff, Nocedal 和 Reid [57] 给出了基于极小化 L_1 范数的信赖域算法. 在第 k 次迭代, 求解信赖域子问题:

$$\min \|F_k + J_k d\|_1 \tag{5.1.20a}$$
$$\text{s.t.} \ \|d\|_\infty \leqslant \Delta_k. \tag{5.1.20b}$$

上述子问题也可表示为

$$\min \sum_{i=1}^n (p_i + q_i) \tag{5.1.21a}$$
$$\text{s.t.} \ J_k d + p - q = -F_k, \tag{5.1.21b}$$
$$-\Delta_k e \leqslant d \leqslant \Delta_k e, \tag{5.1.21c}$$
$$p \geqslant 0, q \geqslant 0, \tag{5.1.21d}$$

其中 $e = (1, 1, \cdots, 1)^\mathsf{T}$. 上述线性规划的线性约束 (除边界约束外) 的 Jacobi 矩阵为 $(J_k, I, -I)^\mathsf{T}$. 因此, 当用单纯形方法求解 (5.1.21) 时, 基矩阵包含列 $J_k, I, -I$. 该矩阵通常比 J_k 稀疏. Duff, Nocedal 和 Reid [57] 利用 Harwell 库中的子程序 LA05 有效地修正基矩阵的 LU 分解.

考虑约束最优化问题:

$$\min f_0(x) \tag{5.1.22a}$$
$$\text{s.t.} \ F(x) = 0. \tag{5.1.22b}$$

Fletcher [91] 利用 L_1 罚函数

$$P(x) = \mu f_0(x) + \|F(x)\|_1 \tag{5.1.23}$$

和它的逼近

$$\bar{\varphi}_k(d) = \mu d^\mathsf{T} \nabla f_0(x_k) + \|F_k + J_k d\|_1 + \frac{1}{2} d^\mathsf{T} B_k d, \tag{5.1.24}$$

提出了 Sl_1QP 方法. 当 $f_0(x) \equiv 0$ 时, $\bar{\varphi}_k(d) = \varphi_k(d)$. 此时, 求解非线性方程组的 Sl_1QP 方法是 L_1 信赖域算法.

极大极小算法　Madsen [161] 给出了超定非线性方程组的极大极小算法. 算法首先求解一个线性子问题, 然后求解一个二次模型以达到较快的收敛速度. 线性子问题为

$$\min \|F_k + J_k d\|_\infty \tag{5.1.25a}$$
$$\text{s.t.} \ \|d\|_\infty \leqslant \Delta_k, \tag{5.1.25b}$$

其等价于线性规划问题:

$$\min \mu \tag{5.1.26a}$$
$$\text{s.t. } J_k d + p = -F_k, \tag{5.1.26b}$$
$$\begin{pmatrix} e & I \end{pmatrix} \begin{pmatrix} \mu \\ p \end{pmatrix} \geqslant 0, \tag{5.1.26c}$$
$$\begin{pmatrix} e & -I \end{pmatrix} \begin{pmatrix} \mu \\ p \end{pmatrix} \geqslant 0, \tag{5.1.26d}$$
$$-\Delta_k e \leqslant d \leqslant \Delta_k e. \tag{5.1.26e}$$

Yuan [249] 提出了求解一般约束优化问题的信赖域算法. 当运用于等式约束优化问题 (5.1.22) 时, 每次迭代求解子问题

$$\min d^{\mathsf{T}} \nabla f_0(x_k) + \sigma_k \|F_k + J_k d\|_\infty + \frac{1}{2} d^{\mathsf{T}} B_k d, \tag{5.1.27a}$$
$$\text{s.t. } \|d\|_\infty \leqslant \Delta_k, \tag{5.1.27b}$$

其中 $\sigma_k > 0$ 为迭代参数. 该算法求解非线性方程组 (即 $f_0(x) \equiv 0$) 时, 如果令 $h(F) = \|F\|_\infty$, 则子问题 (5.1.27) 即为 (5.1.2).

下面讨论算法 5.1.1 的全局收敛性.

假设 $h(\cdot)$ 是凸函数. 称 x^* 是罚函数 $h(F)$ 的稳定点, 如果 x^* 满足

$$\min_{d \in \mathbb{R}^n} h(F(x^*) + J(x^*)d) = h(F(x^*)). \tag{5.1.28}$$

记

$$\xi(x; d) = h(F(x)) - h(F(x) + J(x)d), \tag{5.1.29}$$
$$\eta_\rho(x) = \max_{\|d\| \leqslant \rho} \xi(x; d). \tag{5.1.30}$$

易证 x^* 是 $h(F)$ 的稳定点, 当且仅当

$$\eta_1(x^*) = 0. \tag{5.1.31}$$

引理 5.1.3 设 d_k 是信赖域子问题 (5.1.2) 的解, 则

$$\text{Pred}_k = \varphi_k(0) - \varphi_k(d_k) \geqslant \frac{1}{2} \eta_{\Delta_k}(x_k) \min\left\{1, \frac{\eta_{\Delta_k}(x_k)}{\|B_k\| \Delta_k^2}\right\}. \tag{5.1.32}$$

由上面的引理, 可得到算法 5.1.1 的全局收敛性结果.

定理 5.1.1　设存在常数 $c_1 > 0$, 使得对所有 k 都有
$$\|B_k\| \leqslant c_1 k, \tag{5.1.33}$$
且 Δ_k 有界, 则由算法 5.1.1 产生的迭代点列 $\{x_k\}$ 不远离稳定点.

引理 5.1.3 和定理 5.1.1 的证明请参阅 Powell 的 [186, 187] 和 Yuan 的 [247]. 上述全局收敛性结果允许 $p_0 = 0$, 因此只要试探步 d_k 不使罚函数的值增加, 它就会被接受. 如果 $p_0 > 0$, 则只有当实际下降量至少是预估下降量的某一常数倍时, d_k 才能被接受, 但这种较强的条件隐含着如下的强全局收敛性结果.

定理 5.1.2　在定理 5.1.1 的条件下, 如果 $p_0 > 0$ 且 $\{x_k\}$ 和 $\{B_k\}$ 一致有界, 则 $\{x_k\}$ 的任一聚点都是稳定点.

证明　设 S 为所有稳定点的集合. 反设定理不成立. 则存在常数 $\tau > 0$ 和无穷多个 k, 使得
$$\mathrm{dist}(x_k, S) \geqslant \tau. \tag{5.1.34}$$

令
$$K = \{k \mid \mathrm{dist}(x_k, S) \geqslant \tau/2\}. \tag{5.1.35}$$

由 S 的定义, 存在常数 $\delta > 0$, 使得
$$\eta_1(x_k) \geqslant \delta, \quad \forall k \in K. \tag{5.1.36}$$

因为 Δ_k 有界, 所以存在常数 $\bar{\delta} > 0$, 使得
$$\eta_{\Delta_k} \geqslant \bar{\delta} \Delta_k, \quad \forall k \in K. \tag{5.1.37}$$

因此,
$$\mathrm{Pred}_k \geqslant \hat{\delta} \Delta_k \tag{5.1.38}$$

对充分大的 $k \in K$ 成立. 从而
$$\lim_{k \in K, k \to \infty} r_k = 1. \tag{5.1.39}$$

故对充分大的 $k \in K$,
$$h(F(x_{k+1})) \leqslant h(F(x_k)) + p_0 \hat{\delta} \Delta_k. \tag{5.1.40}$$

从而有
$$\sum_{k \in K} \Delta_k < \infty. \tag{5.1.41}$$

故存在 $\bar{k} \in K$, 使得

$$\sum_{k \in K, k \geqslant \bar{k}} \Delta_k < \tau/4. \tag{5.1.42}$$

由 (5.1.34) 可知, 存在 $\hat{k} > \bar{k}$, 使得 $\mathrm{dist}(x_{\hat{k}}, S) \geqslant \tau/2$. 依次类推, 对所有 $k > \hat{k}$, 有 $\mathrm{dist}(x_k, S) \geqslant \tau/2$. 故对所有充分大的 k, 有 $k \in K$. 因此, $\{x_k\}$ 收敛到某个非稳定点, 此与定理 5.1.1 矛盾, 从而定理成立. □

定理 5.1.2 适用于大多数求解非线性方程组的信赖域算法, 但 L_1 范数下的 Duff-Nocedal-Reid 算法例外. Duff-Nocedal-Reid 算法对试探步的接受有如下更强的条件:

$$\|F(x_k + d_k)\|_1 \leqslant \|F(x_k)\|_1 - \beta \|J(x_k)d_k\|_1, \tag{5.1.43}$$

其中 $\beta > 0$ 为常数. Yuan [250] 举例说明了上述条件可能会使算法困在某个非稳定点上. 例如, 考虑两变量的线性方程组:

$$\begin{cases} f_1(u,v) = \alpha - \dfrac{1}{\gamma} u = 0, \\ f_2(u,v) = \alpha + \left(1 + \dfrac{1}{\gamma}\right) u - v = 0. \end{cases} \tag{5.1.44}$$

对任意给定的 $\beta > 0$, 适当选取 $\alpha > 0$ 和 $\gamma > 0$, 可使 (5.1.43) 在点 $(0,0)^{\mathrm{T}}$ 处对任意小的 Δ 都不满足. Powell [186] 也给出了一个类似的例子. 但是, 如果用下述条件

$$\|F(x_k + d_k)\|_1 \leqslant \|F(x_k)\|_1 - \beta(\|F(x_k)\|_1 - \|F(x_k) + J(x_k)d_k\|_1) \tag{5.1.45}$$

替代条件 (5.1.43), 则定理 5.1.2 对 Duff-Nocedal-Reid 算法仍然成立. 因为此时 (5.1.45) 与 $r_k \geqslant \beta$ 是一致的.

下面讨论算法 5.1.1 的局部收敛性.

称 x^* 是 $h(F)$ 的一阶严格极小点, 如果存在常数 $\eta > 0$, 使得

$$h(F(x^* + d)) \geqslant h(F(x^*)) + \eta \|d\| \tag{5.1.46}$$

对所有充分小的 $d \in \mathbb{R}^n$ 成立.

定理 5.1.3 设 $F : \mathbb{R}^n \to \mathbb{R}^m$ 二次连续可微, $\{\|B_k\|\}$ 有界, 算法 5.1.1 产生的迭代点列 $\{x_k\}$ 收敛于 x^*. 如果 $\|d_k\| < \Delta_k$ 时有 $\Delta_{k+1} \leqslant \Delta_k$, 则 $\{x_k\}$ 二次收敛于 x^*.

证明 因为

$$\begin{aligned} h(F(x)) - h(F(x) + J(x)(x^* - x)) &= h(F(x)) - h(F(x^*)) + O(\|x - x^*\|_2^2) \\ &\geqslant \eta \|x - x^*\|_2 + O(\|x - x^*\|_2^2), \end{aligned} \tag{5.1.47}$$

所以

$$\eta_{\|x-x^*\|}(x) \geqslant \eta\|x-x^*\|_2 + O(\|x-x^*\|_2^2). \tag{5.1.48}$$

故存在常数 $\bar{\eta} > 0$, 使得

$$\eta_{\Delta_k}(x_k) \geqslant \bar{\eta}\min\{\Delta_k, \|x_k-x^*\|_2\} \tag{5.1.49}$$

对所有充分大的 k 成立. 从而存在常数 $\hat{\eta} > 0$, 使得

$$\text{Pred}_k \geqslant \hat{\eta}\min\{\Delta_k, \|x_k-x^*\|_2\} \tag{5.1.50}$$

对所有充分大的 k 成立. 由上式可以证明

$$\|x_k - x^*\| < \Delta_k/2 \tag{5.1.51}$$

对所有充分大的 k 成立. 反设 (5.1.51) 不成立, 则存在 $k_i(i=1,2,\cdots)$, 使得 $\Delta_{k_i} < \Delta_{k_i-1}$ 且

$$\Delta_{k_i} \leqslant 2\|x_{k_i} - x^*\|. \tag{5.1.52}$$

利用 $\Delta_{k+1} \geqslant a_2\|d_k\|$, 可得

$$\|d_{k_i-1}\| = O(\|x_{k_i} - x^*\|) = O(\|x_{k_i-1} - x^*\|). \tag{5.1.53}$$

(5.1.50) 和 (5.1.53) 表明

$$\|d_{k_i-1}\| = O(\text{Pred}_{k_i-1}), \tag{5.1.54}$$

从而 $r_{k_i-1} \to 1$. 此与假定 $\Delta_{k_i} < \Delta_{k_i-1}$ 矛盾. 所以 (5.1.51) 对所有充分大的 k 成立.

由于 x^* 是 $h(F)$ 的一阶严格极小点, 且 B_k 有界, 所以

$$\begin{aligned}
O(\|x_k-x^*\|^2) &= \varphi_k(x^*-x_k) \\
&\geqslant \varphi_k(d_k) \\
&\geqslant h(F(x_k+d_k)) + O(\|d_k\|^2) \\
&\geqslant \eta\|x_k+d_k-x^*\| + O(\|d_k\|^2).
\end{aligned} \tag{5.1.55}$$

下面说明

$$\lim_{k\to\infty}\|d_k\| = 0. \tag{5.1.56}$$

反设上式不成立, 则试探步将被拒绝无穷多次. 因此信赖域半径将被缩小无穷多次. 而由假定 "如果当前信赖域约束不是积极约束, 则信赖域半径不会增大", 可知 $\Delta_k \to 0$. 从而 (5.1.56) 成立. 利用 (5.1.55), (5.1.56) 及 $x_k \to x^*$, 可得

$$\|x_k + d_k - x^*\| = O(\|x_k - x^*\|^2). \tag{5.1.57}$$

因为 x^* 是 $h(F)$ 的一阶严格极小点, 所以 $r_k \to 1$. 因此对所有充分大的 k, 有 $x_{k+1} = x_k + d_k$. 从而, $\{x_k\}$ 二次收敛于 x^*. □

事实上, x^* 是 $h(F)$ 的一阶严格极小点等价于 Jacobi 矩阵 $J(x^*)$ 非奇异. 在没有 x^* 是一阶严格极小点的假设下, Powell 和 Yuan [189] 给出了 $h(\cdot) = \|\cdot\|_1$ 或 $h(\cdot) = \|\cdot\|_\infty$ 时, 算法 5.1.1 超线性收敛的条件. 设 x^* 是 $h(F)$ 的稳定点, $F(x^*) \neq 0$, 且 x^* 满足二阶充分条件, 即 Lagrange 函数的 Hessian 矩阵在 Jacobi 矩阵的零空间上半正定.

定理 5.1.4 设 $h(\cdot) = \|\cdot\|_1$ 或 $h(\cdot) = \|\cdot\|_\infty$, 算法 5.1.1 产生的迭代点列 $\{x_k\}$ 收敛于 x^*, $h(F(x^*)) > 0$, 且在点 x^* 处满足二阶充分条件. 如果对所有充分大的 k 都有 $\|d_k\| < \Delta_k$, 则 d_k 是超线性收敛步当且仅当

$$\lim_{k \to \infty} \frac{\|P^*(W^* - B_k)d_k\|}{\|d_k\|} = 0, \tag{5.1.58}$$

其中 $W^* = \sum_{i=1}^n \lambda_i^* \nabla^2 F_i(x^*)$, P^* 是 $\mathbb{R}^n$ 到 $J(x^*)$ 的零空间上的投影, λ_i^* 是 Lagrange 乘子.

定理 5.1.4 表明当 $J(x^*)$ 的零空间非空时, 需要二阶信息才能得到算法的超线性收敛性.

由假设 $h(F(x^*)) > 0$ 可知, 定理 5.1.4 不适用于 $\{x_k\}$ 收敛于非线性方程组 $F(x) = 0$ 的解的情形. Yuan [252] 给出了一个在方程组解处满足二阶充分条件却只有线性收敛速度的例子. 考虑

$$\begin{cases} f_1(u,v) = u + v^2 = 0, \\ f_2(u,v) = u - v^2 = 0, \end{cases} \tag{5.1.59}$$

其中 $(u,v)^\mathsf{T} = x \in \mathbb{R}^2$. 显然, $x^* = (0,0)^\mathsf{T}$ 是 (5.1.59) 的唯一解. 在点 $x_k = (0, v_k)^\mathsf{T}$ 处, 求解子问题

$$\min_{d \in \mathbb{R}^n} \|F_k + J_k d\|, \tag{5.1.60}$$

得到试探步 $d_k = (0, -v_k/2)^\mathsf{T}$. 故 $x_{k+1} = x_k/2$, 所以 $\{x_k\}$ 线性收敛. 对于此问题, x^* 是二阶严格极小点, 即

$$\|F(x)\|_2 \geqslant \|F(x^*)\|_2 + \frac{1}{2}\|x - x^*\|_2^2 \tag{5.1.61}$$

对所有充分小的 x 成立, 其满足二阶充分条件. 考虑由 (5.1.2) 计算的试探步. 由二阶充分条件, 可以令 B_k 为某个正定矩阵, 此时试探步的长度不大于 $\|x_k\|/2$. 因此, 只能得到超线性收敛速度.

另外, 定理 5.1.4 假设了对所有充分大的 k 都有 $\|d_k\| < \Delta_k$, 但在实际应用中未必成立. Yuan [246] 给出了一个极大极小问题, 信赖域在所有迭代都积极, 但算法只具有线性收敛速度.

5.2 信赖域半径趋于零的信赖域方法

本节考虑 2 范数下, 非线性方程组 (1.1.1) 的信赖域算法. 在第 k 次迭代, 求解信赖域子问题

$$\min_{d \in \mathbb{R}^n} \|F_k + J_k d\| \tag{5.2.1a}$$

$$\text{s.t.} \ \|d\| \leqslant \Delta_k. \tag{5.2.1b}$$

设 (5.2.1) 的解为 d_k. 当迭代点列 $\{x_k\}$ 收敛到价值函数 $\phi(x) = \dfrac{1}{2}\|F(x)\|^2$ 的极小点 x^* 时, 实际下降量与预估下降量的比值

$$r_k = \frac{\|F_k\|^2 - \|F(x_k + d_k)\|^2}{\|F_k\|^2 - \|F_k + J_k d_k\|^2} \tag{5.2.2}$$

将大于某一正常数. 由信赖域半径的更新准则知, Δ_k 将大于某一正常数. 因此, 信赖域最终不再起作用.

另一方面, 非线性方程组的 Levenberg-Marquardt 算法每次迭代计算试探步

$$d_k^{\text{LM}} = -(J_k^{\mathsf{T}} J_k + \lambda_k I)^{-1} J_k^{\mathsf{T}} F_k, \tag{5.2.3}$$

其中 $\lambda_k \geqslant 0$ 是 Levenberg-Marquardt 参数. 如果令

$$\Delta_k = \|d_k^{\text{LM}}\| = \| -(J_k^{\mathsf{T}} J_k + \lambda_k I)^{-1} J_k^{\mathsf{T}} F_k\|, \tag{5.2.4}$$

则 d_k^{LM} 也是信赖域子问题

$$\min_{d \in \mathbb{R}^n} \|F_k + J_k d\|^2 \tag{5.2.5a}$$

$$\text{s.t.} \ \|d\| \leqslant \Delta_k = \|d_k^{\text{LM}}\| \tag{5.2.5b}$$

的解. 注意到, 当 $\{x_k\}$ 收敛到 $\phi(x)$ 的极小点 x^* 时, $\{d_k^{\text{LM}}\}$ 收敛到 0. 因此, 由 (5.2.4) 知, $\{\Delta_k\}$ 也收敛到 0. 这意味着, 信赖域半径可以趋于 0.

5.2 信赖域半径趋于零的信赖域方法

事实上,只要在当前迭代点处,信赖域半径 Δ_k 不比 $O(\|x_k - x^*\|)$ 小,即可保证收敛性. 所以, 为防止在解附近试探步过大, Fan 和 Yuan [84] 首次提出了无约束最优化的信赖域半径趋于 0 的信赖域方法; Fan 等 [74, 83] 给出了信赖域半径趋于 0 的线搜索信赖域方法和回溯信赖域方法. 进一步, Fan 和 Pan [69, 80, 82] 研究了非线性方程组 (1.1.1) 的信赖域半径趋于 0 的信赖域方法. 选取信赖域半径

$$\Delta_k = \mu_k \|F_k\|^\delta, \tag{5.2.6}$$

其中 $\delta \in \left(\dfrac{1}{2}, 1\right)$ 为常数. 根据实际下降量与预估下降量的比值 r_k 来判断是否可接受试探步 d_k. 如果试探步较好,则 μ_k 保持不变或扩大; 否则将缩小.

下面给出非线性方程组 (1.1.1) 的信赖域半径趋于零的信赖域算法 [69].

算法 5.2.1 (信赖域半径趋于 0 的信赖域算法)

步 1 给出 $x_1 \in \mathbb{R}^n, a_1 > 1 > a_2 > 0, 0 < p_0 < p_1 < p_2 < 1, 1/2 < \delta < 1, \mu_1 > 0, \mu_{\max} \gg a_1\mu_1, \Delta_1 = \mu_1\|F_1\|^\delta; k := 1.$

步 2 如果 $\|J_k^\mathsf{T} F_k\| = 0$, 则停; 求解 (5.2.1) 得到 d_k.

步 3 由 (5.2.2) 计算 r_k; 令

$$x_{k+1} = \begin{cases} x_k, & \text{如果 } r_k < p_0, \\ x_k + d_k, & \text{其他}; \end{cases} \tag{5.2.7}$$

计算

$$\Delta_{k+1} = \mu_{k+1}\|F_{k+1}\|^\delta, \tag{5.2.8}$$

其中

$$\mu_{k+1} = \begin{cases} a_2\mu_k, & \text{如果 } r_k < p_1, \\ \mu_k, & \text{如果 } r_k \in [p_1, p_2], \\ \min\{a_1\mu_k, \mu_{\max}\}, & \text{其他}. \end{cases} \tag{5.2.9}$$

步 4 令 $k := k+1$, 转步 2.

下面讨论算法 5.2.1 的全局收敛性. 利用 Powell [187] 的结论, 有如下的结果.

引理 5.2.1 设 d_k 是 (5.2.1) 的解, 则

$$\|F_k\|^2 - \|F_k + J_k d_k\|^2 \geqslant \|J_k^\mathsf{T} F_k\| \min\left\{\Delta_k, \frac{\|J_k^\mathsf{T} F_k\|}{\|J_k^\mathsf{T} J_k\|}\right\}. \tag{5.2.10}$$

定理 5.2.1 设 $F : \mathbb{R}^n \to \mathbb{R}^m$ 满足假设 4.1.2, 则算法 5.2.1 产生的迭代点列 $\{x_k\}$ 满足

$$\liminf_{k \to \infty} \|J_k^\mathsf{T} F_k\| = 0. \tag{5.2.11}$$

证明 反设定理不成立, 则存在常数 $\tau > 0$, 使得

$$\|J_k^{\mathrm{T}} F_k\| \geqslant \tau, \quad \forall k. \tag{5.2.12}$$

定义集合

$$S = \{k \mid r_k \geqslant p_1\}. \tag{5.2.13}$$

由 (4.1.67), (5.2.12) 和引理 5.2.1 可知

$$\begin{aligned}
+\infty &> \sum_{k=1}^{\infty} (\|F_k\|^2 - \|F_{k+1}\|^2) \\
&\geqslant \sum_{k \in S} p_1 (\|F_k\|^2 - \|F_k + J_k d_k\|^2) \\
&\geqslant \sum_{k \in S} p_1 \|J_k^{\mathrm{T}} F_k\| \min \left\{ \Delta_k, \frac{\|J_k^{\mathrm{T}} F_k\|}{\|J_k^{\mathrm{T}} J_k\|} \right\} \\
&\geqslant \sum_{k \in S} p_1 \tau \min \left\{ \Delta_k, \frac{\tau}{\kappa_j^2} \right\}.
\end{aligned} \tag{5.2.14}$$

如果 S 是有限集, 由 (5.2.9) 可知 $\mu_{k+1} = a_2 \mu_k$ 对所有充分大的 k 成立. 又 $a_2 < 1$, 故

$$\lim_{k \to \infty} \mu_k = 0. \tag{5.2.15}$$

如果 S 是无限集, 则由 (5.2.8) 和 (5.2.14) 可知

$$\lim_{k \in S, k \to \infty} \Delta_k = \lim_{k \in S, k \to \infty} \mu_k \|F_k\|^{\delta} = 0. \tag{5.2.16}$$

又由 (4.1.67) 和 (5.2.12) 可得

$$\|F_k\| \geqslant \|J_k^{\mathrm{T}} F_k\| / \kappa_j \geqslant \tau / \kappa_j, \quad \forall k. \tag{5.2.17}$$

故

$$\lim_{k \in S, k \to \infty} \mu_k = 0. \tag{5.2.18}$$

注意到, 当 $k \notin S$ 时, $\mu_{k+1} = a_2 \mu_k$ 且 $a_2 < 1$. 因此 S 为无限集时, (5.2.15) 依然成立. 利用 $\|F_k\| \leqslant \|F_1\|$, $\|d_k\| \leqslant \Delta_k$ 及 (5.2.8), 可得

$$\lim_{k \to \infty} d_k = 0. \tag{5.2.19}$$

5.2 信赖域半径趋于零的信赖域方法

从而由 (4.1.66), (4.1.67), (5.2.12), 引理 5.2.1 及 $\|F_k + J_k d_k\| \leqslant \|F_k\| \leqslant \|F_1\|$, 可得

$$|r_k - 1| = \left| \frac{\|F(x_k + d_k)\|^2 - \|F_k + J_k d_k\|^2}{\|F_k\|^2 - \|F_k + J_k d_k\|^2} \right|$$

$$\leqslant \frac{\|F_k + J_k d_k\| O(\|d_k\|^2) + O(\|d_k\|^4)}{\|J_k^\mathrm{T} F_k\| \min\left\{\Delta_k, \frac{\|J_k^\mathrm{T} F_k\|}{\|J_k^\mathrm{T} J_k\|}\right\}}$$

$$\leqslant \frac{O(\|d_k\|^2)}{\Delta_k}$$

$$\to 0, \tag{5.2.20}$$

故 $r_k \to 1$. 因此, 存在常数 $\tilde{\mu} > 0$, 使得

$$\mu_k \geqslant \tilde{\mu} \tag{5.2.21}$$

对所有 k 成立, 此与 (5.2.15) 矛盾. 因此 (5.2.12) 不成立, 从而定理成立. □

下面讨论算法 5.2.1 的收敛速度.

定理 5.2.2 设 $F: \mathbb{R}^n \to \mathbb{R}^m$ 满足假设 4.1.1. 如果算法 5.2.1 产生的迭代点列 $\{x_k\} \subset N(x^*)$ 且收敛到 (1.1.1) 的解集, 则

$$\|x_{k+1} - \bar{x}_{k+1}\| \leqslant \|x_k - \bar{x}_k\|^{2\delta}. \tag{5.2.22}$$

证明 首先证明对充分大的 k, 存在常数 $c_2 > 0$, 使得

$$\|F_k\|^2 - \|F_k + J_k d_k\|^2 \geqslant c_2 \|F_k\| \min\{\|d_k\|, \|\bar{x}_k - x_k\|\}. \tag{5.2.23}$$

如果 $\|\bar{x}_k - x_k\| \leqslant \|d_k\|$, 则 $\bar{x}_k - x_k$ 为 (5.2.1) 的可行点. 由 (4.1.7) 和 (4.1.8) 可得

$$\|F_k\| - \|F_k + J_k d_k\| \geqslant \|F_k\| - \|F_k + J_k(\bar{x}_k - x_k)\|$$
$$\geqslant \kappa_{\mathrm{leb}} \|\bar{x}_k - x_k\| - \kappa_{\mathrm{lj}} \|\bar{x}_k - x_k\|^2$$
$$\geqslant c_2 \|\bar{x}_k - x_k\|, \tag{5.2.24}$$

其中 $c_2 > 0$ 为某一常数. 如果 $\|\bar{x}_k - x_k\| > \|d_k\|$, 则

$$\|F_k\| - \|F_k + J_k d_k\| \geqslant \|F_k\| - \left\| F_k + \frac{\|d_k\|}{\|\bar{x}_k - x_k\|} J_k(\bar{x}_k - x_k) \right\|$$
$$\geqslant \frac{\|d_k\|}{\|\bar{x}_k - x_k\|} (\|F_k\| - \|F_k + J_k(\bar{x}_k - x_k)\|)$$
$$\geqslant c_2 \|d_k\|. \tag{5.2.25}$$

结合 (5.2.24) 和 (5.2.25), 有

$$\begin{aligned}
\|F_k\|^2 - \|F_k + J_k d_k\|^2 &= (\|F_k\| + \|F_k + J_k d_k\|)(\|F_k\| - \|F_k + J_k d_k\|) \\
&\geq \|F_k\|(\|F_k\| - \|F_k + J_k d_k\|) \\
&\geq c_2 \|F_k\| \min\{\|d_k\|, \|\bar{x}_k - x_k\|\}.
\end{aligned} \quad (5.2.26)$$

利用 (4.1.8), $\|F_k + J_k d_k\| \leq \|F_k\|$ 和 $\kappa_{\text{leb}} \|\bar{x}_k - x_k\| \leq \|F_k\|$, 有

$$\begin{aligned}
|r_k - 1| &= \left| \frac{\|F(x_k + d_k)\|^2 - \|F_k + J_k d_k\|^2}{\|F_k\|^2 - \|F_k + J_k d_k\|^2} \right| \\
&\leq \frac{\|F_k + J_k d_k\| O(\|d_k\|^2) + O(\|d_k\|^4)}{\|F_k\| \min\{\|d_k\|, \|\bar{x}_k - x_k\|\}} \\
&\leq \frac{\|F_k\| O(\|d_k\|^2) + O(\|d_k\|^4)}{\|F_k\| \min\{\|d_k\|, \|\bar{x}_k - x_k\|\}} \\
&\leq \frac{O(\|d_k\|^2)}{\min\{\|d_k\|, \|\bar{x}_k - x_k\|\}} + \frac{O(\|d_k\|^4)}{\|\bar{x}_k - x_k\| \min\{\|d_k\|, \|\bar{x}_k - x_k\|\}}.
\end{aligned} \quad (5.2.27)$$

因为 $\delta > 1/2$, 所以由 (4.1.9) 可得

$$\frac{\|d_k\|^2}{\|\bar{x}_k - x_k\|} \leq \frac{\Delta_k^2}{\|\bar{x}_k - x_k\|} = \frac{\mu_k^2 \|F_k\|^{2\delta}}{\|\bar{x}_k - x_k\|} \leq \mu_{\max}^2 \kappa_{\text{lf}}^{2\delta} \|\bar{x}_k - x_k\|^{2\delta - 1} \to 0. \quad (5.2.28)$$

因此, $r_k \to 1$. 从而存在常数 $\tilde{\mu} > 0$, 使得

$$\mu_k \geq \tilde{\mu} \quad (5.2.29)$$

对所有充分大的 k 成立.

因为 $\delta < 1$, 所以由 (4.1.7) 和 (5.2.29) 可知, 对所有充分大的 k 都有

$$\|\bar{x}_k - x_k\| \leq \tilde{\mu} \kappa_{\text{leb}}^\delta \|\bar{x}_k - x_k\|^\delta \leq \mu_k \|F_k\|^\delta = \Delta_k \leq \mu_{\max} \kappa_{\text{lf}}^\delta \|x_k - \bar{x}_k\|^\delta. \quad (5.2.30)$$

因此 $\bar{x}_k - x_k$ 是 (5.2.1) 的可行点, 所以

$$\begin{aligned}
\kappa_{\text{leb}} \|x_{k+1} - \bar{x}_{k+1}\| &\leq \|F(x_k + d_k)\| \\
&\leq \|F_k + J_k d_k\| + O(\|d_k\|^2) \\
&\leq \|F_k + J_k(\bar{x}_k - x_k)\| + O(\Delta_k^2) \\
&\leq O(\|x_k - \bar{x}_k\|^2) + O(\|x_k - \bar{x}_k\|^{2\delta}) \\
&= O(\|x_k - \bar{x}_k\|^{2\delta}).
\end{aligned} \quad (5.2.31)$$

从而定理成立. □

定理 5.2.2 表明 $\{x_k\}$ 超线性收敛到非线性方程组 (1.1.1) 的解集 X^*. 如果 δ 充分接近 1, 则 $\{x_k\}$ 渐近二次收敛于 X^*.

如果 Jacobi 矩阵在解处非奇异, 传统信赖域算法二次收敛于非线性方程组的解. 但在较弱的局部误差界条件下, Yuan 举例说明了算法只能近似二次收敛到解集, 而不能二次收敛到某个解. 考虑

$$F(u,v) = \begin{pmatrix} v^2 \\ v(1+u^2) \end{pmatrix}. \tag{5.2.32}$$

易知 $F(u,v) = 0$ 的解集是

$$X^* = \{(u,0)^\mathsf{T} | u \in \mathbb{R}\}, \tag{5.2.33}$$

且 $F(u,v)$ 在任意 $x^* \in X^*$ 的某邻域内具有局部误差界但 $J(x^*)$ 奇异.

设 d_k 为 (5.2.1) 的解. 如果 $\{x_k\}$ 二次收敛到 (5.2.32) 的某个解 $x^* \in X^*$, 则

$$\frac{\|d_k\|}{\|x_k - x^*\|} \to 1. \tag{5.2.34}$$

由 (5.2.34) 和 (4.1.7) 可知, 对于充分大的 k,

$$\|d_k\| \leqslant \frac{2}{\kappa_{\text{leb}}} \|F_k\|. \tag{5.2.35}$$

由 Δ_k 的定义可知, 对充分大的 k,

$$\|d_k\| < \Delta_k. \tag{5.2.36}$$

因此 d_k 是 $\min\limits_{d \in \mathbb{R}^n} \|F_k + J_k d\|$ 的全局极小点. 故在点 $x_k = (u_k, v_k)^\mathsf{T}$ 处, 试探步为

$$d_k = \begin{pmatrix} -\dfrac{1+u_k^2}{4u_k} \\ -\dfrac{1}{2} v_k \end{pmatrix}. \tag{5.2.37}$$

计算可得

$$\|d_k\| \geqslant \frac{1}{2}. \tag{5.2.38}$$

此与 $\{\Delta_k\}$ 收敛到 0 及 (5.2.36) 矛盾. 因此, $\{x_k\}$ 不能二次收敛到 (5.2.32) 的某个解.

事实上, 非线性方程组 (5.2.32) 的牛顿法会交替收敛到 2 个点. 选取初始点 $\left(\frac{1}{\sqrt{7}}, t\right)^\mathsf{T}$, 其中 t 为任意数, 则牛顿法 $x_{k+1} = x_k - J_k^{-1} F_k$ 产生的迭代点列为

$$x_k = \left((-1)^k \frac{1}{\sqrt{7}}, \left(\frac{1}{2}\right)^k t\right)^\mathsf{T}. \tag{5.2.39}$$

因此, $\{x_k\}$ 在点 $\left(\frac{1}{\sqrt{7}}, 0\right)^\mathsf{T}$ 和点 $\left(-\frac{1}{\sqrt{7}}, 0\right)^\mathsf{T}$ 附近不断循环, 而 $\mathrm{dist}(x_k, X^*)$ 线性收敛到 0. 上述现象揭示了非奇异性条件和局部误差界条件之间的区别.

5.3 改进信赖域方法

本节讨论改进信赖域方法. 类似于改进 Levenberg-Marquardt 方法, 改进信赖域方法每次迭代利用当前迭代点处的 Jacobi 矩阵, 不仅计算一个信赖域步, 还计算一个近似信赖域步 [76].

在第 k 次迭代, 首先求解信赖域子问题

$$\min_{d \in \mathbb{R}^n} \|F_k + J_k d\|^2 \tag{5.3.1a}$$

$$\mathrm{s.t.} \ \|d\| \leqslant \Delta_k = \mu_k \|F_k\|^\delta, \tag{5.3.1b}$$

其中 $\delta \in \left(\frac{1}{2}, 1\right)$. 设 (5.3.1) 的解为 d_k. 令 $y_k = x_k + d_k$, 再求解信赖域子问题

$$\min_{d \in \mathbb{R}^n} \|F(y_k) + J_k d\|^2 \tag{5.3.2a}$$

$$\mathrm{s.t.} \ \|d\| \leqslant \bar{\Delta}_k = \mu_k \|F(y_k)\|^\delta. \tag{5.3.2b}$$

设 (5.3.2) 的解为 $\bar{d}_k$. 令试探步为

$$s_k = d_k + \bar{d}_k. \tag{5.3.3}$$

定义价值函数的实际下降量

$$\mathrm{Ared}_k = \frac{1}{2}(\|F_k\|^2 - \|F(x_k + d_k + \bar{d}_k)\|^2) \tag{5.3.4}$$

和预估下降量

$$\mathrm{Pred}_k = \frac{1}{2}(\|F_k\|^2 - \|F_k + J_k d_k\|^2 + \|F(y_k)\|^2 - \|F(y_k) + J_k \bar{d}_k\|^2). \tag{5.3.5}$$

它们的比值 r_k 用来判断试探步 s_k 是否可接受, 以及如何更新 μ_k.

下面给出非线性方程组 (1.1.1) 的改进信赖域算法.

5.3 改进信赖域方法

算法 5.3.1 (改进信赖域算法)

步 1 给出 $x_1 \in \mathbb{R}^n, a_1 > 1 > a_2 > 0, 0 < p_0 < p_1 < p_2 < 1, 1/2 < \delta < 1, \mu_1 > 0, \mu_{\max} \gg a_1\mu_1, \Delta_1 = \mu_1\|F_1\|^\delta; k := 1$.

步 2 如果 $\|J_k^\mathsf{T} F_k\| = 0$, 则停; 求解 (5.3.1) 得到 d_k, 令 $y_k = x_k + d_k$; 求解 (5.3.2) 得到 $\bar{d}_k$.

步 3 计算 $r_k = \dfrac{\text{Ared}_k}{\text{Pred}_k}$; 令

$$x_{k+1} = \begin{cases} x_k, & \text{如果 } r_k < p_0, \\ x_k + d_k + \bar{d}_k, & \text{其他}; \end{cases} \tag{5.3.6}$$

计算

$$\Delta_{k+1} = \mu_{k+1}\|F_{k+1}\|^\delta, \tag{5.3.7}$$

其中

$$\mu_{k+1} = \begin{cases} a_2\mu_k, & \text{如果 } r_k < p_1, \\ \mu_k, & \text{如果 } r_k \in [p_1, p_2], \\ \min\{a_1\mu_k, \mu_{\max}\}, & \text{其他}. \end{cases} \tag{5.3.8}$$

步 4 令 $k := k + 1$, 转步 2.

由 Powell 在文献 [187] 中结论, 可知 d_k 满足

$$\|F_k\|^2 - \|F_k + J_k d_k\|^2 \geqslant \|J_k^\mathsf{T} F_k\| \min\left\{\Delta_k, \frac{\|J_k^\mathsf{T} F_k\|}{\|J_k^\mathsf{T} J_k\|}\right\}. \tag{5.3.9}$$

同时, $\bar{d}_k$ 满足

$$\|F(y_k)\|^2 - \|F(y_k) + J_k\bar{d}_k\|^2 \geqslant \|J_k^\mathsf{T} F(y_k)\| \min\left\{\bar{\Delta}_k, \frac{\|J_k^\mathsf{T} F(y_k)\|}{\|J_k^\mathsf{T} J_k\|}\right\}. \tag{5.3.10}$$

因此有:

定理 5.3.1 设 $F : \mathbb{R}^n \to \mathbb{R}^m$ 满足假设 4.1.2, 则算法 5.3.1 产生的迭代点列 $\{x_k\}$ 满足

$$\liminf_{k \to \infty} \|J_k^\mathsf{T} F_k\| = 0. \tag{5.3.11}$$

证明 反设 (5.3.11) 不成立. 则存在常数 $\tau > 0$, 使得

$$\|J_k^\mathsf{T} F_k\| \geqslant \tau, \quad \forall k. \tag{5.3.12}$$

令
$$S = \{k \mid r_k \geqslant p_1\}. \tag{5.3.13}$$

由 (5.3.9), (5.3.10) 和 (5.3.12) 可知

$$+\infty > \sum_{k=1}^{\infty}(\|F_k\|^2 - \|F_{k+1}\|^2)$$

$$\geqslant \sum_{k \in S} p_1 \|J_k^{\mathsf{T}} F_k\| \min \left\{\Delta_k, \frac{\|J_k^{\mathsf{T}} F_k\|}{\|J_k^{\mathsf{T}} J_k\|}\right\}$$

$$\geqslant \sum_{k \in S} p_1 \tau \min \left\{\Delta_k, \frac{\tau}{\kappa_j^2}\right\}. \tag{5.3.14}$$

如果 S 是有限集, 由 (5.3.8) 可知 $\mu_{k+1} = a_2 \mu_k$ 对所有充分大的 k 成立. 又 $a_2 < 1$, 故

$$\lim_{k \to \infty} \mu_k = 0. \tag{5.3.15}$$

如果 S 是无限集, 由 (5.3.14),

$$\lim_{k \in S, k \to \infty} \Delta_k = \lim_{k \in S, k \to \infty} \mu_k \|F_k\|^{\delta} = 0. \tag{5.3.16}$$

又由 (5.3.12) 知

$$\|F_k\| \geqslant \frac{\|J_k^{\mathsf{T}} F_k\|}{\kappa_j} \geqslant \frac{\tau}{\kappa_j}. \tag{5.3.17}$$

从而, 由 (5.3.16) 可得

$$\lim_{k \in S, k \to \infty} \mu_k = 0. \tag{5.3.18}$$

注意到对所有 $k \notin S$, 均有 $\mu_{k+1} = a_2 \mu_k$ 且 $a_2 < 1$. 因此, (5.3.15) 仍然成立.

因为 d_k 是 (5.3.1) 的解, 所以

$$\|F_k + J_k d_k\| \leqslant \|F_k\| \leqslant \|F_1\|. \tag{5.3.19}$$

又 $\|d_k\| \leqslant \Delta_k = \mu_k \|F_k\|^{\delta}$, 故

$$\lim_{k \to \infty} d_k = 0. \tag{5.3.20}$$

5.3 改进信赖域方法

综合 (4.1.68) 及 (5.3.19) 可知, 存在常数 $\bar{\tau}, \tilde{\tau} > 0$, 使得

$$\|F(y_k)\| \leqslant \|F_k + J_k d_k\| + \kappa_{1j}\|d_k\|^2 \leqslant \|F_1\| + \kappa_{1j}\|d_k\|^2 \leqslant \bar{\tau}, \quad (5.3.21)$$

$$\begin{aligned}\|J_k^{\mathrm{T}} F(y_k)\| &= \|J_k^{\mathrm{T}} F_k + J_k^{\mathrm{T}} J_k d_k + O(\|d_k\|^2)\| \\ &\geqslant \|J_k^{\mathrm{T}} F_k\| - \|J_k^{\mathrm{T}} J_k d_k\| - O(\|d_k\|^2) \\ &\geqslant \tilde{\tau} \end{aligned} \quad (5.3.22)$$

对所有充分大的 k 成立. 因为 $\|\bar{d}_k\| \leqslant \bar{\Delta}_k = \mu_k \|F(y_k)\|^\delta$, 所以

$$\lim_{k \to \infty} \bar{d}_k = 0. \quad (5.3.23)$$

利用 (4.1.68) 和 $\|J_k\| \leqslant \kappa_j$, 得

$$\begin{aligned}&|\mathrm{Ared}_k - \mathrm{Pred}_k| \\ &\leqslant \frac{1}{2}\left|\|F(y_k)\|^2 - \|F_k + J_k d_k\|^2\right| + \left|\|F(x_k + d_k + \bar{d}_k)\|^2 - \|F(y_k) + J_k \bar{d}_k\|^2\right| \\ &\leqslant \|F_k + J_k d_k\|O(\|d_k\|^2) + O(\|d_k\|^4) \\ &\quad + \|F_k + J_k(d_k + \bar{d}_k)\|(O(\|d_k + \bar{d}_k\|^2) + O(\|d_k\|^2)) + O(\|d_k + \bar{d}_k\|^4) \\ &\leqslant \|F_k + J_k d_k\|(O(\|d_k\|^2) + O(\|d_k\|\|\bar{d}_k\|) + O(\|\bar{d}_k\|^2)) \\ &\quad + O(\|d_k\|^4) + O(\|d_k\|^2\|\bar{d}_k\|) + O(\|d_k\|\|\bar{d}_k\|^2) + O(\|\bar{d}_k\|^3). \end{aligned} \quad (5.3.24)$$

从而, 由 (5.3.6), (5.3.9), (5.3.10), (5.3.19) 和 (5.3.22) 可得

$$\begin{aligned}|r_k - 1| &= \left|\frac{\mathrm{Ared}_k - \mathrm{Pred}_k}{\mathrm{Pred}_k}\right| \\ &\leqslant \frac{\|F_k + J_k d_k\|(O(\|d_k\|^2) + O(\|d_k\|\|\bar{d}_k\|)) + O(\|d_k\|^4)}{\|J_k^{\mathrm{T}} F_k\| \min\left\{\Delta_k, \dfrac{\|J_k^{\mathrm{T}} F_k\|}{\|J_k^{\mathrm{T}} J_k\|}\right\}} \\ &\quad + \frac{\|F_k + J_k d_k\|O(\|\bar{d}_k\|^2) + O(\|d_k\|^2\|\bar{d}_k\|) + O(\|d_k\|\|\bar{d}_k\|^2) + O(\|\bar{d}_k\|^3)}{\|J_k^{\mathrm{T}} F(y_k)\| \min\left\{\bar{\Delta}_k, \dfrac{\|J_k^{\mathrm{T}} F(y_k)\|}{\|J_k^{\mathrm{T}} J_k\|}\right\}} \\ &\leqslant \frac{\|F_1\|(O(\|d_k\|^2) + O(\|d_k\|\|\bar{d}_k\|)) + O(\|d_k\|^4)}{\tau \min\left\{\Delta_k, \dfrac{\tau}{\kappa_j^2}\right\}} \\ &\quad + \frac{\|F_1\|O(\|\bar{d}_k\|^2) + O(\|d_k\|^2\|\bar{d}_k\|) + O(\|d_k\|\|\bar{d}_k\|^2) + O(\|\bar{d}_k\|^3)}{\tilde{\tau} \min\left\{\bar{\Delta}_k, \dfrac{\tilde{\tau}}{\kappa_j^2}\right\}} \\ &\to 0, \end{aligned} \quad (5.3.25)$$

故 $r_k \to 1$. 因此, 存在常数 $\bar{\mu} > 0$, 使得 $\mu_k \geqslant \bar{\mu}$ 对所有 k 成立, 此与 (5.3.15) 矛盾. 故 (5.3.12) 不成立. 因此定理成立. $\square$

下面讨论算法 5.3.1 的收敛速度.

引理 5.3.1 设 $F : \mathbb{R}^n \to \mathbb{R}^m$ 满足假设 4.1.1. 如果算法 4.1.3 产生的迭代点列 $\{x_k\} \subset N(x^*)$ 且收敛到 (1.1.1) 的解集, 则存在常数 $\hat{\mu} > 0$, 使得

$$\mu_k \geqslant \hat{\mu} \tag{5.3.26}$$

对所有 k 成立.

证明 首先证明

$$\text{Pred}_k \geqslant O(\|F_k\|) \min \{\|d_k\|, \|\bar{x}_k - x_k\|\} + O(\|F(y_k)\|) \min \{\|\bar{d}_k\|, \|\bar{y}_k - y_k\|\}. \tag{5.3.27}$$

由定理 5.2.2 的证明知

$$\|F_k\|^2 - \|F_k + J_k d_k\|^2 \geqslant O(\|F_k\|) \min \{\|d_k\|, \|\bar{x}_k - x_k\|\}. \tag{5.3.28}$$

如果 $\|\bar{y}_k - y_k\| \leqslant \bar{d}_k$, 则 $\bar{y}_k - y_k$ 是 (5.3.2) 的可行点. 由 (4.1.6)–(4.1.8) 可知

$$\begin{aligned}
&\|F(y_k)\| - \|F(y_k) + J_k \bar{d}_k\| \\
\geqslant & \|F(y_k)\| - \|F(y_k) + J_k(\bar{y}_k - y_k)\| \\
\geqslant & \|F(y_k)\| - \|F(y_k) + J(y_k)(\bar{y}_k - y_k)\| - \|(J_k - J(y_k))(\bar{y}_k - y_k)\| \\
\geqslant & \kappa_{\text{leb}} \|\bar{y}_k - y_k\| - \kappa_{\text{lj}} \|\bar{y}_k - y_k\|^2 - \kappa_{\text{lj}} \|d_k\| \|\bar{y}_k - y_k\| \\
= & O(\|\bar{y}_k - y_k\|).
\end{aligned} \tag{5.3.29}$$

如果 $\|\bar{y}_k - y_k\| \geqslant \bar{d}_k$, 则

$$\begin{aligned}
\|F(y_k)\| - \|F(y_k) + J_k \bar{d}_k\| \geqslant & \|F(y_k)\| - \left\|F(y_k) + \frac{\|\bar{d}_k\|}{\|\bar{y}_k - y_k\|} J_k(\bar{y}_k - y_k)\right\| \\
\geqslant & \frac{\|\bar{d}_k\|}{\|\bar{y}_k - y_k\|} (\|F(y_k)\| - \|F(y_k) + J_k(\bar{y}_k - y_k)\|) \\
\geqslant & \frac{\|\bar{d}_k\|}{\|\bar{y}_k - y_k\|} O(\|\bar{y}_k - y_k\|) \\
= & O(\|\bar{d}_k\|).
\end{aligned} \tag{5.3.30}$$

结合 (5.3.29) 和 (5.3.30), 有

$$\begin{aligned}
& \|F(y_k)\|^2 - \|F(y_k) + J_k \bar{d}_k\|^2 \\
= & (\|F(y_k)\| + \|F(y_k) + J_k \bar{d}_k\|)(\|F(y_k)\| - \|F(y_k) + J_k \bar{d}_k\|) \\
\geqslant & O(\|F(y_k)\|) \min \{\|\bar{d}_k\|, \|\bar{y}_k - y_k\|\},
\end{aligned} \tag{5.3.31}$$

5.3 改进信赖域方法

综合 (5.3.28) 和 (5.3.31), 可得 (5.3.27).

因为 d_k 和 $\bar{d}_k$ 分别是 (5.3.1) 和 (5.3.2) 的解, 所以

$$\|F_k + J_k d_k\| \leqslant \|F_k\|, \quad \|F(y_k) + J_k \bar{d}_k\| \leqslant \|F(y_k)\|. \tag{5.3.32}$$

故由 (5.3.24) 知

$$|\mathrm{Ared}_k - \mathrm{Pred}_k|$$
$$\leqslant \|F_k + J_k d_k\| O(\|d_k\|^2) + O(\|d_k\|^4)$$
$$\quad + \|F_k + J_k(d_k + \bar{d}_k)\| (O(\|d_k + \bar{d}_k\|^2) + O(\|d_k\|^2)) + O(\|d_k + \bar{d}_k\|^4)$$
$$\leqslant \|F_k + J_k d_k\| O(\|d_k\|^2) + O(\|d_k\|^4)$$
$$\quad + (\|F(y_k) + J_k \bar{d}_k\| + O(\|d_k\|^2))(O(\|d_k + \bar{d}_k\|^2) + O(\|d_k\|^2)) + O(\|d_k + \bar{d}_k\|^4). \tag{5.3.33}$$

从而由 (5.3.32) 得

$$|r_k - 1|$$
$$= \left| \frac{\mathrm{Ared}_k - \mathrm{Pred}_k}{\mathrm{Pred}_k} \right|$$
$$\leqslant \frac{\|F_k\| O(\|d_k\|^2) + O(\|d_k\|^4)}{\mathrm{Pred}_k} + \frac{\|F(y_k)\|(O(\|d_k\|^2) + O(\|\bar{d}_k\|^2) + O(\|d_k\|\|\bar{d}_k\|))}{\mathrm{Pred}_k}$$
$$\quad + \frac{O(\|d_k\|^3 \|\bar{d}_k\|) + O(\|d_k\|^2 \|\bar{d}_k\|^2) + O(\|d_k\| \|\bar{d}_k\|^3) + O(\|\bar{d}_k\|^4)}{\mathrm{Pred}_k}. \tag{5.3.34}$$

由 (4.1.9) 可知

$$\|d_k\| \leqslant \Delta_k = \mu_k \|F_k\|^\delta \leqslant \mu_{\max} \kappa_{1f}^\delta \|\bar{x}_k - x_k\|^\delta, \tag{5.3.35}$$

$$\|\bar{d}_k\| \leqslant \bar{\Delta}_k = \mu_k \|F(y_k)\|^\delta \leqslant \mu_{\max} \kappa_{1f}^\delta \|\bar{y}_k - y_k\|^\delta. \tag{5.3.36}$$

从而利用 $\frac{1}{2} < \delta < 1$ 及 (4.1.7), 可得

$$\frac{\|F_k\| O(\|d_k\|^2)}{\mathrm{Pred}_k} \leqslant \frac{\|F_k\| O(\|d_k\|^2)}{\|F_k\| \min\{\|d_k\|, \|\bar{x}_k - x_k\|\}} \to 0, \tag{5.3.37}$$

$$\frac{O(\|d_k\|^4)}{\mathrm{Pred}_k} \leqslant \frac{O(\|d_k\|^4)}{\|F_k\| \min\{\|d_k\|, \|\bar{x}_k - x_k\|\}} \to 0, \tag{5.3.38}$$

$$\frac{\|F(y_k)\| O(\|\bar{d}_k\|^2)}{\mathrm{Pred}_k} \leqslant \frac{\|F(y_k)\| O(\|\bar{d}_k\|^2)}{\|F(y_k)\| \min\{\|\bar{d}_k\|, \|\bar{y}_k - y_k\|\}} \to 0, \tag{5.3.39}$$

$$\frac{O(\|\bar{d}_k\|^4)}{\mathrm{Pred}_k} \leqslant \frac{O(\|\bar{d}_k\|^4)}{\|F(y_k)\| \min\{\|\bar{d}_k\|, \|\bar{y}_k - y_k\|\}} \to 0. \tag{5.3.40}$$

结合 (5.3.37), (5.3.38) 以及 (5.3.32), 有

$$\frac{\|F(y_k)\|O(\|d_k\|^2)}{\text{Pred}_k} \leqslant \frac{(\|F_k+J_kd_k\|+O(\|d_k\|^2))O(\|d_k\|^2)}{\text{Pred}_k} \to 0. \tag{5.3.41}$$

从而由 (5.3.39) 可知

$$\frac{\|F(y_k)\|O(\|d_k\|\|\bar{d}_k\|)}{\text{Pred}_k} = \left(\frac{\|F(y_k)\|O(\|d_k\|^2)}{\text{Pred}_k}\right)^{\frac{1}{2}} \left(\frac{\|F(y_k)\|O(\|\bar{d}_k\|^2)}{\text{Pred}_k}\right)^{\frac{1}{2}} \to 0. \tag{5.3.42}$$

另外, 由 (5.3.38) 和 (5.3.40) 可知

$$\frac{O(\|d_k\|^3\|\bar{d}_k\|)}{\text{Pred}_k} \leqslant \left(\frac{O(\|d_k\|^4)}{\text{Pred}_k}\right)^{\frac{3}{4}} \left(\frac{O(\|\bar{d}_k\|^4)}{\text{Pred}_k}\right)^{\frac{1}{4}} \to 0, \tag{5.3.43}$$

$$\frac{O(\|d_k\|^2\|\bar{d}_k\|^2)}{\text{Pred}_k} \leqslant \left(\frac{O(\|d_k\|^4)}{\text{Pred}_k}\right)^{\frac{2}{4}} \left(\frac{O(\|\bar{d}_k\|^4)}{\text{Pred}_k}\right)^{\frac{2}{4}} \to 0, \tag{5.3.44}$$

$$\frac{O(\|d_k\|\|\bar{d}_k\|^3)}{\text{Pred}_k} \leqslant \left(\frac{O(\|d_k\|^4)}{\text{Pred}_k}\right)^{\frac{1}{4}} \left(\frac{O(\|\bar{d}_k\|^4)}{\text{Pred}_k}\right)^{\frac{3}{4}} \to 0. \tag{5.3.45}$$

综合 (5.3.37)–(5.3.45), 可得 $r_k \to 1$. 因此存在常数 $\hat{\mu} > 0$, 使得 $\mu_k \geqslant \hat{\mu}$ 对所有 k 成立. 从而引理成立. □

定理 5.3.2 设 $F: \mathbb{R}^n \to \mathbb{R}^m$ 满足假设 4.1.1. 如果算法 4.1.3 产生的迭代点列 $\{x_k\} \subset N(x^*)$ 且收敛到 (1.1.1) 的解集, 则算法 5.3.1 产生的迭代点列 $\{x_k\}$ 满足

$$\|\bar{x}_{k+1} - x_{k+1}\| \leqslant O(\|\bar{x}_k - x_k\|^{\delta+2\delta^2}). \tag{5.3.46}$$

证明 由 (4.1.9), $\frac{1}{2} < \delta < 1$ 和引理 5.3.1 可知

$$\|\bar{x}_k - x_k\| \leqslant \hat{\mu}\kappa_{\text{leb}}^\delta \|\bar{x}_k - x_k\|^\delta \leqslant \mu_k \|F_k\|^\delta = \Delta_k \leqslant \mu_{\max}\kappa_{\text{lf}}^\delta \|\bar{x}_k - x_k\|^\delta, \tag{5.3.47}$$

$$\|\bar{y}_k - y_k\| \leqslant \hat{\mu}\kappa_{\text{leb}}^\delta \|\bar{y}_k - y_k\|^\delta \leqslant \mu_k \|F(y_k)\|^\delta = \Delta_k \leqslant \mu_{\max}\kappa_{\text{lf}}^\delta \|\bar{y}_k - y_k\|^\delta. \tag{5.3.48}$$

故 $\bar{x}_k - x_k, \bar{y}_k - y_k$ 分别是 (5.3.1) 和 (5.3.2) 的可行点. 由 (4.1.7), (4.1.8) 和 (5.3.47) 可知

$$\begin{aligned}
\kappa_{\text{leb}}\|\bar{y}_k - y_k\| \leqslant \|F(y_k)\| &\leqslant \|F_k + J_k d_k\| + \kappa_{\text{lj}}\|d_k\|^2 \\
&\leqslant \|F_k + J_k(\bar{x}_k - x_k)\| + \kappa_{\text{lj}}\Delta_k^2 \\
&\leqslant \kappa_{\text{lj}}\|\bar{x}_k - x_k\|^2 + \kappa_{\text{lj}}\kappa_{\text{lf}}^{2\delta}\mu_{\max}^2\|\bar{x}_k - x_k\|^{2\delta} \\
&= O(\|\bar{x}_k - x_k\|^{2\delta}). \tag{5.3.49}
\end{aligned}$$

5.3 改进信赖域方法

从而由 (5.3.36) 可得

$$\|\bar{d}_k\| \leqslant \bar{\Delta}_k = \mu_k \|F(y_k)\|^\delta \leqslant O(\|\bar{x}_k - x_k\|^{2\delta^2}). \tag{5.3.50}$$

因为 $\bar{y}_k - y_k$ 是 (5.3.2) 的可行点, 所以, 由 (4.1.6)–(4.1.8), (5.3.35), (5.3.49) 和 (5.3.50) 可知

$$\begin{aligned}
&\kappa_{\text{leb}} \|\bar{x}_{k+1} - x_{k+1}\| \\
&\leqslant \|F(x_k + d_k + \bar{d}_k)\| \\
&\leqslant \|F(y_k) + J(y_k)\bar{d}_k\| + O(\|\bar{d}_k\|^2) \\
&\leqslant \|F(y_k) + J_k\bar{d}_k\| + \|J(y_k) - J_k\|\|\bar{d}_k\| + O(\|\bar{d}_k\|^2) \\
&\leqslant \|F(y_k) + J_k(\bar{y}_k - y_k)\| + \|J(y_k) - J_k\|\|\bar{d}_k\| + O(\|\bar{d}_k\|^2) \\
&\leqslant \|F(y_k) + J(y_k)(\bar{y}_k - y_k)\| + \|J(y_k) - J_k\|\|\bar{y}_k - y_k\| \\
&\quad + \|J(y_k) - J_k\|\|\bar{d}_k\| + O(\|\bar{d}_k\|^2) \\
&\leqslant O(\|\bar{y}_k - y_k\|^2) + O(\|d_k\|\|\bar{y}_k - y_k\|) + O(\|d_k\|\|\bar{d}_k\|) + O(\|\bar{d}_k\|^2) \\
&\leqslant O(\|\bar{x}_k - x_k\|^{4\delta}) + O(\|\bar{x}_k - x_k\|^{3\delta}) \\
&\quad + O(\|\bar{x}_k - x_k\|^{\delta + 2\delta^2}) + O(\|\bar{x}_k - x_k\|^{4\delta^2}) \\
&\leqslant O(\|\bar{x}_k - x_k\|^{2\delta^2 + \delta}). \tag{5.3.51}
\end{aligned}$$

所以定理成立. □

定理 5.3.2 表明算法 5.3.1 至少超线性收敛到非线性方程组 (1.1.1) 的解集. 特别地, 如果 δ 靠近 1, 则算法 5.3.1 渐近三次收敛. 注意到算法 5.2.1 的收敛阶是 2δ. 对任意 $\frac{1}{2} < \delta < 1$,

$$2\delta^2 + \delta - 2\delta = \delta(2\delta - 1) > 0. \tag{5.3.52}$$

所以, 算法 5.3.1 的收敛阶比算法 5.2.1 的收敛阶高.

第 6 章 约束非线性方程组

本章讨论约束非线性方程组的约束 Levenberg-Marquardt 方法、投影 Levenberg-Marquardt 方法和投影信赖域方法, 以及它们在局部误差界条件下的收敛性质.

6.1 约束 Levenberg-Marquardt 方法

化学和经济领域中的许多问题都可转化为约束非线性方程组问题[54,63,167,168,235]. 许多专家学者研究了约束非线性方程组的信赖域法、内点法、积极集投影法等方法 [9, 10, 128, 129, 137, 169, 221, 226, 229], 并讨论了这些方法在 Jacobi 矩阵非奇异条件下的收敛性质. 但实际应用中, 有些问题是奇异的. 比如, 电力系统中的一些约束潮流方程是奇异的.

考虑约束非线性方程组

$$F(x) = 0, \quad x \in X, \tag{6.1.1}$$

其中 $F: \mathbb{R}^n \to \mathbb{R}^m$ 连续可微, $X \subset \mathbb{R}^n$ 为非空闭凸集. 假设 (6.1.1) 的解集 X^* 非空. 通常可将 (6.1.1) 转化为约束非线性最小二乘问题

$$\min \frac{1}{2}\|F(x)\|^2 \tag{6.1.2a}$$

$$\text{s.t. } x \in X, \tag{6.1.2b}$$

则 x^* 是 (6.1.1) 的解, 当且仅当 x^* 是 (6.1.2) 的极小点.

考虑正则化子问题

$$\min \frac{1}{2}\|F_k + J_k d\|^2 + \frac{1}{2}\lambda_k \|d\|^2 \tag{6.1.3a}$$

$$\text{s.t. } x_k + d \in X, \tag{6.1.3b}$$

其中

$$\lambda_k = \mu \|F_k\|, \tag{6.1.4}$$

这里 μ 为某一正常数.

6.1 约束 Levenberg-Marquardt 方法

设 d_k 是 (6.1.3) 的解. 下面讨论约束 Levenberg-Marquardt 方法

$$x_{k+1} = x_k + d_k \tag{6.1.5}$$

的收敛速度.

假设 6.1.1 (i) $F(x): \mathbb{R}^n \to \mathbb{R}^m$ 连续可微, Jacobi 矩阵 $J(x)$ 在 $x^* \in X^*$ 的某个邻域内 Lipschitz 连续, 即存在常数 $\kappa_{lj} > 0$ 和 $0 < r < 1$, 使得

$$\|J(y) - J(x)\| \leqslant \kappa_{lj} \|y - x\|, \quad \forall x, y \in N(x^*, r) \cap X. \tag{6.1.6}$$

(ii) $F(x)$ 在 $N(x^*, r)$ 上具有局部误差界, 即存在常数 $\kappa_{leb} > 0$, 使得

$$\|F(x)\| \geqslant \kappa_{leb} \, \mathrm{dist}(x, X^*), \quad \forall x \in N(x^*, r) \cap X. \tag{6.1.7}$$

由 (6.1.6) 可知

$$\|F(y) - F(x) - J(x)(y-x)\| \leqslant \kappa_{lj} \|y - x\|^2, \quad \forall x, y \in N(x^*, r) \cap X, \tag{6.1.8}$$

且存在常数 $\kappa_{lf} > 0$, 使得

$$\|F(y) - F(x)\| \leqslant \kappa_{lf} \|y - x\|, \quad \forall x, y \in N(x^*, r) \cap X. \tag{6.1.9}$$

因为 $\bar{x}_k - x_k$ 总是 (6.1.3) 的可行点, 类似引理 4.1.1 和引理 4.1.2, 有

引理 6.1.1 设 $F: \mathbb{R}^n \to \mathbb{R}^m$ 满足假设 6.1.1. 如果 $x_k \in N(x^*, r) \cap X$, 则存在常数 $c_1 > 0$, 使得

$$\|d_k\| \leqslant c_1 \|\bar{x}_k - x_k\|. \tag{6.1.10}$$

引理 6.1.2 设 $F: \mathbb{R}^n \to \mathbb{R}^m$ 满足假设 6.1.1. 如果 $x_k, x_k + d_k \in N(x^*, r) \cap X$, 则存在常数 $c_2 > 0$, 使得

$$\|\bar{x}_{k+1} - x_{k+1}\| \leqslant c_2 \|\bar{x}_k - x_k\|^{\frac{3}{2}}. \tag{6.1.11}$$

引理 6.1.2 表明 $\{x_k\}$ 收敛到约束非线性方程组 (6.1.1) 的解集 X^*, 且收敛阶为 $\frac{3}{2}$. 进一步, 有

定理 6.1.1 设 $F: \mathbb{R}^n \to \mathbb{R}^m$ 满足假设 6.1.1, 则存在 $\epsilon > 0$, 使得对任意 $x_1 \in N(x^*, \epsilon)$, 约束 Levenberg-Marquardt 方法 (6.1.5) 产生的迭代点列 $\{x_k\}$ 超线性收敛到 (6.1.1) 的某个解, 且收敛阶为 $\frac{3}{2}$.

下面给出线搜索约束 Levenberg-Marquardt 方法 [72]. 当约束 Levenberg-Marquardt 方向不能使得价值函数值充分下降时, 考虑投影负梯度方向作为搜索方向.

算法 6.1.1 (线搜索约束 Levenberg-Marquardt 方法)

步 1 给出 $x_1 \in X, \mu > 0, 0 < \beta, \sigma, \gamma < 1; k := 1$.

步 2 如果 $\|F_k\| = 0$, 则停; 计算 $\lambda_k = \mu\|F_k\|$; 求解 (6.1.3) 得到 d_k.

步 3 如果
$$\|F(x_k + d_k)\| \leqslant \gamma\|F_k\|, \tag{6.1.12}$$
令 $x_{k+1} = x_k + d_k, k := k+1$, 转步 2.

步 4 计算 $\alpha_k = \max\{\beta^l \mid l = 0, 1, 2, \cdots\}$ 使得
$$\|F(x_k(\alpha_k))\|^2 \leqslant \|F_k\|^2 + \sigma F_k^{\mathsf{T}} J_k(x_k(\alpha_k) - x_k), \tag{6.1.13}$$
其中 $x_k(\alpha) := P_X(x_k - \alpha J_k^{\mathsf{T}} F_k)$; 令 $x_{k+1} = x_k(\alpha_k), k := k+1$, 转步 2.

定理 6.1.2 设 $F : \mathbb{R}^n \to \mathbb{R}^m$ 连续可微, $F(x)$ 和 $J(x)$ 都 Lipschitz 连续, 则算法 6.1.1 产生的迭代点列 $\{x_k\}$ 满足
$$\lim_{k \to \infty} \|J_k^{\mathsf{T}} F_k\| = 0. \tag{6.1.14}$$
如果 $\{x_k\} \subset N(x^*)$ 收敛到 (6.1.1) 的解集, $F(x)$ 在 $N(x^*)$ 内具有局部误差界, 则 $\{x_k\}$ 超线性收敛到 (6.1.1) 的某个解, 且收敛阶为 $\dfrac{3}{2}$.

定理 6.1.2 的证明与定理 4.1.3 的证明类似, 故略.

如果在 (6.1.4) 中选取
$$\lambda_k = \mu\|F_k\|^\delta, \quad \delta \in (0, 2], \tag{6.1.15}$$
则在假设 6.1.1 下, 有
$$\|d_{k+1}\| \leqslant O(\|d_k\|^{1+\frac{\delta}{2}}), \tag{6.1.16}$$
即 $\{x_k\}$ 超线性收敛到 (6.1.1) 的某个解 x^*, 且收敛阶为 $1 + \dfrac{\delta}{2}$. 当 $X = \mathbb{R}^n$ 时, 约束非线性方程组 (6.1.1) 退化为无约束非线性方程组. 由 4.1 节的结果可知, 对任意 $\delta \in (0, 2]$, 无约束 Levenberg-Marquardt 方法的收敛阶为 $\min\{1+\delta, 2\}$, 这要优于 $1 + \dfrac{\delta}{2}$. 事实上, 如果 x^* 是可行域 X 的一个内点, 则约束 Levenberg-Marquardt 方法的收敛速度也为 $\min\{1+\delta, 2\}$.

6.2 投影 Levenberg-Marquardt 方法

本节讨论投影 Levenberg-Marquardt 方法. 在点 $x_k \in X$ 处, 首先计算无约束 Levenberg-Marquardt 步
$$d_k^{\mathrm{U}} = -(J_k^{\mathsf{T}} J_k + \lambda_k I)^{-1} J_k^{\mathsf{T}} F_k, \tag{6.2.1}$$

其中
$$\lambda_k = \mu \|F_k\|, \tag{6.2.2}$$
$\mu > 0$ 为常数; 然后将 $x_k + d_k^{\mathrm{U}}$ 投影到可行域 X, 得到下一个迭代点
$$x_{k+1} = P_X(x_k + d_k^{\mathrm{U}}). \tag{6.2.3}$$
此时试探步为
$$d_k = P_X(x_k + d_k^{\mathrm{U}}) - x_k. \tag{6.2.4}$$

假设 6.2.1 (i) $F(x): \mathbb{R}^n \to \mathbb{R}^m$ 连续可微, $J(x)$ 在 $x^* \in X^*$ 的某个邻域内 Lipschitz 连续, 即存在常数 $\kappa_{\mathrm{lj}} > 0$ 和 $0 < r < 1$, 使得
$$\|J(y) - J(x)\| \leqslant \kappa_{\mathrm{lj}} \|y - x\|, \quad \forall x, y \in N(x^*, r). \tag{6.2.5}$$

(ii) $F(x)$ 在 $N(x^*, r)$ 上具有局部误差界, 即存在常数 $\kappa_{\mathrm{leb}} > 0$, 使得
$$\|F(x)\| \geqslant \kappa_{\mathrm{leb}} \,\mathrm{dist}(x, X^*), \quad \forall x \in N(x^*, r). \tag{6.2.6}$$

由 (6.2.5) 可知
$$\|F(y) - F(x) - J(x)(y - x)\| \leqslant \kappa_{\mathrm{lj}} \|y - x\|^2, \quad \forall x, y \in N(x^*, r), \tag{6.2.7}$$
且存在常数 $\kappa_{\mathrm{lf}} > 0$, 使得
$$\|F(y) - F(x)\| \leqslant \kappa_{\mathrm{lf}} \|y - x\|, \quad \forall x, y \in N(x^*, r). \tag{6.2.8}$$

引理 6.2.1 设 $F: \mathbb{R}^n \to \mathbb{R}^m$ 满足假设 6.2.1. 如果 $x_k \in N(x^*, r)$, 则存在常数 $c_1 > 0$, 使得
$$\|d_k\| \leqslant c_1 \|\bar{x}_k - x_k\|. \tag{6.2.9}$$

证明 由 (6.2.6) 和 (6.2.8) 可知
$$\mu \kappa_{\mathrm{leb}} \|\bar{x}_k - x_k\| \leqslant \lambda_k = \mu \|F_k\| \leqslant \mu \kappa_{\mathrm{lf}} \|\bar{x}_k - x_k\|. \tag{6.2.10}$$

由投影的定义可得
$$\|d_k\| = \|P_X(x_k + d_k^{\mathrm{U}}) - x_k\| = \|P_X(x_k + d_k^{\mathrm{U}}) - P_X(x_k)\| \leqslant \|d_k^{\mathrm{U}}\|. \tag{6.2.11}$$

注意到 d_k^U 是无约束优化问题 $\min_{d\in\mathbb{R}^n}\|F_k+J_kd\|^2+\lambda_k\|d\|^2$ 的极小点, 故由 (6.2.7)-(6.2.10) 可得

$$\begin{aligned}\|d_k^U\|^2 &\leqslant \frac{\|F_k+J_k(\bar{x}_k-x_k)\|^2}{\lambda_k}+\|\bar{x}_k-x_k\|^2\\ &\leqslant \frac{\kappa_{1j}^2\|\bar{x}_k-x_k\|^4}{\mu\kappa_{\text{leb}}\|\bar{x}_k-x_k\|}+\|\bar{x}_k-x_k\|^2\\ &=\mu^{-1}\kappa_{\text{leb}}^{-1}\kappa_{1j}^2\|\bar{x}_k-x_k\|^3+\|\bar{x}_k-x_k\|^2.\end{aligned} \quad (6.2.12)$$

令 $c_1=\sqrt{\mu^{-1}\kappa_{\text{leb}}^{-1}\kappa_{1j}^2+1}$. 由 (6.2.11) 即可得 (6.2.9). □

引理 6.2.2 设 $F:\mathbb{R}^n\to\mathbb{R}^m$ 满足假设 6.2.1. 如果 $x_k, x_k+d_k^U\in N(x^*,r)$, 则存在常数 $c_2>0$, 使得

$$\|\bar{x}_{k+1}-x_{k+1}\|\leqslant c_2\|\bar{x}_k-x_k\|^{\frac{3}{2}}. \quad (6.2.13)$$

证明 因为 d_k^U 为 $\min_{d\in\mathbb{R}^n}\|F_k+J_kd\|^2+\lambda_k\|d\|^2$ 的极小点, 所以由 (6.2.10) 可知

$$\begin{aligned}\|F_k+J_kd_k^U\|^2 &\leqslant \|F_k+J_k(\bar{x}_k-x_k)\|^2+\lambda_k\|\bar{x}_k-x_k\|^2\\ &\leqslant \kappa_{1j}^2\|\bar{x}_k-x_k\|^4+\mu\kappa_{1f}\|\bar{x}_k-x_k\|^3\\ &\leqslant (\kappa_{1j}^2+\mu\kappa_{1f})\|\bar{x}_k-x_k\|^3.\end{aligned} \quad (6.2.14)$$

从而由 (6.2.6) 和 (6.2.7) 可得

$$\begin{aligned}\kappa_{\text{leb}}\text{dist}(x_{k+1},X^*) &=\kappa_{\text{leb}}\text{dist}(P_X(x_k+d_k^U),X^*)\\ &=\kappa_{\text{leb}}\inf_{\bar{x}\in X^*}\|P_X(x_k+d_k^U)-\bar{x}\|\\ &\leqslant \kappa_{\text{leb}}\inf_{\bar{x}\in X^*}\|x_k+d_k^U-\bar{x}\|\\ &=\kappa_{\text{leb}}\text{dist}(x_k+d_k^U,X^*)\\ &\leqslant \|F(x_k+d_k^U)\|\\ &\leqslant \|F_k+J_kd_k^U\|+\kappa_{1j}\|d_k^U\|^2\\ &\leqslant \sqrt{\kappa_{1j}^2+\mu\kappa_{1f}}\|\bar{x}_k-x_k\|^{\frac{3}{2}}+\kappa_{1j}c_1^2\|\bar{x}_k-x_k\|^2\\ &\leqslant (\sqrt{\kappa_{1j}^2+\mu\kappa_{1f}}+\kappa_{1j}c_1^2)\|\bar{x}_k-x_k\|^{\frac{3}{2}}.\end{aligned} \quad (6.2.15)$$

因此引理成立. □

类似定理 6.1.1, 有如下的结果.

定理 6.2.1 设 $F:\mathbb{R}^n\to\mathbb{R}^m$ 满足假设 6.2.1, 则存在 $\epsilon>0$, 使得对任意 $x_1\in N(x^*,\epsilon)$, 投影 Levenberg-Marquardt 方法 (6.2.3) 产生的迭代点列 $\{x_k\}$ 超线性收敛到 (6.1.1) 的某个解, 且收敛阶为 $\frac{3}{2}$.

下面给出线搜索投影 Levenberg-Marquardt 方法 [72].

算法 6.2.1 (线搜索投影 Levenberg-Marquardt 方法)

步 1 给出 $x_1 \in X, \mu > 0, 0 < \beta, \sigma, \gamma < 1; k := 1$.

步 2 如果 $\|F_k\| = 0$, 则停; 计算 $\lambda_k = \mu\|F_k\|$, 由 (6.2.1) 计算 d_k^{U}.

步 3 如果

$$\|F(P_X(x_k + d_k^{\mathrm{U}}))\| \leqslant \gamma\|F_k\|, \tag{6.2.16}$$

令 $x_{k+1} = P_X(x_k + d_k^{\mathrm{U}}), k := k+1$, 转步 2.

步 4 计算 $\alpha_k = \max\{\beta^l \mid l = 0, 1, 2, \cdots\}$ 使得

$$\|F(x_k(\alpha_k))\|^2 \leqslant \|F_k\|^2 + \sigma F_k^{\mathsf{T}} J_k(x_k(\alpha_k) - x_k), \tag{6.2.17}$$

其中 $x_k(\alpha) := P_X(x_k - \alpha J_k^{\mathsf{T}} F_k)$; 令 $x_{k+1} = x_k(\alpha_k), k := k+1$, 转步 2.

算法 6.2.1 产生的迭代点列 $\{x_k\}$ 的所有聚点都是 (6.1.1) 的稳定点, 且与算法 6.1.1 具有相同的收敛速度.

如果选取 $\lambda_k = \mu\|F_k\|^\delta$, 其中 $\delta \in (0, 2]$, 则在假设 6.2.1 下, 投影 Levenberg-Marquardt 方法与约束 Levenberg-Marquardt 方法具有相同的收敛速度, 即 $\{x_k\}$ 超线性收敛到 (6.1.1) 的某个解, 且收敛阶为 $1 + \dfrac{\delta}{2}$.

6.3 投影信赖域方法

Tong 和 Qi [221] 给出了求解 (6.1.1) 的投影信赖域算法. 在 $x_k \in X$ 处, 求解正则化信赖域子问题

$$\min \frac{1}{2}\|F_k + J_k d\|^2 + \frac{1}{2}\lambda_k\|d\|^2 \tag{6.3.1a}$$

$$\text{s.t. } \|d\| \leqslant \Delta_k, \tag{6.3.1b}$$

其中 $\lambda_k = \mu\|F_k\|$, $\mu > 0$ 为常数. 设 d_k^{tr} 是 (6.3.1) 的解. 计算 d_k^{tr} 在 X 上的投影

$$\bar{d}_k^{\mathrm{tr}} = P_X(x_k + d_k^{\mathrm{tr}}) - x_k. \tag{6.3.2}$$

计算梯度方向

$$d_k^{\mathrm{G}} = -\frac{\Delta_k}{\Delta_{\max}}\gamma_k \nabla \phi_k, \tag{6.3.3}$$

其中 $\phi(x) = \dfrac{1}{2}\|F(x)\|^2$ 为价值函数, $\Delta_{\max} > 0$ 是最大信赖域半径,

$$\gamma_k = \min\left\{1, \frac{\Delta_{\max}}{\|\nabla \phi_k\|}, \frac{\eta\phi(x^k)}{\|\nabla \phi_k\|^2}\right\}, \tag{6.3.4}$$

$\eta \in (0, 1)$ 为常数. 计算 d_k^{G} 在 X 上的投影

$$\bar{d}_k^{\mathrm{G}} = P_X(x_k + d_k^{\mathrm{G}}) - x_k. \tag{6.3.5}$$

投影梯度方向 $\bar{d}_k^{\mathrm{G}}$ 是可行下降方向.

考虑投影梯度方向 $\bar{d}_k^{\mathrm{G}}$ 和投影信赖域方向 $\bar{d}_k^{\mathrm{tr}}$ 的最优凸组合

$$d_k = t_k \bar{d}_k^{\mathrm{G}} + (1 - t_k) \bar{d}_k^{\mathrm{tr}} \tag{6.3.6}$$

作为试探步, 这里 $t_k \in (0, 1)$ 是一维优化问题

$$\min_{t \in [0,1]} \|F_k + J_k(t\bar{d}_k^{\mathrm{G}} + (1-t)\bar{d}_k^{\mathrm{tr}})\|^2 \tag{6.3.7}$$

的最优解. 计算可得

$$t_k = \max\{0, \min\{1, \bar{t}_k\}\}, \tag{6.3.8}$$

其中

$$\bar{t}_k = \begin{cases} \dfrac{-(F_k + J_k \bar{d}_k^{\mathrm{tr}})^{\mathsf{T}} J_k(\bar{d}_k^{\mathrm{G}} - \bar{d}_k^{\mathrm{tr}})}{\|J_k(\bar{d}_k^{\mathrm{G}} - \bar{d}_k^{\mathrm{tr}})\|^2}, & \text{如果 } J_k(\bar{d}_k^{\mathrm{G}} - \bar{d}_k^{\mathrm{tr}}) \neq 0, \\ (-\infty, +\infty) \text{中任意数}, & \text{其他}. \end{cases} \tag{6.3.9}$$

计算价值函数实际下降量和预估下降量的比值 $r_k = \dfrac{\|F_k\|^2 - \|F(x_k + d_k)\|^2}{\|F_k\|^2 - \|F_k + J_k d_k\|^2}$. 如果下面的不等式

$$\phi_k - \frac{1}{2}\|F_k + J_k d_k\|^2 \geqslant -\sigma \nabla \phi_k^{\mathsf{T}} \bar{d}_k^{\mathrm{G}}, \tag{6.3.10}$$

$$r_k \geqslant p_1 \tag{6.3.11}$$

成立, 则接受 d_k, 并计算

$$\Delta_{k+1} = \begin{cases} \Delta_k, & \text{如果 } p_1 \leqslant r_k < p_2, \\ \min\{a_1 \Delta_k, \Delta_{\max}\}, & \text{如果 } r_k \geqslant p_2; \end{cases} \tag{6.3.12}$$

否则, 拒绝 d_k, 并计算

$$\Delta_{k+1} = \max\{a_2 \Delta_k, \Delta_{\min}\}. \tag{6.3.13}$$

这里 $a_1 > 1 > a_2 > 0, 0 < p_1 < p_2 < 1, 0 < \sigma < 1, \Delta_{\min} > 0$ 为常数.

上述投影信赖域方法全局收敛, 并在假设 6.2.1 下, 具有二次收敛速度[221].

第 7 章 非线性最小二乘问题

非线性最小二乘问题大量出现在工程技术和科学实验之中,它在拟合数据、参数估计、函数逼近等方面有着广泛的应用. 本章介绍求解非线性最小二乘问题最基本的高斯–牛顿法、Levenberg-Marquardt 方法、结构型拟牛顿法及其收敛性质.

7.1 高斯–牛顿法

非线性最小二乘问题的一般形式为

$$\min_{x\in\mathbb{R}^n} f(x) = \frac{1}{2}\|F(x)\|^2 = \frac{1}{2}\sum_{i=1}^{m}(F_i(x))^2, \quad m \geqslant n, \tag{7.1.1}$$

其中 $F:\mathbb{R}^n \to \mathbb{R}^m$ 是 x 的非线性函数. 如果 $F(x)$ 是线性函数, 则 (7.1.1) 是线性最小二乘问题.

非线性最小二乘问题可以看成一个无约束优化问题, 因此可以运用无约束优化的方法进行求解. 非线性最小二乘问题也可以看成是非线性方程组

$$F_i(x) = 0, \quad i = 1, \cdots, m, \tag{7.1.2}$$

$F_i(x)$ 称为残量函数. 当 $m > n$ 时, (7.1.2) 称为超定方程组; 当 $m = n$ 时, (7.1.2) 称为确定方程组. 由于其目标函数的特殊形式, 可以对一般的无约束优化方法进行改造, 得到一些更有效的特殊方法.

设 $J(x)$ 是 $F(x)$ 的 Jacobi 矩阵, 则 $f(x)$ 的梯度为

$$g(x) = \sum_{i=1}^{m} F_i(x)\nabla F_i(x) = J(x)^\mathsf{T} F(x), \tag{7.1.3}$$

$f(x)$ 的 Hessian 矩阵为

$$\begin{aligned} H(x) &= \sum_{i=1}^{m}(\nabla F_i(x)\nabla F_i(x)^\mathsf{T} + F_i(x)\nabla^2 F_i(x)) \\ &= J(x)^\mathsf{T} J(x) + S(x), \end{aligned} \tag{7.1.4}$$

其中

$$S(x) = \sum_{i=1}^{m} F_i(x)\nabla^2 F_i(x). \tag{7.1.5}$$

因此, $f(x)$ 在点 x_k 处的二次近似模型为

$$m_k(x) = f_k + g_k^\mathrm{T}(x - x_k) + \frac{1}{2}(x - x_k)^\mathrm{T} H_k(x - x_k)$$

$$= \frac{1}{2} F_k^\mathrm{T} F_k + (J_k^\mathrm{T} F_k)^\mathrm{T}(x - x_k) + \frac{1}{2}(x - x_k)^\mathrm{T}(J_k^\mathrm{T} J_k + S_k)(x - x_k), \quad (7.1.6)$$

这里 f_k, g_k, H_k, S_k 分别为 $f(x), g(x), H(x), S(x)$ 在 x_k 处的值. 从而, 求解 (7.1.1) 的牛顿法为

$$x_{k+1} = x_k - (J_k^\mathrm{T} J_k + S_k)^{-1} J_k^\mathrm{T} F_k. \quad (7.1.7)$$

由无约束优化的理论可知, 在标准假设下, 迭代 (7.1.7) 具有二次收敛速度. 但是, 上述牛顿法的主要问题是 Hessian 矩阵 $H(x)$ 中的二阶信息项 $S(x)$ 通常难以计算或者计算量很大, 而直接利用 $H(x)$ 的割线近似也不可取, 因为在计算梯度 $g(x)$ 时已经得到了 Jacobi 矩阵 $J(x)$. 因此为了简化计算, 得到更有效的算法, 常常忽略 $S(x)$, 或者用一阶导数信息逼近 $S(x)$. 由 (7.1.5) 可知, 当 $F_i(x)$ 接近零或者 $F_i(x)$ 接近线性函数时, $\nabla^2 F_i(x)$ 接近零, 从而 $S(x)$ 可以忽略.

如果在牛顿迭代公式 (7.1.7) 中忽略二阶信息项 $S(x)$, 则可得到高斯–牛顿迭代公式

$$x_{k+1} = x_k - (J_k^\mathrm{T} J_k)^{-1} J_k^\mathrm{T} F_k. \quad (7.1.8)$$

它相当于极小化 $F(x)$ 在点 x_k 处的线性模型

$$\min_{x \in \mathbb{R}^n} \frac{1}{2} \| F_k + J_k(x - x_k) \|^2. \quad (7.1.9)$$

高斯–牛顿法 (7.1.8) 是求解非线性最小二乘问题的最基本方法. 下面给出高斯–牛顿法的两个收敛性定理 [286].

定理 7.1.1 设 $f(x)$ 在开凸集 $D \subset \mathbb{R}^n$ 上二次连续可微, x^* 为非线性最小二乘问题 (7.1.1) 的局部极小点, $J(x^*)^\mathrm{T} J(x^*)$ 正定. 设高斯–牛顿法 (7.1.8) 产生的迭代点列 $\{x_k\}$ 收敛到 x^*, 则当 $H(x)$ 与 $(J(x)^\mathrm{T} J(x))^{-1}$ 在 x^* 的某邻域内 Lipschitz 连续时, 有

$$\| x_{k+1} - x^* \| \leqslant \|(J(x^*)^\mathrm{T} J(x^*))^{-1}\| \cdot \|S(x^*)\| \cdot \|x_k - x^*\| + O(\|x_k - x^*\|^2). \quad (7.1.10)$$

证明 因为 $H(x)$ Lipschitz 连续, 所以 $J(x)^\mathrm{T} J(x)$ 与 $S(x)$ 也 Lipschitz 连续. 故存在 $\alpha, \beta, \gamma > 0$, 使得对于 x^* 邻域内的任意两点 x, y, 有

$$\| J(x)^\mathrm{T} J(x) - J(y)^\mathrm{T} J(y) \| \leqslant \alpha \|x - y\|, \quad (7.1.11)$$

$$\| S(x) - S(y) \| \leqslant \beta \|x - y\|, \quad (7.1.12)$$

$$\| (J(x)^\mathrm{T} J(x))^{-1} - (J(y)^\mathrm{T} J(y))^{-1} \| \leqslant \gamma \|x - y\|. \quad (7.1.13)$$

7.1 高斯–牛顿法

由 Taylor 展开,

$$g_i(x_k + s) = g_i(x_k) + \sum_{j=1}^{n} H_{ij}(x_k + \theta_i s)s_j, \quad \theta_i \in (0,1). \tag{7.1.14}$$

于是,

$$g_i(x_k + s) - g_i(x_k) - \sum_{j=1}^{n} H_{ij}(x_k)s_j = \sum_{j=1}^{n} (H_{ij}(x_k + \theta_i s) - H_{ij}(x_k))s_j. \tag{7.1.15}$$

由于 $H(x)$ Lipschitz 连续, 故对任何 i, j, 有

$$|H_{ij}(x) - H_{ij}(y)| \leqslant \alpha \|x - y\|, \tag{7.1.16}$$

从而

$$\left| g_i(x_k + s) - g_i(x_k) - \sum_{j=1}^{n} H_{ij}(x_k)s_j \right| \leqslant \alpha n \|s\|^2. \tag{7.1.17}$$

因此有

$$g(x_k + s) = g_k + H_k s + O(\|s\|^2). \tag{7.1.18}$$

设 $h_k = x_k - x^*$, 则

$$0 = g(x^*) = g_k - H_k h_k + O(\|h_k\|^2). \tag{7.1.19}$$

将 (7.1.3) 和 (7.1.4) 代入上式, 得

$$J_k^\mathsf{T} F_k - (J_k^\mathsf{T} J_k + S_k)h_k + O(\|h_k\|^2) = 0. \tag{7.1.20}$$

设 x_k 在 x^* 的邻域内, 由 $J(x^*)^\mathsf{T} J(x^*)$ 正定, 则对于充分大的 k, $J_k^\mathsf{T} J_k$ 正定, 当 x_k 充分靠近 x^* 时, $(J_k^\mathsf{T} J_k)^{-1}$ 上有界, 且有

$$\|(J_k^\mathsf{T} J_k)^{-1}\| \leqslant 2\|(J(x^*)^\mathsf{T} J(x^*))^{-1}\|. \tag{7.1.21}$$

于是, 用 $(J_k^\mathsf{T} J_k)^{-1}$ 左乘 (7.1.20) 的两边, 由 (7.1.8) 可得

$$x^* - x_{k+1} - (J_k^\mathsf{T} J_k)^{-1} S_k h_k + O(\|h_k\|^2) = 0. \tag{7.1.22}$$

从而

$$\|x_{k+1} - x^*\| \leqslant \|(J_k^\mathsf{T} J_k)^{-1} S_k\| \|x_k - x^*\| + O(\|x_k - x^*\|^2). \tag{7.1.23}$$

利用 (7.1.11) 和 (7.1.21), 可得

$$\begin{aligned}
&\|(J_k^\mathsf{T} J_k)^{-1} S_k - (J(x^*)^\mathsf{T} J(x^*))^{-1} S(x^*)\| \\
&\leqslant \|(J_k^\mathsf{T} J_k)^{-1} S_k - (J_k^\mathsf{T} J_k)^{-1} S(x^*)\| \\
&\quad + \|(J_k^\mathsf{T} J_k)^{-1} S(x^*) - (J(x^*)^\mathsf{T} J(x^*))^{-1} S(x^*)\| \\
&\leqslant \beta \|(J_k^\mathsf{T} J_k)^{-1}\| \|x_k - x^*\| + \gamma \|S(x^*)\| \|x_k - x^*\| \\
&\leqslant (2\beta \|(J(x^*)^\mathsf{T} J(x^*))^{-1}\| + \gamma \|S(x^*)\|) \|x_k - x^*\|.
\end{aligned} \qquad (7.1.24)$$

于是,

$$\begin{aligned}
&\|(J_k^\mathsf{T} J_k)^{-1} S_k\| \|x_k - x^*\| \\
&\leqslant \|(J(x^*)^\mathsf{T} J(x^*))^{-1} S(x^*)\| \|x_k - x^*\| + O(\|x_k - x^*\|^2).
\end{aligned} \qquad (7.1.25)$$

将 (7.1.25) 代入 (7.1.23), 即得 (7.1.10). □

上述定理表明, 如果 $S(x^*) = 0$, 则高斯-牛顿法二次收敛; 如果 $S(x^*)$ 相对于 $J(x^*)^\mathsf{T} J(x^*)$ 是小的, 则高斯-牛顿法线性收敛; 但是, 如果 $S(x^*)$ 很大, 高斯-牛顿法可能不收敛.

定理 7.1.2 设 $f(x)$ 在开凸集 $D \subset \mathbb{R}^n$ 上二次连续可微, 且存在常数 $\alpha, \lambda, \sigma, \gamma \geqslant 0$ 及 $x^* \in D$ 使得 $J(x^*)^\mathsf{T} F(x^*) = 0$, λ 是 $J(x^*)^\mathsf{T} J(x^*)$ 的最小特征值, 对任意 $x \in D$ 有 $\|J(x)\| \leqslant \alpha$,

$$\|J(x) - J(y)\| \leqslant \gamma \|x - y\|, \quad \forall x, y \in D, \qquad (7.1.26)$$

$$\|(J(x) - J(x^*))^\mathsf{T} F(x^*)\| \leqslant \sigma \|x - x^*\|, \quad \forall x \in D. \qquad (7.1.27)$$

如果 $\sigma < \lambda$, 则对任意 $c \in (1, \lambda/\sigma)$, 存在 $\epsilon > 0$ 使得对任意 $x_1 \in N(x^*, \epsilon)$, 由高斯-牛顿法 (7.1.8) 产生的迭代点列 $\{x_k\}$ 有定义, 并收敛到 x^*, 且满足

$$\|x_{k+1} - x^*\| \leqslant \frac{c\sigma}{\lambda} \|x_k - x^*\| + \frac{c\alpha\gamma}{2\lambda} \|x_k - x^*\|^2, \qquad (7.1.28)$$

及

$$\|x_{k+1} - x^*\| \leqslant \frac{c\sigma + \lambda}{2\lambda} \|x_k - x^*\| < \|x_k - x^*\|. \qquad (7.1.29)$$

证明 用数学归纳法证明. 由假设条件, 假定 $\lambda > \sigma \geqslant 0$, $c \in (1, \lambda/\sigma)$ 是一个常数. 由 $J(x^*)^\mathsf{T} J(x^*)$ 正定可知, 存在 $\epsilon_1 > 0$, 使得 $x_1 \in N(x^*, \epsilon_1)$, $J_1^\mathsf{T} J_1$ 非奇异, 且满足

$$\|(J_1^\mathsf{T} J_1)^{-1}\| \leqslant c/\lambda. \qquad (7.1.30)$$

设
$$\epsilon = \min\left\{\epsilon_1, \frac{\lambda - c\sigma}{c\alpha\gamma}\right\}. \tag{7.1.31}$$

于是, x_2 有定义, 且
$$\begin{aligned}
x_2 - x^* &= x_1 - x^* - (J_1^{\mathsf{T}} J_1)^{-1} J_1^{\mathsf{T}} F_1 \\
&= -(J_1^{\mathsf{T}} J_1)^{-1}(J_1^{\mathsf{T}} F_1 + J_1^{\mathsf{T}} J_1(x^* - x_1)) \\
&= -(J_1^{\mathsf{T}} J_1)^{-1}(J_1^{\mathsf{T}} F(x^*) - J_1^{\mathsf{T}}(F(x^*) - F_1 - J_1(x^* - x_1))).
\end{aligned} \tag{7.1.32}$$

由 (7.1.26),
$$\|F(x^*) - F_1 - J_1(x^* - x_1)\| \leqslant \frac{\gamma}{2}\|x_1 - x^*\|^2, \tag{7.1.33}$$

利用条件 $J(x^*)^{\mathsf{T}} F(x^*) = 0$ 和 (7.1.27), 有
$$\|J_1^{\mathsf{T}} F(x^*)\| = \|(J_1 - J(x^*))^{\mathsf{T}} F(x^*)\| \leqslant \sigma\|x_1 - x^*\|. \tag{7.1.34}$$

利用 (7.1.30), (7.1.33), (7.1.34) 和 $\|J_1\| \leqslant \alpha$, 从 (7.1.32) 可得
$$\begin{aligned}
\|x_2 - x^*\| &\leqslant \|(J_1^{\mathsf{T}} J_1)^{-1}\|(\|J_1^{\mathsf{T}} F(x^*)\| + \|J_1\|\|F(x^*) - F_1 - J_1(x^* - x_1)\|) \\
&\leqslant \frac{c}{\lambda}\left(\sigma\|x_1 - x^*\| + \frac{\alpha\gamma}{2}\|x_1 - x^*\|^2\right).
\end{aligned} \tag{7.1.35}$$

因此 (7.1.28) 在 $k = 1$ 时成立. 由 (7.1.31) 和 (7.1.35) 可知
$$\begin{aligned}
\|x_2 - x^*\| &\leqslant \|x_1 - x^*\|\left(\frac{c\sigma}{\lambda} + \frac{c\alpha\gamma}{2\lambda}\|x_1 - x^*\|\right) \\
&\leqslant \|x_1 - x^*\|\left(\frac{c\sigma}{\lambda} + \frac{\lambda - c\sigma}{2\lambda}\right) \\
&= \frac{c\sigma + \lambda}{2\lambda}\|x_1 - x^*\| < \|x_1 - x^*\|,
\end{aligned} \tag{7.1.36}$$

故 (7.1.29) 在 $k = 1$ 时成立. 利用归纳法, 对一般的 k 的证明与上面完全相同. 从而结论成立. □

推论 7.1.1 在定理 7.1.1 或定理 7.1.2 的假设条件下, 如果 $F(x^*) = 0$, 则存在 $\epsilon > 0$, 使得对任意 $x_1 \in N(x^*, \epsilon)$, 由高斯–牛顿法 (7.1.8) 产生的迭代点列 $\{x_k\}$ 二次收敛到 x^*.

证明 由定理 7.1.1, 如果 $F(x^*) = 0$, 则 $S(x^*) = 0$, 从而由 (7.1.10) 可得二次收敛速度. 同样的, 由定理 7.1.2, 如果 $F(x^*) = 0$, 则 (7.1.27) 中的 σ 可取为 0, 因而由 (7.1.29) 可知 $\{x_k\}$ 收敛到 x^*, 从而由 (7.1.28) 可得二次收敛速度. □

高斯–牛顿法的优点是对于零残量问题,它局部二阶收敛;对于小残量问题,它有较快的局部线性收敛速度;另外,高斯–牛顿法一步就可求得线性最小二乘问题的解. 高斯–牛顿法的缺点是对于大残量问题,它收敛很慢,甚至可能不收敛;特别,当 J_k 非列满秩时,高斯–牛顿法没有定义;另外,高斯–牛顿法不一定全局收敛.

如果 J_k 列满秩,则 $J_k^T J_k$ 正定. 故由

$$g_k^T d_k^{\text{GN}} = -(J_k^T F_k)^T (J_k^T J_k)^{-1} J_k^T F_k < 0 \tag{7.1.37}$$

可知高斯–牛顿方向 d_k^{GN} 是 f 在点 x_k 处的下降方向. 因此可利用线搜索或信赖域技巧来保证高斯–牛顿法全局收敛. 采用线搜索技巧的高斯–牛顿法为

$$x_{k+1} = x_k - \alpha_k (J_k^T J_k)^{-1} J_k^T F_k, \tag{7.1.38}$$

其中 $\alpha_k > 0$ 为步长. 适当选取 α_k 能保证目标函数值每一步都下降.

7.2 Moré 算法

高斯–牛顿法要求非线性最小二乘问题 (7.1.1) 在点 x_k 处的 Jacobi 矩阵 J_k 列满秩,否则高斯–牛顿法无定义. 另外当 J_k 坏条件时,高斯–牛顿步 d_k^{GN} 可能会很长,从而引起数值上的困难. Levenberg-Marquardt 方法每次迭代计算

$$x_{k+1} = x_k - (J_k^T J_k + \lambda_k I)^{-1} J_k^T F_k. \tag{7.2.1}$$

Levenberg-Marquardt 步是高斯–牛顿步的改进,参数 $\lambda_k \geqslant 0$ 的引进克服了 $J_k^T J_k$ 奇异或坏条件所带来的困难. 当 $\lambda_k \to 0$ 时,Levenberg-Marquardt 步 d_k 趋于高斯–牛顿步,而当 $\lambda_k \to \infty$ 时,d_k 趋于最速下降步. 因此 λ_k 不仅影响了试探步 d_k 的方向,而且影响了 d_k 的大小. 当 $\{x_k\}$ 靠近极小点 x^* 时,我们期望 Levenberg-Marquardt 方法有高斯–牛顿法的快速收敛性,当 $\{x_k\}$ 远离 x^* 时,我们期望 Levenberg-Marquardt 方法有最速下降法的强适性. 在第 4 章,我们已对 Levenberg-Marquardt 方法进行了详细的讨论. 本节我们再补充介绍一些关于 Levenberg-Marquardt 方法的结果.

下面给出 Levenberg-Marquardt 方法 (7.2.1) 的收敛性定理 [51].

定理 7.2.1 在定理 7.1.2 的假设条件下,又设 $\lambda_k > b > 0$. 如果 $\sigma < \lambda$,则对任意 $c \in \left(1, \dfrac{\lambda + b}{\sigma + b}\right)$,存在 $\epsilon > 0$,使得对任意 $x_1 \in N(x^*, \epsilon)$,由 Levenberg-Marquardt 方法 (7.2.1) 产生的迭代点列 $\{x_k\}$ 满足

$$\|x_{k+1} - x^*\| \leqslant \frac{c(\sigma + b)}{\lambda + b} \|x_k - x^*\| + \frac{c\alpha\gamma}{2(\lambda + b)} \|x_k - x^*\|^2 \tag{7.2.2}$$

7.2 Moré 算法

及
$$\|x_{k+1} - x^*\| \leqslant \frac{c(\sigma + b) + (\lambda + b)}{2(\lambda + b)} \|x_k - x^*\| < \|x_k - x^*\|. \tag{7.2.3}$$

如果 $F(x^*) = 0, \lambda_k = O(\|J_k^{\mathsf{T}} F_k\|)$, 则 $\{x_k\}$ 二次收敛到 x^*.

证明 类似于定理 7.1.2 和推论 7.1.1 的证明过程可得. □

Levenberg-Marquardt 方法有很多不同的实现形式, 可以利用 λ_k 直接控制迭代. 如第 4 章所述, 通常给定正常数 $0 < p_1 < p_2 < 1$, 如果目标函数的实际下降量与预估下降量的比值 r_k 小于 p_1, 则扩大 λ_k; 如果 r_k 大于 p_2, 则减小 λ_k. 也可以利用信赖域技巧来控制迭代, 其中最著名的 Moré 算法已经包含在 MINPACK 软件包中.

Moré 算法每次迭代求解子问题

$$\min_{d \in \mathbb{R}^n} \|F_k + J_k d\| \tag{7.2.4a}$$

$$\text{s.t. } \|D_k d\| \leqslant \Delta_k, \tag{7.2.4b}$$

其中 D_k 是调比矩阵. 设 d_k 是 (7.2.4) 的解. 则存在 $\lambda_k \geqslant 0$, 使得 $d_k = d(\lambda_k)$, 这里

$$d(\lambda_k) = -(J_k^{\mathsf{T}} J_k + \lambda_k D_k^{\mathsf{T}} D_k)^{-1} J_k^{\mathsf{T}} F_k. \tag{7.2.5}$$

如果 J_k 奇异, $\lambda_k = 0$, 则 (7.2.5) 由极限

$$D_k d(0) = \lim_{\mu \to 0+} D_k d(\mu) = -(J_k D_k^{-1})^+ F_k \tag{7.2.6}$$

来定义. 因此当 $\lambda_k = 0$ 且 $\|D_k d(0)\| \leqslant \Delta_k$ 时, $d(0)$ 是 (7.2.4) 的解; 当 $\lambda_k > 0$ 且 $\|D_k d(\lambda_k)\| = \Delta_k$ 时, $d(\lambda_k)$ 是 (7.2.4) 的唯一解.

设 J_k^- 是 J_k 的 $\{1,3\}$ 广义逆, 其满足 $J_k J_k^- J_k = J_k, J_k J_k^- = (J_k J_k^-)^{\mathsf{T}}$ (见文献 [280]). 下面给出 Moré 算法 [170].

算法 7.2.1 (Moré 算法)

步 1 设 $\sigma \in (0,1)$. 如果 $\|D_k J_k^- F_k\| \leqslant (1+\sigma)\Delta_k$, 令 $\lambda_k = 0, d_k = -J_k^- F_k$; 否则, 确定 $\lambda_k > 0$, 使得若

$$\begin{pmatrix} J_k \\ \lambda_k^{1/2} D_k \end{pmatrix} d_k \approx -\begin{pmatrix} F_k \\ 0 \end{pmatrix}, \tag{7.2.7}$$

则

$$(1-\sigma)\Delta_k \leqslant \|D_k d_k\| \leqslant (1+\sigma)\Delta_k. \tag{7.2.8}$$

步 2 计算 $r_k = \dfrac{\|F_k\|^2 - \|F(x_k+d_k)\|^2}{\|F_k\|^2 - \|F_k+J_kd_k\|^2}$; 令

$$x_{k+1} = \begin{cases} x_k, & \text{如果 } r_k \leqslant 0.0001, \\ x_k+d_k, & \text{其他}; \end{cases} \tag{7.2.9}$$

选取 Δ_{k+1} 满足

$$\Delta_{k+1} \begin{cases} \in \left[\dfrac{1}{10}\Delta_k, \dfrac{1}{2}\Delta_k\right], & \text{如果 } r_k \leqslant \dfrac{1}{4}, \\ = 2\|D_kd_k\|, & \text{如果} r_k \in \left(\dfrac{1}{4}, \dfrac{3}{4}\right) \text{且} \lambda_k=0, \text{或} r_k \geqslant \dfrac{3}{4}, \\ = \Delta_k, & \text{其他}. \end{cases} \tag{7.2.10}$$

步 3 令

$$D_{k+1} = \text{diag}(D_1^{(k+1)}, \cdots, D_n^{(k+1)}), \tag{7.2.11}$$

其中

$$D_i^{(0)} = \|\partial_i F(x_1)\|, \tag{7.2.12}$$

$$D_i^{(k+1)} = \max\{D_i^{(k)}, \|\partial_i F(x_{k+1})\|\}, \quad k \geqslant 0. \tag{7.2.13}$$

步 4 令 $k := k+1$, 转步 1.

上述算法中, D_k 是一个调比矩阵, 使 Levenberg-Marquardt 方法具有调比不变性, 即如果 D 是一个对角正定阵, 则对于以 x_1 为初始点的函数 $F(x)$ 和以 $\tilde{x}_1 = Dx_1$ 为初始点的函数 $\tilde{F}(x) = F(D^{-1}x)$, 算法 7.2.1 产生相同的迭代点列.

算法 7.2.1 有如下的收敛性质:

定理 7.2.2 设 $F: \mathbb{R}^n \to \mathbb{R}^m$ 连续可微, $\{x_k\}$ 是由算法 7.2.1 产生的迭代点列, 则

$$\liminf_{k \to +\infty} \|(J_kD_k^{-1})^\mathsf{T} F_k\| = 0. \tag{7.2.14}$$

如果 $\{J_k\}$ 有界, 则有

$$\liminf_{k \to +\infty} \|J_k^\mathsf{T} F_k\| = 0. \tag{7.2.15}$$

进一步, 如果 $J(x)$ 一致连续, 则有

$$\lim_{k \to +\infty} \|J_k^\mathsf{T} F_k\| = 0. \tag{7.2.16}$$

上述结果的证明可见文献 [170].

7.3 结构型拟牛顿法

由前面两节可知, 对于大残量问题 (即 $F(x^*)$ 很大) 或当 $F(x)$ 非线性程度很高时, 阻尼高斯–牛顿法和 Levenberg-Marquardt 方法可能收敛得很慢, 这主要是因为在这些方法中我们忽略了 Hessian 矩阵 $H(x)$ 中的二阶信息项 $S(x)$. 但是, 实际上, $S(x)$ 通常难以计算或计算量很大, 而利用整个 $H(x)$ 的割线近似亦不可取, 因此我们可采用 $S(x)$ 的割线近似.

将 S_k 用它的割线近似 A_k 代替, 则牛顿迭代变为

$$(J_k^\mathsf{T} J_k + A_k)d_k = -J_k^\mathsf{T} F_k. \tag{7.3.1}$$

Dennis [47] 根据拟牛顿条件, 要求 A_k 满足

$$A_{k+1}s_k = u_k, \quad u_k = y_k - J_{k+1}^\mathsf{T} J_{k+1} s_k, \tag{7.3.2}$$

其中

$$s_k = x_{k+1} - x_k, \quad y_k = J_{k+1}^\mathsf{T} F_{k+1} - J_k^\mathsf{T} F_k. \tag{7.3.3}$$

Biggs [5], Dennis, Gay 和 Welsch [48] 基于 Hessian 矩阵第二部分 (7.1.5) 的特殊结构, 要求 A_k 满足下述拟牛顿条件:

$$A_{k+1}s_k = v_k, \quad v_k = (J_{k+1} - J_k)^\mathsf{T} F_{k+1}. \tag{7.3.4}$$

上述两种方法称为结构型拟牛顿法. 由 (7.3.2) 和 (7.3.4), 可以导出 A_k 的几种拟牛顿校正公式:

(i) BD 校正公式

$$A_{k+1} = A_k + \frac{(u_k - A_k s_k)s_k^\mathsf{T} + s_k(u_k - A_k s_k)^\mathsf{T}}{s_k^\mathsf{T} s_k} \\ - \frac{(u_k - A_k s_k)^\mathsf{T} s_k}{(s_k^\mathsf{T} s_k)^2} s_k s_k^\mathsf{T}. \tag{7.3.5}$$

对于零残量问题或小残量问题, $S(x)$ 中 $F_i(x)$ 分量有时比二阶导数分量 $\nabla^2 F_i(x)$ 变化得快, 而 BD 校正公式并没有反映出这种变化. Biggs [5], Dennis, Gay 和 Welsch [48] 利用调比策略, 分别给出了如下的校正公式:

(ii) Biggs 校正公式

$$\begin{cases} A_{k+1} = \beta_k A_k + \dfrac{(v_k - \beta_k A_k s_k)(v_k - \beta_k A_k s_k)^\mathsf{T}}{(v_k - \beta_k A_k s_k)^\mathsf{T} s_k}, \\ \beta_k = \dfrac{F_{k+1}^\mathsf{T} F_{k+1}}{F_k^\mathsf{T} F_k}. \end{cases} \tag{7.3.6}$$

(iii) DGW 校正公式

$$\begin{cases} A_{k+1} = \beta_k A_k + \dfrac{(v_k - \beta_k A_k s_k)y_k^\mathsf{T} + y_k(v_k - \beta_k A_k s_k)^\mathsf{T}}{s_k^\mathsf{T} y_k} \\ \qquad\quad - \dfrac{s_k^\mathsf{T}(v_k - \beta_k A_k s_k)}{(s_k^\mathsf{T} y_k)^2} y_k y_k^\mathsf{T}, \\ \beta_k = \min\left\{\dfrac{s_k^\mathsf{T} v_k}{s_k^\mathsf{T} A_k s_k}, 1\right\}. \end{cases} \qquad (7.3.7)$$

Dennis, Gay 和 Welsch 利用 (7.3.7), 给出了基于信赖域的拟牛顿算法程序 NL2SOL, 对于大残量问题, NL2SOL 有较大的优越性; 对于小残量问题, NL2SOL 与 Moré 算法差不多, 但 Moré 算法更简单. 这两种算法是目前求解非线性最小二乘问题的最流行的算法.

选取适当的 A_k 的校正公式, 结构型拟牛顿法对零残量问题和非零残量问题局部超线性收敛 [49]. 当运用线搜索技巧时, 一般我们希望矩阵 $J_k^\mathsf{T} J_k + A_k$ 是正定的, 从而保证 s_k 是 f 在 x_k 处的下降方向. 但是, 大多数结构型拟牛顿法并不能保证 $J_k^\mathsf{T} J_k + A_k$ 正定. 为克服这种困难, Yabe 和 Takahashi [240] 提出了分解结构型拟牛顿法, 即每次迭代计算

$$B_k d_k = (J_k + L_k)^\mathsf{T}(J_k + L_k)d_k = -J_k^\mathsf{T} F_k, \qquad (7.3.8)$$

其中 $L_k \in \mathbb{R}^{m \times n}, L_k^\mathsf{T} L_k + J_k^\mathsf{T} L_k + L_k^\mathsf{T} J_k$ 是 S_k 的近似. 在适当条件下, 可保证 $(J_k + L_k)^\mathsf{T}(J_k + L_k)$ 是局部正定的. 由 (7.3.2)–(7.3.4) 可知, L_{k+1} 满足下述拟牛顿条件

$$(J_{k+1} + L_{k+1})^\mathsf{T}(J_{k+1} + L_{k+1})s_k = z_k, \qquad (7.3.9)$$

其中

$$z_k = y_k \quad \text{或} \quad z_k = v_k + J_{k+1}^\mathsf{T} J_{k+1} s_k. \qquad (7.3.10)$$

由此可导出 L_k 的最小改变割线校正公式为

$$L_{k+1} = L_k + \dfrac{(J_{k+1} + L_k)s_k}{s_k^\mathsf{T} B_k^\# s_k}\left(\left(\dfrac{s_k^\mathsf{T} B_k^\# s_k}{s_k^\mathsf{T} z_k}\right)^{\frac{1}{2}} z_k - B_k^\# s_k\right)^\mathsf{T}, \qquad (7.3.11)$$

其中

$$B_k^\# = (J_{k+1} + L_k)^\mathsf{T}(J_{k+1} + L_k). \qquad (7.3.12)$$

因此 B_k 的校正公式为

$$B_{k+1} = B_k^\# - \dfrac{B_k^\# s_k s_k^\mathsf{T} B_k^\#}{s_k^\mathsf{T} B_k^\# s_k} + \dfrac{z_k z_k^\mathsf{T}}{s_k^\mathsf{T} z_k}. \qquad (7.3.13)$$

7.3 结构型拟牛顿法

公式 (7.3.13) 与一般的 BFGS 校正公式相似, 不同之处在于它考虑了 Hessian 矩阵的结构, 公式中包含了 z_k 和 $B_k^\#$, 因此称它为 BFGS 型分解拟牛顿校正公式. 类似地, 可得 DFP 型分解拟牛顿校正公式.

结构型拟牛顿法和分解结构型拟牛顿法对零残量和非零残量问题都只具有超线性收敛速度, 它们失去了高斯–牛顿法和 Levenberg-Marquardt 方法对零残量问题的二次收敛性. 这主要是因为当 $k \to \infty$ 时, $\{B_k\}$ 不一定收敛到极小点 x^* 处的 Hessian 矩阵 $J(x^*)^\mathsf{T} J(x^*)$. 为此, Huschens [123] 给出了一族割线法. 它的主要思想是将 $\nabla^2 f(x)$ 写为

$$\nabla^2 f(x) = J(x)^\mathsf{T} J(x) + \|F(x)\| \sum_{i=1}^m \frac{F_i(x)}{\|F(x)\|} \nabla^2 F_i(x). \tag{7.3.14}$$

每次迭代计算

$$\bar{B}_k d_k = (J_k^\mathsf{T} J_k + \|F_k\| \bar{A}_k) s_k = -J_k^\mathsf{T} F_k, \tag{7.3.15}$$

其中 $\bar{A}_k$ 是

$$\sum_{i=1}^m \frac{F_i(x_k)}{\|F_k\|} \nabla^2 F_i(x_k) \tag{7.3.16}$$

的割线近似. $\bar{A}_k$ 前面的因子 $\|F_k\|$ 起了自调比的作用. 对于零残量问题, 可以期望当 $k \to \infty$ 时, $\{\bar{B}_k\}$ 收敛到 $J(x^*)^\mathsf{T} J(x^*)$. Huschens 证明了此时结构型拟牛顿法对于零残量问题具有二次收敛性. 但是, 不足之处是近似 Hessian 矩阵 $\bar{B}_k$ 未必正定, 此时在 x_k 处的拟牛顿方向不一定是 f 的下降方向.

Zhang, Chen 和 Deng [267] 运用 Huschens 的技巧, 改进了 Yabe 和 Takahashi 提出的分解结构型拟牛顿法, 用

$$B_k = (J_k + \|F_k\| L_k)^\mathsf{T} (J_k + \|F_k\| L_k) \tag{7.3.17}$$

逼近 Hessian 矩阵 $\nabla^2 f(x_k)$, 引进了新的近似

$$\sum_{i=1}^m F_i(x_{k+1}) \nabla^2 F_i(x_{k+1}) s_k \approx (J_{k+1} - J_k)^\mathsf{T} \frac{F_{k+1}}{\|F_k\|} \|F_{k+1}\|. \tag{7.3.18}$$

故有

$$\begin{aligned}\nabla^2 f(x_{k+1}) s_k &= J_{k+1}^\mathsf{T} J_{k+1} s_k + \sum_{i=1}^m F_i(x_{k+1}) \nabla^2 F_i(x_{k+1}) s_k \\ &\approx J_{k+1}^\mathsf{T} J_{k+1} s_k + \|F_{k+1}\| z_k^\#,\end{aligned} \tag{7.3.19}$$

其中
$$z_k^\# = (J_{k+1} - J_k)^\mathsf{T} \frac{F_{k+1}}{\|F_k\|}. \tag{7.3.20}$$

因此割线方程为
$$B_{k+1} s_k = z_k, \quad z_k = J_{k+1}^\mathsf{T} J_{k+1} s_k + \|F_{k+1}\| z_k^\#. \tag{7.3.21}$$

Zhang, Chen 和 Deng 给出了如下的一簇 Broyden 型分解结构拟牛顿公式

$$L_{k+1} = \frac{\|F_{k+1}\|}{\|F_k\|} L_k + \left[(1 - \sqrt{\phi_k}) \left(\frac{L_k^\# s_k}{s_k^\mathsf{T} B_k^\# s_k} \right) (\sqrt{\lambda_k} z_k - B_k^\# s_k)^\mathsf{T} \right.$$
$$\left. + \sqrt{\phi_k} L_k^\# (\sqrt{\lambda_k} (B_k^\#)^{-1} z_k - s_k) \left(\frac{z_k}{s_k^\mathsf{T} z_k} \right)^\mathsf{T} \right] \frac{1}{\|F_{k+1}\|}, \tag{7.3.22}$$

其中
$$L_k^\# = J_{k+1} + \frac{\|F_{k+1}\|^2}{\|F_k\|} L_k, \tag{7.3.23}$$
$$B_k^\# = L_k^{\#T} L_k^\#, \tag{7.3.24}$$
$$\phi_k \in [0, \phi], \tag{7.3.25}$$
$$\lambda_k = \frac{1}{(1 - \phi_k) \dfrac{s_k^\mathsf{T} z_k}{s_k^\mathsf{T} B_k^\# s_k} + \phi_k \dfrac{z_k^\mathsf{T} (B_k^\#)^{-1} z_k}{s_k^\mathsf{T} z_k}}. \tag{7.3.26}$$

从而由 (7.3.17) 和 (7.3.22) 可得
$$B_{k+1} = B_k^\# - \frac{B_k^\# s_k s_k^\mathsf{T} B_k^\#}{s_k^\mathsf{T} B_k^\# s_k} + \frac{z_k z_k^\mathsf{T}}{s_k^\mathsf{T} z_k} \phi_k (s_k^\mathsf{T} B_k^\# s_k) v_k v_k^\mathsf{T}, \tag{7.3.27}$$

其中
$$v_k = \frac{B_k^\# s_k}{s_k^\mathsf{T} B_k^\# s_k} - \frac{z_k}{s_k^\mathsf{T} z_k}. \tag{7.3.28}$$

由上式不难发现, B_{k+1} 是由 $B_k^\#$ 导出的 Broyden 簇校正公式. 当 $\phi_k = 0$ 和 $\phi_k = 1$ 时, (7.3.28) 分别等价于由 $B_k^\#$ 导出的 BFGS 型和 DFP 型校正公式. 上述分解结构的 Broyden 簇型校正公式对零残量问题具有二次收敛性, 对非零残量问题具有超线性收敛性 [267].

Fletcher 和 Xu [93] 提出了求解非线性最小二乘问题的综合方法, 它根据每次迭代的试验结果而决定是采用高斯–牛顿法, 还是采用拟牛顿法. 其准则为
$$f_k - f_{k+1} \geqslant \tau f_k, \quad \tau \in (0, 1). \tag{7.3.29}$$

如果上式满足, 则采用高斯–牛顿步, 否则采用拟牛顿步. 通常 $\tau = 0.2$.

7.4 SQP 方法

也可将非线性最小二乘问题 (7.1.1) 转化为等式约束优化问题, 然后利用 SQP 方法求解 [198, 199]. 考虑

$$\min_{(x,y)\in\mathbb{R}^{m+n}} \frac{1}{2}y^\mathsf{T} y \tag{7.4.1a}$$
$$\text{s.t.} \quad F(x) - y = 0. \tag{7.4.1b}$$

它的 QP 子问题为

$$\min_{(d_x,d_y)\in\mathbb{R}^{m+n}} y_k^\mathsf{T} d_y + \frac{1}{2}(d_x^\mathsf{T}, d_y^\mathsf{T})\bar{W}_k \begin{pmatrix} d_x \\ d_y \end{pmatrix} \tag{7.4.2a}$$
$$\text{s.t.} \quad F_k - y_k + J_k d_x - d_y = 0, \tag{7.4.2b}$$

其中 $\bar{W}_k \in \mathbb{R}^{(n+m)\times(n+m)}$ 是 (7.4.1) 的 Lagrange 函数的 Hessian 矩阵

$$\begin{pmatrix} S(x) & 0 \\ 0 & I \end{pmatrix} \tag{7.4.3}$$

的一个近似, 这里 $S(x) = \sum_{i=1}^{m} y_i \nabla^2 F_i(x)$. 易见, 如果

$$\bar{W}_k = \begin{pmatrix} W_k & 0 \\ 0 & I \end{pmatrix}, \tag{7.4.4}$$

这里 W_k 是 $S(x_k)$ 的一个近似, 则 QP 子问题 (7.4.2) 等价于

$$\min_{d\in\mathbb{R}^n} \frac{1}{2}\|F_k + J_k d\|^2 + \frac{1}{2}d^\mathsf{T} W_k d. \tag{7.4.5}$$

设 x^* 是 (7.1.1) 的局部极小点, x^* 满足二阶充分条件, 即 $J(x^*)J(x^*)^\mathsf{T} + S(x^*)$ 正定. 则由 (7.4.5) 可知, SQP 步 d_k 是超线性收敛步的条件为

$$\lim_{k\to\infty} \frac{\|(W_k - S(x^*))d_k\|}{\|d_k\|} = 0. \tag{7.4.6}$$

这里 W_k 可由 BFGS 公式

$$W_{k+1} = W_k - \frac{W_k s_k s_k^\mathsf{T} W_k}{s_k^\mathsf{T} W_k s_k} + \frac{y_k y_k^\mathsf{T}}{s_k^\mathsf{T} y_k} \tag{7.4.7}$$

校正, 其中 $s_k = x_{k+1} - x_k$,

$$y_k = (J_{k+1} - J_k)^\mathsf{T} F_{k+1} \tag{7.4.8}$$

或
$$y_k = J_{k+1}^{\mathrm{T}} F_{k+1} - J_k^{\mathrm{T}} F_k - J_{k+1}^{\mathrm{T}} J_{k+1} s_k. \tag{7.4.9}$$

但是上面两种选择都无法保证 $s_k^{\mathrm{T}} y_k > 0$, 这是 BFGS 公式要求拟牛顿矩阵保持正定的条件. Powell [188] 利用

$$\bar{y}_k = \begin{cases} y_k, & \text{如果} s_k^{\mathrm{T}} y_k \geqslant 0.2 s_k^{\mathrm{T}} W_k s_k, \\ \theta_k y_k + (1-\theta_k) W_k s_k, & \text{其他} \end{cases} \tag{7.4.10}$$

来替代 y_k, 从而保证了 W_k 的正定性, 这里 $\theta_k = 0.8 s_k^{\mathrm{T}} W_k s_k / (s_k^{\mathrm{T}} W_k s_k - s_k^{\mathrm{T}} y_k)$.

为限制步长的大小, 可改进 (7.4.5), 得到非线性最小二乘问题 (7.1.1) 的 SQP 信赖域子问题:

$$\min_{d \in \mathbb{R}^n} \frac{1}{2} \|F_k + J_k d\|^2 + \frac{1}{2} d^{\mathrm{T}} W_k d, \tag{7.4.11a}$$
$$\text{s.t.} \quad \|d\|_2 \leqslant \Delta_k, \tag{7.4.11b}$$

其中 Δ_k 是信赖域半径. 下面给出求解 (7.1.1) 的 SQP 信赖域算法.

算法 7.4.1 (非线性最小二乘的 SQP 信赖域算法)

步 1 给出 $x_1 \in \mathbb{R}^n$, $\Delta_1 > 0, 0 \leqslant p_0 < p_1 < 1, a_1 > 1 > a_3 > a_2 > 0, \varepsilon > 0$; $k := 1$.

步 2 如果 $\|J_k^{\mathrm{T}} F_k\| \leqslant \epsilon$, 则停; 由 (7.4.11) 计算 d_k.

步 3 计算 $r_k = \dfrac{\|F_k\|^2 - \|F(x_k + d_k)\|^2}{\|F_k\|^2 - \|F_k + J_k d_k\|^2 - d_k^{\mathrm{T}} W_k d_k}$; 令

$$x_{k+1} = \begin{cases} x_k + d_k, & \text{如果 } r_k \geqslant p_0, \\ x_k, & \text{其他,} \end{cases} \tag{7.4.12}$$

$$\Delta_{k+1} = \begin{cases} [\Delta_k, a_1 \Delta_k], & \text{如果 } r_k \geqslant p_1, \\ [a_2 \|d_k\|, a_3 \Delta_k], & \text{其他.} \end{cases} \tag{7.4.13}$$

步 4 令 $k := k+1$, 转步 2.

(7.4.11) 中的二次模型也可以用 $\|F(x_k + d)\|^2$ 的其他二次近似代替. 例如, Zhang, Conn 和 Scheinberg [265, 266] 使用插值方法给出了 (7.1.1) 的无导数信赖域算法.

也可利用 SQP 方法求解约束非线性最小二乘问题

$$\min_{x \in \mathbb{R}^n} \frac{1}{2} \|F(x)\|^2 \tag{7.4.14a}$$
$$\text{s.t.} \quad c_i(x) = 0, \quad i = 1, 2, \cdots, m_{\mathrm{e}}, \tag{7.4.14b}$$
$$c_i(x) \geqslant 0, \quad i = m_{\mathrm{e}} + 1, \cdots, m_{\mathrm{e}} + m_{\mathrm{i}}, \tag{7.4.14c}$$

这里 $m_\mathrm{e}, m_\mathrm{i}$ 分别是等式和不等式约束的个数. (7.4.14) 的 QP 子问题为

$$\min_{d\in\mathbb{R}^n} \frac{1}{2}\|F_k + J_k d\|^2 + \frac{1}{2}d^\mathsf{T} V_k d \tag{7.4.15a}$$

$$\text{s.t.} \quad c_i(x_k) + d^\mathsf{T}\nabla c_i(x_k) = 0, \quad i = 1, 2, \cdots, m_\mathrm{e}, \tag{7.4.15b}$$

$$c_i(x_k) + d^\mathsf{T}\nabla c_i(x_k) \geqslant 0, \quad i = m_\mathrm{e}+1, \cdots, m_\mathrm{e}+m_\mathrm{i}, \tag{7.4.15c}$$

其中 V_k 是

$$\sum_{i=1}^{m} F_i(x_k)\nabla^2 F_i(x_k) - \sum_{i=1}^{m_\mathrm{e}+m_\mathrm{i}} \sigma_i \nabla^2 c_i(x_k) \tag{7.4.16}$$

的近似, $\sigma_i(i = 1, \cdots, m_\mathrm{e}+m_\mathrm{i})$ 是 (7.4.14) 的 Lagrange 乘子的估计. 例如, 可通过求解约束线性最小二乘问题

$$\min \left\| J_k^\mathsf{T} F_k - \sum_{i=1}^{m_\mathrm{e}+m_\mathrm{i}} \sigma_i \nabla c_i(x_k) \right\|^2 \tag{7.4.17a}$$

$$\text{s.t.} \quad \sigma_i \geqslant 0, \quad i = m_\mathrm{e}+1, \cdots, m_\mathrm{e}+m_\mathrm{i} \tag{7.4.17b}$$

得到 σ_i.

7.5 可分离非线性最小二乘

本节考虑可分离非线性最小二乘问题

$$\min_{u\in\mathbb{R}^p, v\in\mathbb{R}^q} \psi(u,v) = \frac{1}{2}\|y(v) - \Phi(v)u\|_2^2, \tag{7.5.1}$$

其中 $y: \mathbb{R}^q \to \mathbb{R}^m, \Phi: \mathbb{R}^q \to \mathbb{R}^{m\times p}$, 且 $(\Phi(v))_{ij} = \phi_j(v, t_i), i = 1, 2, \cdots, m, j = 1, 2, \cdots, p$. 上述问题在信号处理、神经网络、反问题等领域有广泛的应用[100, 101].

Golub 和 Pereyra [100] 提出了当 $y(v) = y_0$ 时 (7.5.1) 的变量投影方法, 其主要思想是: 消去变量 u, 得到只含变量 v 的既约非线性最小二乘问题, 然后利用一般的非线性最小二乘方法求解既约最小二乘问题.

固定 $v \in \mathbb{R}^q$, (7.5.1) 简化为一个线性最小二乘问题, 其最小二乘解为

$$\hat{u}(v) = \Phi^+(v) y(v), \tag{7.5.2}$$

其中 $\Phi^+(v)$ 是 $\Phi(v)$ 的 Moore-Penrose 逆. 将 (7.5.2) 代入 (7.5.1), 有

$$\min_{u\in\mathbb{R}^p, v\in\mathbb{R}^q} \psi(u,v) = \min_{v\in\mathbb{R}^q} \frac{1}{2}\|y(v) - \Phi(v)\Phi^+(v)y(v)\|_2^2 = \min_{v\in\mathbb{R}^q} \frac{1}{2}\|P_{\Phi(v)}^\perp y(v)\|_2^2. \tag{7.5.3}$$

这里, $P_{\Phi(v)}^\perp$ 是从 $\mathbb{R}^n$ 到 $\Phi(v)^{\mathsf{T}}$ 的零空间的正交投影算子. 求解 (7.5.3) 的高斯–牛顿法为

$$v_{k+1} = v_k - ((\nabla(P_{\Phi(v)}^\perp y(v)))^{\mathsf{T}})^+ P_{\Phi(v)}^\perp y(v). \tag{7.5.4}$$

Golub 和 Pereyra [100] 给出了正交投影算子的 Fréchet 导数及其广义逆的计算方法, 并证明了当 $\Phi(v)$ 的秩为常数时, 利用变量分离方法得到的解集与原问题的解集相同. 他们给出了如下的迭代公式:

$$v_{k+1} = v_k - (P_{\Phi(v_k)}^\perp (y'(v_k) - \Phi'(v_k)\hat{a}(v_k)) + P_{\Phi(v_k)}\Phi^+(v_k)\Phi'(v_k)\varphi_k)^+ \varphi_k, \tag{7.5.5}$$

其中 $\hat{u}(v)$ 由 (7.5.2) 定义, $\varphi_k = P_{\Phi(v_k)}^\perp y'(v_k)$. Kaufman [130] 简化了上述投影算子的计算公式, 考虑了迭代

$$v_{k+1} = v_k - (P_{\Phi(v_k)}^\perp (y'(v_k) - \Phi'(v_k)\hat{u}(v_k)))^+ \varphi_k. \tag{7.5.6}$$

Ruhe 和 Wedin [195] 将变量投影思想推广到一般的非线性情形, 给出了求解 (7.5.1) 的交替更新变量 u 和 v 的隐式下降方法.

Liu 和 Yuan [159] 提出了求解 (7.5.1) 的非精确牛顿法. 该方法不计算任何二阶导数, 利用可分离问题的特殊结构构造 $\psi(u,v)$ 的尽可能好的二阶近似. 因此不同于 Ruhe 和 Wedin 的方法, Liu 和 Yuan 的方法在迭代时同时更新 u 和 v.

定义

$$\varphi(u,v) = y(v) - \Phi(v)u, \tag{7.5.7}$$

直接计算可得

$$\varphi_u(u,v) = \Phi(v), \quad \varphi_v(u,v) = y'(v) - \Phi'(v)u, \tag{7.5.8}$$

$$\varphi_{uv}(u,v) = \Phi'(v)^{\mathsf{T}}, \quad \varphi_{vu}(u,v) = \Phi'(v), \quad \varphi_{uu}(u,v) = 0. \tag{7.5.9}$$

因此, $\varphi(u,v)$ 的二阶导数信息, 除了项 $\varphi_{vv}(u,v)$ 外, 均可得到. (7.5.1) 的牛顿法每次迭代计算

$$\begin{pmatrix} u_{k+1} \\ v_{k+1} \end{pmatrix} = \begin{pmatrix} u_k \\ v_k \end{pmatrix} - (\nabla^2 \psi(u_k, v_k))^{-1} \nabla \psi(u_k, v_k), \tag{7.5.10}$$

其中

$$\nabla \psi(u_k, v_k) = \begin{pmatrix} \varphi_a^{\mathsf{T}} \varphi \\ \varphi_v^{\mathsf{T}} \varphi \end{pmatrix}, \tag{7.5.11}$$

由 (7.5.9) 知,

$$\nabla^2 \psi = \begin{pmatrix} \varphi_u^\mathsf{T}\varphi_u & \varphi_u^\mathsf{T}\varphi_v + \Phi'(v)\varphi \\ \varphi_v^\mathsf{T}\varphi_u + (\Phi'(v)\varphi)^\mathsf{T} & \varphi_v^\mathsf{T}\varphi_v + \varphi_{vv}^\mathsf{T}\varphi \end{pmatrix}. \tag{7.5.12}$$

考虑迭代

$$x_{k+1} = x_k - B_k^{-1}\nabla\varphi(u_k, v_k), \tag{7.5.13}$$

其中 $B_k \in n \times n$. 因为牛顿法二次收敛, 所以 (7.5.13) 中的 B_k 越靠近 $\nabla^2\psi$ 方法越有效. 在一般的非分离方法框架下, 高斯–牛顿方法利用 φ 的一阶项来近似 Hessian 矩阵

$$B^{\mathrm{GN}} = \begin{pmatrix} \varphi_u^\mathsf{T}\varphi_u & \varphi_u^\mathsf{T}\varphi_v \\ \varphi_v^\mathsf{T}\varphi_u & \varphi_v^\mathsf{T}\varphi_v \end{pmatrix}. \tag{7.5.14}$$

比较 (7.5.12) 和 (7.5.14), 可见 (7.5.14) 忽略了 $\Phi'(v)\varphi$, 它不需要计算任何二阶导数. 因此, 利用

$$B^{(0)} = \begin{pmatrix} \varphi_u^\mathsf{T}\varphi_u & \varphi_u^\mathsf{T}\varphi_v + \Phi'(v)\varphi \\ \varphi_v^\mathsf{T}\varphi_u + (\Phi'(v)\varphi)^\mathsf{T} & \varphi_v^\mathsf{T}\varphi_v \end{pmatrix} \tag{7.5.15}$$

来逼近 Hessian 矩阵看似更加合理, 但是即使 $\nabla^2\psi$ 正定, $B^{(0)}$ 也不一定半正定. Liu 和 Yuan [159] 分析了大多数情形下, 基于 $B^{(0)}$ 的方法没有高斯–牛顿法效果好.

定义

$$\varphi_w = (\varphi_u^+)^\mathsf{T}\Phi'(v)\varphi, \tag{7.5.16}$$

用 $\varphi_u^\mathsf{T}(\varphi_v + \varphi_w)$ 替代 $\varphi_u^\mathsf{T}\varphi_v + \Phi'(v)\varphi$, 并用 $(\varphi_v + \varphi_w)^\mathsf{T}(\varphi_v + \varphi_w)$ 替代 $\varphi_v^\mathsf{T}\varphi_v$. 记

$$B^{(1)} = \begin{pmatrix} \varphi_u^\mathsf{T}\varphi_u & \varphi_u^\mathsf{T}(\varphi_v + \varphi_w) \\ (\varphi_v + \varphi_w)^\mathsf{T}\varphi_u & (\varphi_v + \varphi_w)^\mathsf{T}(\varphi_v + \varphi_w) \end{pmatrix}, \tag{7.5.17}$$

则 $B^{(1)}$ 总是正定, 且较 B^{GN} 包含更多的二阶信息. 如果 $\Phi(v)$ 的秩为 p, 则可证

$$\varphi_u^\mathsf{T}\varphi_v + \Phi'(v)\varphi = \varphi_u^\mathsf{T}(\varphi_v + \varphi_w). \tag{7.5.18}$$

此时, 有

$$B^{(1)} = \nabla^2\psi + \begin{pmatrix} 0 & 0 \\ 0 & \varphi_v^\mathsf{T}\varphi_w + \varphi_w^\mathsf{T}\varphi_v + \varphi_w^\mathsf{T}\varphi_w - \varphi_{vv}^\mathsf{T}\varphi \end{pmatrix}. \tag{7.5.19}$$

误差矩阵 $B^{(1)} - \nabla^2\psi$ 的秩为 q. 与 B^{GN} 相比, $B^{(1)}$ 是 $\nabla^2\psi$ 的一个更好的近似. 在 (7.5.17) 的右下角项处加上 $\varphi_w^\mathsf{T}\varphi_w$, 得

$$B^{(2)} = \begin{pmatrix} \varphi_u^\mathsf{T}\varphi_u & \varphi_u^\mathsf{T}(\varphi_v + \varphi_w) \\ (\varphi_v + \varphi_w)^\mathsf{T}\varphi_u & (\varphi_v + \varphi_w)^\mathsf{T}(\varphi_v + \varphi_w) + \varphi_w^\mathsf{T}\varphi_w \end{pmatrix}. \tag{7.5.20}$$

可以证明 $B^{(2)}$ 也是 $\nabla^2\psi$ 的一个好的近似. 我们称基于近似 Hessian 矩阵 (7.5.17) 或 (7.5.20) 的方法为可分离非线性最小二乘问题 (7.5.1) 的结构化非分离方法.

下面给出求解 (7.5.1) 的线搜索结构化非分离方法[159].

算法 7.5.1 (线搜索结构化非分离方法)

步 1 给出 $x_1 = (u_1^\mathsf{T}, v_1^\mathsf{T})^\mathsf{T}, \rho \in (0, 0.5), \varepsilon > 0; k := 1$.

步 2 如果 $\|\nabla\psi(x_k)\| < \varepsilon$, 则停; 由 (7.5.17) 或 (7.5.20) 计算 B_k; 计算

$$d_k = -(B_k)^{-1}\nabla\psi(x_k). \tag{7.5.21}$$

步 3 计算 α_k, 使得

$$\psi(x_k + \alpha_k d_k) \leqslant \psi(x_k) + \rho\alpha_k\nabla\psi(x_k)^\mathsf{T} d_k, \tag{7.5.22}$$

$$\psi(x_k + \alpha_k d_k) \geqslant \psi(x_k) + (1-\rho)\alpha_k\nabla\psi(x_k)^\mathsf{T} d_k. \tag{7.5.23}$$

步 4 令 $x_{k+1} := x_k + \alpha_k d_k, k := k+1$, 转步 2.

当近似 Hessian 矩阵靠近奇异时, 线搜索型算法可能会遇到计算上的困难. 为克服这一缺点, 下面给出 (7.5.1) 的基于信赖域的结构化非分离方法[159].

算法 7.5.2 (基于信赖域的结构化非分离方法)

步 1 给出 $x_1, \Delta_1 > 0, a_1 > 1 > a_2 > 0, 0 < p_1 < p_2 < 1, \varepsilon > 0; k := 1$.

步 2 如果 $\|\nabla\psi(x_k)\| < \varepsilon$, 则停; 由 (7.5.17) 或 (7.5.20) 计算 B_k; 求解

$$\min_{d\in\mathbb{R}^n} m_k(d) = \nabla\psi(x_k)^\mathsf{T} d + \frac{1}{2}d_k^\mathsf{T} B_k d_k \tag{7.5.24a}$$

$$\text{s.t. } \|d\|_2 \leqslant \Delta_k \tag{7.5.24b}$$

得到 d_k.

步 3 计算 $r_k = \dfrac{\psi(x_k) - \psi(x_k + d_k)}{m(0) - m(d_k)}$; 令

$$x_{k+1} = \begin{cases} x_k + d_k, & \text{如果} r_k > 0 \\ x_k, & \text{其他}, \end{cases} \tag{7.5.25}$$

$$\Delta_{k+1} = \begin{cases} \max[a_1\|d_k\|_2, \Delta_k], & \text{如果 } r_k \geqslant p_2, \\ \Delta_k, & \text{如果 } p_1 < r_k < p_2, \\ a_2\|d_k\|_2, & \text{其他}. \end{cases} \tag{7.5.26}$$

步 4 令 $k := k+1$, 转步 2.

上述算法中, 子问题 (7.5.24) 可精确求解[172], 或者可非精确求解[209, 219]. 由截断共轭梯度法非精确求解得到的 d_k 可使目标函数的下降量至少是精确解达到的下降量的一半[255].

7.5 可分离非线性最小二乘

算法 7.5.1 和算法 7.5.2 与非分离高斯–牛顿法的主要区别在于近似模型的二阶项不同, 由此可以把高斯–牛顿法的全局收敛性结论直接推广到算法 7.5.1 和算法 7.5.2 上. 与高斯–牛顿法类似, 算法 7.5.1 对于零残量问题具有二次收敛速度.

记 x^* 为 (7.5.1) 的局部极小点, 且 $\varphi(x^*) = 0$.

定理 7.5.1 设 (7.5.17) 和 (7.5.20) 中的 $B^{(i)}(x^*), i = 1, 2$ 正定, $\nabla^2 \psi(x)$ 和 $(B^{(i)}(x))^{-1}$ 在 x^* 的某个邻域内 Lipschitz 连续, 则存在某个 $\epsilon > 0$, 使得对任意 $x_k \in N(x^*, \epsilon)$, 均有

$$\|x_k + d_k - x^*\| = O(\|x_k - x^*\|^2). \tag{7.5.27}$$

证明 不妨考虑由 (7.5.17) 定义 Hessian 矩阵的情形. 记 $S_k = \nabla^2 \psi(x_k) - B_k$. 由 φ_c 的定义和 (7.5.17), 以及假设条件可知

$$\|S_k\| = O(\|\varphi(x_k)\|) = O(\|x_k - x^*\|). \tag{7.5.28}$$

记牛顿步

$$d_k^{\text{N}} = -\nabla^2 \psi(x_k)^{-1} \nabla \psi(x_k). \tag{7.5.29}$$

因为

$$x_k + d_k^{\text{N}} - x^* = O(\|x_k - x^*\|^2), \tag{7.5.30}$$

所以

$$\|d_k^{\text{N}}\| = O(\|x_k - x^*\|). \tag{7.5.31}$$

从而由 (7.5.28) 可得

$$\begin{aligned}
\|d_k - d_k^{\text{N}}\| &= \|(\nabla^2 \psi(x_k)^{-1} - B_k^{-1}) \nabla \psi(x_k)\| \\
&= \|(I - B_k^{-1} \nabla^2 \psi(x_k)) d_k^{\text{N}}\| \\
&\leqslant \|(I - B_k^{-1} \nabla^2 \psi(x_k))\| \|d_k^{\text{N}}\| \\
&= \|B_k^{-1}(B_k - \nabla^2 \psi(x_k))\| \|d_k^{\text{N}}\| \\
&\leqslant \|B_k^{-1}\| \|S_k\| \|d_k^{\text{N}}\| \\
&= O(\|x_k - x^*\|^2).
\end{aligned} \tag{7.5.32}$$

利用 (7.5.30) 和 (7.5.32) 即得 (7.5.27). □

最后指出一些特殊类型的非线性最小二乘问题. 一类是混合线性和非线性最小二乘问题, 即一部分变量是线性的, 另一部分变量是非线性的. Kaufman[130] 给出了求解此类问题的投影方法和 VARPRO 算法. Bertsekas[14], Moriyama, Yamashita 和 Fukushima[175] 分别给出了形如

$$\min_{x \in \mathbb{R}^n} \frac{1}{2} \sum_{i=1}^{m} \|g_i(x)\|^2 \tag{7.5.33}$$

的非线性最小二乘问题的增加梯度法和增加高斯–牛顿法, 其中 $g_i:\mathbb{R}^n\to\mathbb{R}^{r_i}, i=1,\cdots,m$ 是连续可微函数. Sun, Sampaio 和 Yuan [214] 考虑了非光滑最小二乘问题的拟牛顿信赖域算法.

在非线性最小二乘问题中, 通常考虑极小化非线性函数的 2 范数. 一般也可考虑

$$\min_{x\in\mathbb{R}^n} f(x)=\rho(F(x)), \tag{7.5.34}$$

其中 $\rho:\mathbb{R}^m\to\mathbb{R}$ 是 F 的 L_1 或 L_∞ 范数.

第 8 章 子空间方法

近年来, 随着很多包含大量变量的实际问题的出现, 大规模最优化问题, 包括大规模无约束和约束最优化问题, 大规模非线性方程组和非线性最小二乘问题受到了越来越多专家学者的关注 [30, 102, 103, 141, 142, 218, 258]. 本章主要考虑大规模非线性方程组和非线性最小二乘的子空间方法.

8.1 子空间方法的例子

对于大规模非线性问题, 一般的求解方法是, 每次迭代用一个线性, 或者二次, 或者其他简单的模型替代原非线性问题. 通常, 该模型是原问题的某种近似, 它们定义在相同的变量上. 因此, 对于大规模问题, 很多传统的方法每次迭代需要求解一个大规模的线性, 或者二次, 或者其他简单问题. 但是, 很多情况下, 大规模线性方程组可由子空间技术来求解, 即大规模线性方程组的近似解是既约线性方程组在某个低维子空间上的精确解 (比如, 利用截断共轭梯度法求解线性方程组的 Krylov 子空间) [104, 196, 209, 255]. 当子空间的维数远远小于原空间的维数时, 计算量和存储量都会大幅度降低. 上述方法每次迭代分两步, 首先用一个线性问题近似原非线性问题, 然后用一个小规模线性问题替代该大规模线性问题. 与此不同, 本章介绍的子空间方法每次迭代直接在一个低维的子空间里构造一个小规模问题, 使其尽可能的逼近原大规模非线性问题. 子空间方法的例子有很多. 比如, 无约束最优化的梯度法、共轭梯度法、有限内存拟牛顿法等都可以看作子空间方法.

考虑无约束最优化问题

$$\min_{x\in\mathbb{R}^n} f(x), \tag{8.1.1}$$

其中 $f(x):\mathbb{R}^n \to \mathbb{R}$ 是连续可微函数. 求解 (8.1.1) 的梯度法每次迭代计算

$$x_{k+1} = x_k - \alpha_k \nabla f(x_k), \tag{8.1.2}$$

其中 α_k 是一维子问题

$$\min_{|\alpha|\leqslant|\alpha_k|} f(x_k) - \alpha(\nabla f(x_k))^\mathsf{T}\nabla f(x_k) \tag{8.1.3}$$

的解. (8.1.3) 的目标函数是 $f(x)$ 的一阶泰勒展式在子空间 $\mathrm{Span}\{\nabla f(x_k)\}$ 上的一维近似.

求解 (8.1.1) 的非线性共轭梯度法在第 k 次迭代计算搜索方向

$$d_k = -g_k + \beta_k d_{k-1}, \tag{8.1.4}$$

其中 $g_k = \nabla f(x_k)$, d_{k-1} 是上一次迭代的搜索方向; 然后沿 d_k 进行线搜索, 得到步长 α_k, 并令下一次迭代点为 $x_{k+1} = x_k + \alpha_k d_k$. 事实上, 不管 α_k 和 β_k 如何选取, $x_{k+1} - x_k$ 总在子空间

$$\mathrm{Span}\{g_k, d_{k-1}\} \tag{8.1.5}$$

上. Stoer 和 Yuan [261] 提出了序列二维子空间算法, 每次迭代求解子问题

$$\min_{d \in \mathrm{Span}\{-g_k, d_{k-1}\}} \bar{Q}_k(d) \approx f(x_k + d), \tag{8.1.6}$$

其中 $\bar{Q}_k(d)$ 是一个二次函数. (8.1.6) 在子空间 $\mathrm{Span}\{-g_k, d_{k-1}\}$ 上搜索当前迭代点处的最好方向. $\bar{Q}_k(d)$ 除了依赖 $g_k^\mathsf{T} \nabla^2 f(x_k) g_k$ 的项外, 其他项都可确定或可利用 $\nabla^2 f(x_k)(x_k - x_{k-1}) \approx \nabla f(x_k) - \nabla f(x_{k-1})$ 来估计. 因此, 对于二维子空间模型, 除了沿着当前梯度方向的既约 Hessian 矩阵, 其他项都可确定. 对于高维子空间模型, 如果第 k 次迭代的子空间由最速下降方向和以往所有的 $x_{i+1} - x_i (i = 1, \cdots, k-1)$ 生成, 则上述结论仍然成立 [256].

有限内存拟牛顿法也具有子空间性质 [156]. 如第 3 章所述, 拟牛顿校正公式

$$B_k = U(B_{k-1}, s_{k-1}, y_{k-1}) \tag{8.1.7}$$

满足

$$B_k s_{k-1} = y_{k-1}, \tag{8.1.8}$$

其中 $s_{k-1} = x_k - x_{k-1}$, $y_{k-1} = \nabla f(x_k) - \nabla f(x_{k-1})$. 有限内存拟牛顿法重复校正近似 Hessian 矩阵

$$B_k^{(i)} = U(B_k^{(i-1)}, s_{k-m-1+i}, y_{k-m-1+i}), \quad i = 1, \cdots, m, \tag{8.1.9}$$

其中 $B_k^{(0)} = \sigma_k I$. σ_k 有多种选取方法, 一种典型的取法是 $s_{k-1}^\mathsf{T} y_{k-1} / y_{k-1}^\mathsf{T} y_{k-1}$. 可以证明, 有限内存拟牛顿矩阵可以表示为

$$B_k = B_k^{(m)} = \sigma_k + (S_k, Y_k) T_k \begin{pmatrix} S_k^\mathsf{T} \\ Y_k^\mathsf{T} \end{pmatrix}, \tag{8.1.10}$$

其中 $T_k \in \mathbb{R}^{2m \times 2m}$,

$$(S_k, Y_k) = (s_{k-1}, s_{k-2}, \cdots, s_{k-m}, y_{k-1}, y_{k-2}, \cdots, y_{k-m}) \in \mathbb{R}^{n \times 2m}. \tag{8.1.11}$$

如果是线搜索型算法，有 $s_k = \alpha_k d_k = -\alpha_k B_k^{-1} g_k$；如果是信赖域型算法，有 $s_k = -(B_k + \lambda_k I)^{-1} g_k$. 因此，不管是哪种情形，

$$s_k = -\left(\rho_k I + (S_k, Y_k) T_k \begin{pmatrix} S_k^\mathsf{T} \\ Y_k^\mathsf{T} \end{pmatrix}\right)^{-1} g_k \tag{8.1.12}$$

$$\in \mathrm{Span}\{g_k, s_{k-1}, \cdots, s_{k-m}, y_{k-1}, \cdots, y_{k-m}\}. \tag{8.1.13}$$

所以，有限内存拟牛顿法总在子空间 $\mathrm{Span}\{g_k, s_{k-1}, \cdots, s_{k-m}, y_{k-1}, \cdots, y_{k-m}\}$ 上产生一个试探步. 基于此子空间，Wang, Wen 和 Yuan [232] 提出了一个子空间信赖域算法.

对于标准的拟牛顿校正，Wang 和 Yuan [233] 给出了信赖域型算法的子空间性质.

引理 8.1.1 设 $B_1 = \sigma I$，其中 $\sigma > 0$. B_k 由 SR1, PSB 或 Broyden 簇中任一校正公式得到，s_k 是子问题

$$\min_{d \in \mathbb{R}^n} g_k^\mathsf{T} d + \frac{1}{2} d^\mathsf{T} B_k d \tag{8.1.14a}$$

$$\mathrm{s.t.} \ \|d\|_2 \leqslant \Delta_k \tag{8.1.14b}$$

的解，其中 $x_{k+1} = x_k + s_k, g_k = \nabla f(x_k)$. 令 $\mathcal{G}_k = \mathrm{Span}\{g_1, \cdots, g_k\}$. 则

$$s_k \in \mathcal{G}_k, \tag{8.1.15}$$

且对任意 $z \in \mathcal{G}_k$ 和 $w \in \mathcal{G}_k^\perp$，均有

$$B_k z \in \mathcal{G}_k, \quad B_k u = \sigma u. \tag{8.1.16}$$

上述引理是 Gill 和 Leonard [99], Vlcek 和 Luksan [228] 提出的线搜索型算法的结果的推广.

算法 8.1.1 (无约束优化的子空间算法)

步 1 给出 $x_1, S_1, \varepsilon > 0$; $k := 1$.

步 2 求解子问题

$$\min_{d \in S_k} \bar{Q}_k(d) = g_k^\mathsf{T} d + \frac{1}{2} d^\mathsf{T} B_k d \tag{8.1.17}$$

得到 d_k，如果 $\|d_k\| \leqslant \varepsilon$，则停.

步 3 利用线搜索求步长 $\alpha_k > 0$; 令 $x_{k+1} = x_k + \alpha_k d_k$.

步 4 构造 S_{k+1} 和 $\bar{Q}_{k+1}(d)$; 令 $k := k+1$，转步 2.

算法 8.1.1 是无约束优化的线搜索型子空间算法的基本框架 [257]. 如果步 3 替换为

$$x_{k+1} = \begin{cases} x_k + d_k, & \text{如果 } f(x_k + d_k) < f(x_k), \\ x_k, & \text{其他}, \end{cases} \tag{8.1.18}$$

则其是无约束优化的信赖域型子空间算法的基本框架. 上述算法具体实施时, 还需考虑更多的细节, 比如, 如何选取一种线搜索来保证算法全局收敛, 如何更新二次模型 $\bar{Q}_k(d)$, 特别是, 如何选取子空间 S_{k+1}, 这是子空间方法的关键, 对算法的效率具有重要的影响.

算法 8.1.1 是无约束优化的标准拟牛顿算法的变形 [34, 91, 215]. 它们之间的主要区别是算法 8.1.1 要求搜索方向 d_k 在子空间 S_k 上. Yuan [256] 给出了 S_k 的一些可能的选取方法, 比如

$$S_k = \text{Span}\{-g_k, s_{k-1}, \cdots, s_{s-m}\}, \tag{8.1.19}$$

或

$$S_k = \text{Span}\{-g_k, y_{k-1}, \cdots, y_{k-m}\}. \tag{8.1.20}$$

关于约束优化的子空间方法, Grapiglia, Yuan 和 Yuan [105] 证明了 Celis-Dennis-Tapia (CDT) 问题的子空间性质, Zhao 和 Fan [273, 274] 给出了 CDT 子问题的子空间选取方法, 以及一般二次约束二次规划问题的子空间性质和子空间选取方法. 更多结果请见文献 [256, 259, 281]. 子空间方法也在图像处理、支持向量机、无线通信等领域得到了广泛的应用, 具体可见文献 [178, 204, 211, 230, 231, 237].

8.2 非线性方程组的子空间方法

本节考虑非线性方程组

$$F_i(x) = 0, \quad i = 1, \cdots, m \tag{8.2.1}$$

的子空间方法, 其中 $F_i(x): \mathbb{R}^n \to \mathbb{R}$ 是连续可微函数.

设第 k 次迭代的子空间为 S_k, $q_1^{(k)}, q_2^{(k)}, \cdots, q_{i_k}^{(k)}$ 是它的一组基. 记

$$Q_k = (q_1^{(k)}, q_2^{(k)}, \cdots, q_{i_k}^{(k)}). \tag{8.2.2}$$

我们要求下一个迭代点 x_{k+1}, 使得 $x_{k+1} - x_k$ 在子空间 S_k 上. 令

$$F_i(x_k + Q_k z) = 0, \quad i = 1, \cdots, m, \tag{8.2.3}$$

其中 $z \in \mathbb{R}^{i_k}$. (8.2.3) 的线性化模型为

$$F_i(x_k) + z^\mathsf{T} Q_k^\mathsf{T} \nabla F_i(x_k) = 0, \quad i = 1, \cdots, m. \tag{8.2.4}$$

上式也可写为

$$F(x_k) + J_k Q_k z = 0. \tag{8.2.5}$$

由于 (8.2.5) 的变量的个数与方程的个数不一定相同, (8.2.5) 可能无解. 因此, 考虑既约线性方程组

$$P_k^\mathsf{T}(F(x_k) + J_k Q_k z) = 0, \tag{8.2.6}$$

其中

$$P_k = (p_1^{(k)}, p_2^{(k)}, \cdots, p_{i_k}^{(k)}) \tag{8.2.7}$$

是列满秩矩阵. 通常情况下, 求解 (8.2.6) 时不需要计算 J_k, 只需要近似矩阵 $M_k \approx P_k^\mathsf{T} J_k Q_k \in \mathbb{R}^{i_k \times i_k}$ 即可. 一般情况下, M_k 的元素个数比 J_k 的少得多.

下面给出非线性方程组 (8.2.1) 的子空间算法 [257].

算法 8.2.1 (非线性方程组的子空间算法)

步 1 给出 $x_1, \varepsilon > 0; k := 1$.

步 2 构造 P_k, Q_k 及 $M_k \approx P_k^\mathsf{T} J_k Q_k$; 求解

$$P_k^\mathsf{T} F(x_k) + M_k z = 0 \tag{8.2.8}$$

得到 z_k; 令 $d_k = Q_k z_k$; 如果 $\|d_k\| \leqslant \varepsilon$, 则停.

步 3 利用线搜索求步长 $\alpha_k > 0$.

步 4 令 $x_{k+1} = x_k + \alpha_k d_k, k := k+1$, 转步 2.

特别地, 当 $m = n$, $F(x)$ 为线性函数时, 如果 $P_k = Q_k = e_k \in \mathbb{R}^{n \times 1}$ 且 $\alpha_k = 1$, 则算法 8.2.1 的前 n 次迭代即为一次 Gauss-Seidel 迭代.

对于一般的非线性方程组, 也可选取 $P_k = Q_k$. 但这样不能保证搜索方向是非线性方程组的价值函数的一个下降方向. 假设价值函数是 L_∞ 罚函数, 即

$$P_\infty(x) = \|F(x)\|_\infty. \tag{8.2.9}$$

作如下排序:

$$|F_{j_1}(x_k)| \geqslant |F_{j_2}(x_k)| \geqslant \cdots \geqslant |F_{j_m}(x_k)|. \tag{8.2.10}$$

如果选取

$$P_k = (e_{j_1}, e_{j_2}, \cdots, e_{j_{i_k}}), \tag{8.2.11}$$

有如下的结果.

引理 8.2.1 假设 $|F_{j_{i_k+1}}| < \|F(x_k)\|_\infty$. 如果搜索方向 d_k 满足

$$P_k^{\mathrm{T}}(F(x_k) + J_k d_k) = 0, \tag{8.2.12}$$

则 d_k 是 $\|F(x)\|_\infty$ 在 x_k 处的下降方向.

证明 因为 $|F_{j_{i_k+1}}| < \|F(x_k)\|_\infty$, 所以由 (8.2.12) 可得

$$\frac{\mathrm{d}}{\mathrm{d}\alpha}(\|F(x_k + \alpha d_k)\|_\infty)|_{\alpha=0} = \frac{\mathrm{d}}{\mathrm{d}\alpha}\left(\max_{1\leqslant i\leqslant i_k}|F_{j_i}(x_k + \alpha d_k)|\right)\bigg|_{\alpha=0}$$
$$= -\|F(x_k)\|_\infty < 0. \tag{8.2.13}$$

因此 d_k 是 $\|F(x)\|_\infty$ 在 x_k 处的一个下降方向. □

如果价值函数取为 $\|F(x)\|_1 = \sum_{i=1}^{m}|F_i(x)|$, 则如 (8.2.11) 选取 P_k 也是合理的, 但此时没有理论保证 d_k 是一个下降方向.

下面讨论如何选取 Q_k. 一个办法是直接推广 Gauss-Seidel 方法, 选取 $Q_k = P_k$, 令

$$Q_k = (e_{j_1}, e_{j_1}, \cdots, e_{j_{i_k}}), \tag{8.2.14}$$

其中 j_i 由 (8.2.10) 定义. Q_k 也可由其他的坐标向量构成, 比如,

$$Q_k = (e_{l_1}, e_{l_1}, \cdots, e_{l_{i_k}}), \tag{8.2.15}$$

其中 $l_j(j=1,\cdots,i_k)$ 是 $\{1,2,\cdots,n\}$ 的一个子集. 此时, 在这些坐标向量张成的子空间上求得的试探步将使带有指标集 $I_k = \{j_{i_1}, j_{i_2}, \cdots, j_{i_k}\}$ 的线性化函数变为 0. 为使带有指标集 $\{1, 2, \cdots, m\}\setminus I_k$ 的线性化函数有较小的增长, 很自然的, 可要求 $\|d_k\|_2$ 尽可能小. 直觉上, 它大致等价于矩阵 $(P_k^{\mathrm{T}} J_k Q_k)^{-1}$ 尽可能小. 但是, 通常不容易估计 $(P_k^{\mathrm{T}} J_k Q_k)^{-1}$. 所以, 可考虑选取 Q_k 使得 $P_k^{\mathrm{T}} J_k Q_k$ 在某种范数下尽可能的大. 例如, 选取 Q_k 使得 $P_k^{\mathrm{T}} J_k Q_k$ 的所有元素的绝对值和最大.

类似于无约束优化的子空间方法, 在第 k 次迭代, 也可利用之前的 $k-1$ 个搜索方向 $s_i(i=1,2,\cdots,k-1)$ 构造子空间. 令

$$Q_k = (s_1, s_2, \cdots, s_{k-1}, u_k), \tag{8.2.16}$$

其中 $u_k \notin \mathrm{Span}\{s_1, s_2, \cdots, s_{k-1}\}$ 是在第 k 次迭代加入的一个新的方向, 以免迭代点可能会陷入一个更低维的子空间. u_k 的选取方法有很多, 它可以随机产生, 也可是某个单位坐标向量. 如果 $m=n$, u_k 也可取为残量 $-F(x_k)$. 注意到

$$J_k s_i = J_k(x_{i+1} - x_i) \approx F(x_{i+1}) - F(x_i) = y_i, \tag{8.2.17}$$

则有

$$M_k \approx P_k^\mathsf{T} J_k Q_k = P_k^\mathsf{T} J_k(s_1, s_2, \cdots, s_{k-1}, u_k)$$
$$\approx P_k^\mathsf{T}(y_1, y_2, \cdots, y_{k-1}, v_k). \qquad (8.2.18)$$

这里 v_k 可以是 $J_k u_k$ 的一个近似, 如

$$v_k = F(x_k + u_k) - F(x_k). \qquad (8.2.19)$$

事实上, 计算下降方向 d_k 时, 不一定需要知道 v_k, 只需一个更短的向量 $P_k^\mathsf{T} v_k$ 即可. 当 $m = n$ 时, 可取 $P_k = Q_k$, 此时可由 (8.2.17) 得到 $P_k^\mathsf{T} v_k$ 的前 $k-1$ 个元素. 因此, 只需近似 $u_k^\mathsf{T} J_k u_k$. 如果 u_k 是坐标向量 e_j, 则可由

$$e_j^\mathsf{T} J_k e_j \approx F_j(x_k + e_j) - F_j(x_k) \qquad (8.2.20)$$

得到 $u_k^\mathsf{T} J_k u_k$.

P_k 和 Q_k 也可具有不同的维数. 例如, 在第 k 次迭代, 给定正整数 r_1 和 r_2, 选取 $P_k \in \mathbb{R}^{n \times r_1}, Q_k \in \mathbb{R}^{n \times r_2}$. 如果 r_1 和 r_2 都远远小于 n, 则线性方程组 (8.2.6) 的规模要远远小于 $F(x_k) + J_k d = 0$ 的规模. 如果 $r_1 \neq r_2$, (8.2.6) 可能无解或有无穷多个解. 一种可能的方法是求 (8.2.6) 的最小二乘解. 另外可能的方法是极小化 $\|P_k^\mathsf{T}(F(x_k) + J_k Q_k z)\|_1$ 或者 $\|P_k^\mathsf{T}(F(x_k) + J_k Q_k z)\|_\infty$.

8.3 非线性最小二乘的子空间方法

本节考虑非线性最小二乘

$$\min_{x \in \mathbb{R}^n} \|F(x)\|_2^2 = \sum_{i=1}^m F_i(x)^2 \qquad (8.3.1)$$

的子空间方法.

与上一节类似, 设 $q_1^{(k)}, q_2^{(k)}, \cdots, q_{i_k}^{(k)}$ 是子空间 S_k 的一组基, 即

$$S_k = \mathrm{Span}\{q_1^{(k)}, q_2^{(k)}, \cdots, q_{i_k}^{(k)}\}. \qquad (8.3.2)$$

记 $Q_k = (q_1^{(k)}, q_2^{(k)}, \cdots, q_{i_k}^{(k)})$. $\|F(x)\|_2^2$ 在 x_k 处的二阶泰勒展式为

$$\|F(x_k) + J_k d\|_2^2 + d^\mathsf{T} W_k d, \qquad (8.3.3)$$

其中

$$W_k = \sum_{i=1}^m F_i(x_k) \nabla^2 F_i(x_k). \qquad (8.3.4)$$

如果在子空间 S_k 上搜索方向 d, 我们可考虑二次模型

$$\bar{Q}_k(z) = \|F(x_k + J_k Q_k z)\|_2^2 + z^\mathsf{T} B_k z, \tag{8.3.5}$$

这里 $B_k \in \mathbb{R}^{i_k \times i_k}$ 是既约矩阵

$$Q_k^\mathsf{T} W_k Q_k = \sum_{i=1}^{m} F_i(x_k) Q_k^\mathsf{T} \nabla^2 F_i(x_k) Q_k \tag{8.3.6}$$

的近似.

算法 8.3.1 (非线性最小二乘的子空间信赖域算法)

步 1　给出 $x_1 \in \mathbb{R}^n, \Delta_1 > 0, \varepsilon > 0, Q_1$ 和 B_1; $k := 1$.

步 2　求解子问题

$$\min_{z \in \mathbb{R}^{|i_k|}} \bar{Q}_k(z) = \|F(x_k) + J_k Q_k z\|_2^2 + z^\mathsf{T} B_k z \tag{8.3.7a}$$

$$\text{s.t. } \|z\|_2 \leqslant \Delta_k \tag{8.3.7b}$$

得到 z_k, 令 $s_k = Q_k z_k$; 如果 $\|s_k\| \leqslant \varepsilon$, 则停.

步 3　计算 $r_k = \dfrac{\|F(x_k)\|_2^2 - \|F(x_k + s_k)\|_2^2}{\bar{Q}_k(0) - \bar{Q}_k(z_k)}$; 令

$$x_{k+1} = \begin{cases} x_k + s_k, & \text{如果 } f(x_k + s_k) < f(x_k), \\ x_k & \text{其他}, \end{cases} \tag{8.3.8}$$

$$\Delta_{k+1} = \begin{cases} \dfrac{1}{2}\|z_k\|_2, & \text{如果 } r_k < 0.1, \\ 2\Delta_k, & \text{如果 } r_k > 0.9 \text{ 且 } 2\|z_k\| > \Delta_k, \\ \Delta_k, & \text{其他}. \end{cases} \tag{8.3.9}$$

步 4　构造 Q_{k+1} 和 B_{k+1}; 令 $k := k + 1$, 转步 2.

算法 8.3.1 运用了子空间技术, 是非线性最小二乘的标准信赖域算法的改进[252, 254]. 如果子空间 S_k 包含了 $\|F(x)\|_2^2$ 在 x_k 处的一个下降方向, 则预估下降量 $\bar{Q}_k(0) - \bar{Q}_k(z_k)$ 有下界.

引理 8.3.1　如果存在向量 $\bar{z}_k \neq 0$, 使得 $\bar{d}_k = Q_k \bar{z}_k \in S_k$ 且

$$\bar{d}_k^\mathsf{T} J_k^\mathsf{T} F(x_k) < 0, \tag{8.3.10}$$

则

$$\bar{Q}_k(0) - \bar{Q}_k(z_k) \geqslant \dfrac{1}{2}\xi_\Delta(x_k) \min\left\{1, \dfrac{\xi_\Delta(x_k)}{2\|B_k\|_2 \Delta_k^2}\right\}, \tag{8.3.11}$$

其中

$$\xi_{\Delta_k}(x_k) = \max_{\|\alpha \bar{z}_k\|_2 \leqslant \Delta_k} (\|F(x_k)\|_2^2 - \|F(x_k) - \alpha J_k Q_k \bar{z}_k\|_2^2). \tag{8.3.12}$$

8.3 非线性最小二乘的子空间方法

证明 因为 z_k 是 (8.3.7) 的极小点,所以

$$\bar{Q}_k(0) - \bar{Q}_k(z_k) \geqslant \bar{Q}_k(0) - \min_{\|\alpha \bar{z}_k\|_2 \leqslant \Delta_k} \bar{Q}_k(\alpha \bar{z}_k). \tag{8.3.13}$$

由 $\|F(x_k) + J_k Q_k z\|_2^2$ 的凸性,类似于 Powell 的 [186] 和 Yuan 的 [252],有

$$\bar{Q}_k(0) - \min_{\|\alpha \bar{z}_k\|_2 \leqslant \Delta_k} \bar{Q}_k(\alpha \bar{z}_k) \geqslant \frac{1}{2} \xi_\Delta(x_k) \min\left\{1, \frac{\xi_\Delta(x_k)}{2\|B_k\|_2 \Delta_k^2}\right\}, \tag{8.3.14}$$

其中 $\xi_{\Delta_k}(x_k)$ 由 (8.3.12) 定义. □

特别地,如果 $-J_k^+ F(x_k) \in S_k$,且 $-J_k^+ F(x_k)/\|J_k^+ F(x_k)\|_2$ 是 Q_k 的某一列,则

$$\bar{Q}_k(0) - \bar{Q}_k(z_k) \geqslant \frac{1}{2} \eta_\Delta(x_k) \min\left\{1, \frac{\eta_\Delta(x_k)}{2\|B_k\|_2 \Delta_k^2}\right\}, \tag{8.3.15}$$

其中

$$\eta_{\Delta_k}(x_k) = \max_{\|\alpha J_k^+ F(x_k)\|_2 \leqslant \Delta_k} (\|F(x_k)\|_2^2 - \|F(x_k) - \alpha J_k J_k^+ F(x_k)\|_2^2). \tag{8.3.16}$$

利用 (8.3.16) 可以证明算法 8.3.1 全局收敛. 算法 8.3.1 将信赖域约束施加在既约变量 z 上而不是原始变量 x 上,因此试探步 s_k 不仅依赖于 z_k 而且还依赖于 Q_k. 例如,如果加倍 Q_k,则 s_k 也加倍. 因此,合理的做法是选取 Q_k 的所有列都为单位长度向量. 比如,可以用 $s_i/\|s_i\|_2$ 替代 s_i. 从数值的角度,也可以选取 Q_k 使得 $Q_k Q_k^\mathsf{T}$ 是 $\mathbb{R}^n$ 到 S_k 的一个投影.

事实上,也可以不把信赖域约束施加在 z 上,而直接要求试探步在子空间 S_k 上且满足信赖域条件,即求 s_k,使其是子问题

$$\min_{s \in S_k} \hat{Q}_k(s) = \|F(x_k) + J_k s\|_2^2 + s^\mathsf{T} \hat{B}_k s \tag{8.3.17a}$$

$$\text{s.t.} \ \|s\|_2 \leqslant \Delta_k \tag{8.3.17b}$$

的解. 因为 S_k 的任何正交基都可构成矩阵 Q_k,所以可适当选取 Q_k 使得子问题 (8.3.7) 易于求解且近似矩阵 $B_k = Q_k \hat{B}_k Q_k$ 易于得到.

类似于无约束优化的子空间方法, (8.3.17) 的一个显而易见的子空间取法是

$$S_k = \mathrm{Span}\{-J_k^+ F(x_k), s_{k-1}, \cdots, s_2, s_1\}; \tag{8.3.18}$$

也可用一个随机单位向量或任意一个下降坐标方向替代 (8.3.18) 中的 $-J_k^+ F(x_k)$. 与上一节不同的是 B_k 的近似. 由于它是 Hessian 矩阵 (8.3.4) 的投影 (或既约) 近似,因此需要一些 $F(x)$ 的二阶信息. 与前讨论类似,由 (8.3.18), B_k 的大部分元

素可以由 $s_i\nabla^2 F_t(x_k)s_j$ 表示. 因此可尽量利用函数值 $F_t(x_j)$, $F_t(x_{j+1})$, $F_t(x_i)$ 和 $F_t(x_{i+1})$ 来得到 $s_i\nabla^2 F_t(x_k)s_j$ 的一个好的近似.

在 (8.3.7) 的目标函数中, 也可用一个更短的既约残量项替代 $F(x_k)+J_kQ_kz$. 例如, 考虑如下的子问题:

$$\min_{z\in\mathbb{R}^{|i_k|}} \bar{Q}_k(z) = \|P_k^\mathsf{T}(F(x_k)+J_kQ_kz)\|_2^2 + z^\mathsf{T}B_kz \tag{8.3.19a}$$

$$\text{s.t.} \quad \|z\|_2 \leqslant \Delta_k, \tag{8.3.19b}$$

其中 $P_k \in \mathbb{R}^{m\times p_k}(p_k \ll m)$ 的选取方法可参照上一节.

对于大规模非线性方程组和非线性最小二乘问题, 还可运用大规模无约束优化的子空间技术来求解. 关键问题是如何利用非线性方程组和非线性最小二乘问题本身的性质和结构, 构造高效的子空间方法, 并考虑其在实际问题上的应用, 这些都亟待深入研究.

第 9 章 其他方法

本章介绍非线性方程组的其他方法，包括正则化牛顿法、谱梯度投影法、高斯–牛顿–BFGS 方法、正交化方法、滤子法、非光滑牛顿法等方法.

9.1 正则化牛顿法

本节考虑单调非线性方程组

$$F(x) = 0, \tag{9.1.1}$$

其中 $F: \mathbb{R}^n \to \mathbb{R}^n$ 是连续可微的单调函数, 即

$$\langle F(x) - F(y), x - y \rangle \geqslant 0, \quad \forall x, y \in \mathbb{R}^n. \tag{9.1.2}$$

这里 $\langle \cdot, \cdot \rangle$ 表示 $\mathbb{R}^n$ 中的内积. 一些单调非线性互补问题和变分不等式问题可转化为单调非线性方程组 [39, 95, 212, 241, 275], 无约束凸优化问题也可以简化为单调非线性方程组问题 [152]. 前几章所述的方法都可以用来求解单调非线性方程组. 本节将根据单调非线性方程组的特有性质讨论它的求解方法.

因为 $F(x)$ 单调, 所以 Jacobi 矩阵 $J(x)$ 半正定, 即

$$d^\mathsf{T} J(x) d \geqslant 0, \quad \forall x, d \in \mathbb{R}^n. \tag{9.1.3}$$

但 $J(x)$ 不一定对称或者非奇异. 例如, 矩阵 $\begin{pmatrix} 2 & 1 & 0 \\ 0 & 1 & 0 \\ 0 & 0 & 0 \end{pmatrix}$ 是半正定矩阵, 但它非对称且奇异.

为克服 J_k 奇异或靠近奇异所带来的困难, 正则化牛顿法引入了正则化参数 $\lambda_k > 0$, 每次迭代求解线性方程组

$$(J_k + \lambda_k I) d = -F_k. \tag{9.1.4}$$

设 (9.1.4) 的解为 d_k. 如果 Jacobi 矩阵 Lipschitz 连续且在解处非奇异, 则有

$$\|d_{k+1}\| \leqslant \kappa(\|d_k\|^2 + \lambda_k \|d_k\|), \tag{9.1.5}$$

其中 $\kappa > 0$ 为常数 [132].

正则化参数 λ_k 的引入使得 d_k 偏离了 Moore-Penrose 步 $d_k^{\mathrm{MP}} = -J_k^+ F_k$. Fan 和 Yuan [86] 注意到, 如果用 $-F_k + \lambda_k d_k^{\mathrm{MP}}$ 替代 (9.1.4) 的右端项, 则 d_k^{MP} 是 (9.1.4) 的解. 但 d_k^{MP} 的计算量通常很大, 因此他们用已知的 d_k 替代 d_k^{MP}. 考虑线性方程组

$$(J_k + \lambda_k I)s = -F_k + \lambda_k d_k. \tag{9.1.6}$$

设 (9.1.6) 的解为 s_k, 则 s_k 比 d_k 更靠近 d_k^{MP}. 称

$$\tilde{d}_k = \lambda_k (J_k + \lambda_k I)^{-1} d_k \tag{9.1.7}$$

为修正步. 注意到线性方程组 (9.1.6) 的系数矩阵和 (9.1.4) 的系数矩阵相同, 故可利用求解 (9.1.4) 时 $J_k + \lambda_k I$ 的分解, 只需要少量的计算即可求得 s_k. 这里选取

$$\lambda_k = \|F_k\|. \tag{9.1.8}$$

下面讨论修正正则化牛顿法

$$x_{k+1} = x_k + s_k \tag{9.1.9}$$

的收敛速度.

假设 9.1.1 (i) $F(x): \mathbb{R}^n \to \mathbb{R}^n$ 连续可微且单调, $J(x)$ 在 $x^* \in X^*$ 的某邻域内 Lipschitz 连续, 即存在常数 $0 < r < 1$ 和 $\kappa_{\mathrm{lj}} > 0$, 使得

$$\|J(y) - J(x)\| \leqslant \kappa_{\mathrm{lj}} \|y - x\|, \quad \forall x, y \in N(x^*, r). \tag{9.1.10}$$

(ii) $\|F(x)\|$ 在 $N(x^*, r)$ 上具有局部误差界, 即存在常数 $\kappa_{\mathrm{leb}} > 0$, 使得

$$\|F(x)\| \geqslant \kappa_{\mathrm{leb}} \operatorname{dist}(x, X^*), \quad \forall x \in N(x^*, r). \tag{9.1.11}$$

由 (9.1.10) 可知

$$\|F(y) - F(x) - J(x)(y - x)\| \leqslant \kappa_{\mathrm{lj}} \|y - x\|^2, \quad \forall x, y \in N(x^*, r), \tag{9.1.12}$$

故存在常数 $\kappa_{\mathrm{lf}} > 0$, 使得

$$\|F(y) - F(x)\| \leqslant \kappa_{\mathrm{lf}} \|y - x\|, \quad \forall x, y \in N(x^*, r). \tag{9.1.13}$$

下面给出半正定矩阵 J_k 的性质.

引理 9.1.1 $A \in \mathbb{R}^{n \times n}$ 是半正定矩阵当且仅当 $(A + A^{\mathrm{T}})/2$ 是半正定矩阵.

9.1 正则化牛顿法

引理 9.1.2 设 $A \in \mathbb{R}^{n \times n}$ 是半正定矩阵. 则对任意 $\alpha > 0$ 都有

$$\|A + \alpha I\| \geqslant \alpha, \quad \|(A + \alpha I)^{-1}\| \leqslant \alpha^{-1}. \tag{9.1.14}$$

证明 由引理 9.1.1 和 2 范数的定义可知

$$\begin{aligned}\|A + \alpha I\| &= \sqrt{\lambda_{\max}((A + \alpha I)^\mathsf{T}(A + \alpha I))} \\ &= \sqrt{\lambda_{\max}(A^\mathsf{T} A + \alpha(A^\mathsf{T} + A) + \alpha^2 I)} \\ &\geqslant \sqrt{\lambda_{\max}(\alpha^2 I)} \\ &= \alpha,\end{aligned} \tag{9.1.15}$$

其中 $\lambda_{\max}((A + \alpha I)^\mathsf{T}(A + \alpha I))$ 是 $(A + \alpha I)^\mathsf{T}(A + \alpha I)$ 的最大特征值. 类似地, 有

$$\begin{aligned}\|(A + \alpha I)^{-1}\| &= \sqrt{\lambda_{\max}((A + \alpha I)^{-\mathsf{T}}(A + \alpha I)^{-1})} \\ &= \sqrt{\lambda_{\max}(((A + \alpha I)(A + \alpha I)^\mathsf{T})^{-1})} \\ &= \sqrt{1/\lambda_{\min}(AA^\mathsf{T} + \alpha(A + A^\mathsf{T}) + \alpha^2 I)} \\ &\leqslant \alpha^{-1}.\end{aligned} \tag{9.1.16}$$

故引理成立. $\square$

记 $\bar{x}_k$ 为 X^* 中离 x_k 最近的点, 即 $\|x_k - \bar{x}_k\| = \text{dist}(x_k, X^*)$.

引理 9.1.3 设 $F: \mathbb{R}^n \to \mathbb{R}^n$ 满足假设 9.1.1. 如果 $x_k \in N(x^*, r/2)$, 则存在常数 $c_1 > 0$, 使得

$$\|s_k\| \leqslant c_1 \text{dist}(x_k, X^*). \tag{9.1.17}$$

证明 因为 $x_k \in N(x^*, r/2)$, 所以

$$\|\bar{x}_k - x^*\| \leqslant \|\bar{x}_k - x_k\| + \|x_k - x^*\| \leqslant 2\|x_k - x^*\| \leqslant r, \tag{9.1.18}$$

故 $\bar{x}_k \in N(x^*, r)$. 由 (9.1.8), (9.1.11) 和 (9.1.13) 可知

$$\kappa_{\text{leb}}\|\bar{x}_k - x_k\| \leqslant \lambda_k = \|F_k\| \leqslant \kappa_{\text{lf}}\|\bar{x}_k - x_k\|. \tag{9.1.19}$$

利用 $\tilde{d}_k$ 的定义和引理 9.1.2, 有

$$\|\tilde{d}_k\| = \| - \lambda_k (J_k + \lambda_k I)^{-1} d_k\| \leqslant \lambda_k \|(J_k + \lambda_k I)^{-1}\| \|d_k\| \leqslant \|d_k\|. \tag{9.1.20}$$

又由 (9.1.12), (9.1.19), 引理 9.1.2 和 $F(\bar{x}_k) = 0$ 可得

$$\begin{aligned}
\|d_k - (\bar{x}_k - x_k)\| &= \|-(J_k + \lambda_k I)^{-1} F_k - \bar{x}_k + x_k\| \\
&= \|(J_k + \lambda_k I)^{-1}(F_k + (J_k + \lambda_k I)(\bar{x}_k - x_k))\| \\
&\leqslant \|(J_k + \lambda_k I)^{-1}\|(\|F_k + J_k(\bar{x}_k - x_k)\| + \lambda_k \|\bar{x}_k - x_k\|) \\
&\leqslant \lambda_k^{-1} \kappa_{\mathrm{lj}} \|\bar{x}_k - x_k\|^2 + \|\bar{x}_k - x_k\| \\
&\leqslant (\kappa_{\mathrm{leb}}^{-1} \kappa_{\mathrm{lj}} + 1)\|\bar{x}_k - x_k\|,
\end{aligned} \tag{9.1.21}$$

故

$$\|d_k\| \leqslant (\kappa_{\mathrm{leb}}^{-1} \kappa_{\mathrm{lj}} + 2)\|\bar{x}_k - x_k\|. \tag{9.1.22}$$

综合 (9.1.20) 和 (9.1.22), 有

$$\|s_k\| = \|d_k + \tilde{d}_k\| \leqslant c_1 \|\bar{x}_k - x_k\|, \tag{9.1.23}$$

其中 $c_1 = 2(\kappa_{\mathrm{leb}}^{-1} \kappa_{\mathrm{lj}} + 2)$ 是常数. □

定理 9.1.1 设 $F : \mathbb{R}^n \to \mathbb{R}^n$ 满足假设 9.1.1, 则存在 $\epsilon > 0$, 使得对任意 $x_1 \in N(x^*, \epsilon)$, 修正正则化牛顿法 (9.1.9) 产生的迭代点列 $\{x_k\}$ 二次收敛到 (9.1.1) 的某个解.

证明 首先假设 $x_k, x_{k+1} \in N(x^*, r/2)$. 由 (9.1.6), (9.1.11), (9.1.12) 和 (9.1.20)–(9.1.23) 可知

$$\begin{aligned}
\|\bar{x}_{k+1} - x_{k+1}\| &\leqslant \kappa_{\mathrm{leb}}^{-1} \|F(x_{k+1})\| \\
&\leqslant \kappa_{\mathrm{leb}}^{-1} \|F_k + J_k s_k\| + \kappa_{\mathrm{leb}}^{-1} \kappa_{\mathrm{lj}} \|s_k\|^2 \\
&= \kappa_{\mathrm{leb}}^{-1} \lambda_k \|\tilde{d}_k\| + \kappa_{\mathrm{leb}}^{-1} \kappa_{\mathrm{lj}} \|s_k\|^2 \\
&\leqslant c_2 \|\bar{x}_k - x_k\|^2,
\end{aligned} \tag{9.1.24}$$

其中 $c_2 = \kappa_{\mathrm{leb}}^{-1}(\kappa_{\mathrm{leb}}^{-1} \kappa_{\mathrm{lj}} + 2)\kappa_{\mathrm{lf}} + \kappa_{\mathrm{leb}}^{-1} \kappa_{\mathrm{lj}} c_1^2$ 是常数.

令

$$\epsilon = \min\left\{\frac{r}{2(1 + 3c_1)}, \frac{1}{2c_2}\right\}. \tag{9.1.25}$$

下面通过归纳法证明, 如果 $x_1 \in N(x^*, \epsilon)$, 则对所有的 k, 有 $x_k \in N(x^*, r/2)$.

由引理 9.1.3 可知

$$\|x_2 - x^*\| = \|x_1 + s_1 - x^*\| \leqslant \|x_1 - x^*\| + c_1 \|x_1 - \bar{x}_1\| \leqslant (1 + c_1)\epsilon \leqslant \frac{r}{2}, \tag{9.1.26}$$

9.1 正则化牛顿法

因此 $x_2 \in N(x^*, r/2)$. 假设 $x_i \in N(x^*, r/2)$ 对 $i = 2, \cdots, k$ 成立, 下证 $x_{k+1} \in N(x^*, r/2)$. 由引理 9.1.3, (9.1.24) 以及 (9.1.25), 可得

$$\|x_i - \bar{x}_i\| \leqslant c_2 \|x_{i-1} - \bar{x}_{i-1}\|^2 \leqslant \cdots \leqslant c_2^{2^i-1} \|x_1 - \bar{x}_1\|^{2^i} \leqslant 2\left(\frac{1}{2}\right)^{2^i} \epsilon. \tag{9.1.27}$$

从而,

$$\|x_{k+1} - x^*\| \leqslant \|x_2 - x^*\| + \sum_{i=1}^{k} \|s_k\|$$

$$\leqslant (1+c_1)\epsilon + c_1 \sum_{i=1}^{k} \|x_i - \bar{x}_i\|$$

$$\leqslant (1+c_1)\epsilon + 2c_1 \epsilon \sum_{i=1}^{k} \left(\frac{1}{2}\right)^{2^i}$$

$$\leqslant (1+c_1)\epsilon + 2c_1 \epsilon \sum_{i=1}^{\infty} \left(\frac{1}{2}\right)^{i}$$

$$\leqslant (1+3c_1)\epsilon$$

$$\leqslant \frac{r}{2}, \tag{9.1.28}$$

故 $x_{k+1} \in N(x^*, r/2)$. 因此, 对所有的 k, 有 $x_k \in N(x^*, r/2)$. 从而由 (9.1.24) 可知 $\{x_k\}$ 二次收敛到 (9.1.1) 的解集 X^*.

注意到

$$\|\bar{x}_k - x_k\| \leqslant \|\bar{x}_{k+1} - x_k\| \leqslant \|\bar{x}_{k+1} - x_{k+1}\| + \|s_k\|, \tag{9.1.29}$$

由 (9.1.24) 可知

$$\|\bar{x}_k - x_k\| \leqslant 2\|s_k\| \tag{9.1.30}$$

对充分大的 k 成立. 综合 (9.1.23), (9.1.24) 和 (9.1.30), 可得

$$\|s_{k+1}\| \leqslant O(\|s_k\|^2). \tag{9.1.31}$$

因此 $\{x_k\}$ 二次收敛到 (9.1.1) 的某个解. □

下面给出线搜索修正正则化牛顿法. 因为 J_k 半正定, 所以

$$d_k^{\mathrm{T}} J_k^{\mathrm{T}} F_k = -d_k^{\mathrm{T}} J_k^{\mathrm{T}} J_k d_k - \lambda_k d_k^{\mathrm{T}} J_k^{\mathrm{T}} d_k \leqslant 0. \tag{9.1.32}$$

由于 J_k 不一定正定，上述不等式不能保证 d_k 是价值函数 $\phi(x) = \frac{1}{2}\|F(x)\|^2$ 在 x_k 处的下降方向，s_k 也不一定是 $\phi(x)$ 在 x_k 处的下降方向. 所以当 s_k 不能使得 $\phi(x)$ 的值下降时，求解

$$(J_k^\mathrm{T} J_k + \lambda_k I)s = -J_k^\mathrm{T} F_k, \tag{9.1.33}$$

得到 Levenberg-Marquardt 步 $\bar{s}_k$. 因为

$$\bar{s}_k^\mathrm{T} J_k^\mathrm{T} F_k = -\bar{s}_k^\mathrm{T}(J_k^\mathrm{T} J_k + \lambda_k I)\bar{s}_k < 0, \tag{9.1.34}$$

所以 $\bar{s}_k$ 总是 $\phi(x)$ 在 x_k 处的下降方向. 利用 Wolfe 线搜索或 Armijo 线搜索沿 $\bar{s}_k$ 进行一维搜索得到步长 α_k. 如果 Jacobi 矩阵 Lipschitz 连续, 则有

$$\|F(x_k + \alpha_k \bar{s}_k)\|^2 \leqslant \|F(x_k)\|^2 - \beta \frac{(\bar{s}_k^\mathrm{T} J_k^\mathrm{T} F_k)^2}{\|\bar{s}_k\|^2}, \tag{9.1.35}$$

其中 β 为正常数 [253, 254].

算法 9.1.1 (单调非线性方程组的修正正则化牛顿法)

步 1 给出 $x_1 \in \mathbb{R}^n, \eta \in (0,1), \varepsilon \geqslant 0$; $k := 1$.

步 2 如果 $\|J_k^\mathrm{T} F_k\| \leqslant \varepsilon$, 则停; 计算 $\lambda_k = \|F_k\|$; 求解 (9.1.4) 得到 d_k; 求解 (9.1.6) 得到 s_k.

步 3 如果 s_k 满足

$$\|F(x_k + s_k)\| \leqslant \eta \|F(x_k)\|, \tag{9.1.36}$$

则令 $x_{k+1} := x_k + s_k$; 否则求解 (9.1.33) 得到 $\bar{s}_k$, 计算满足 (9.1.35) 的步长 α_k, 令 $x_{k+1} := x_k + \alpha_k \bar{s}_k$.

步 4 令 $k := k+1$, 转步 2.

算法 9.1.1 在 s_k 不满足 (9.1.36) 时, 采用 Levenberg-Marquardt 步 $\bar{s}_k$, 因为它是价值函数在 x_k 处的下降方向. 事实上, 也可采用其他下降方向.

下面讨论算法 9.1.1 的收敛性质.

定理 9.1.2 设 $F(x) : \mathbb{R}^n \to \mathbb{R}^n$ 是连续可微函数, $F(x)$ 和 $J(x)$ 都 Lipschitz 连续, 则算法 9.1.1 产生的迭代点列 $\{x_k\}$ 满足

$$\lim_{k \to \infty} \|J_k^\mathrm{T} F_k\| = 0. \tag{9.1.37}$$

如果 $\{x_k\} \subset N(x^*)$ 收敛到 (9.1.1) 的解集, $F(x)$ 在 $N(x^*)$ 内具有局部误差界, 则 $\{x_k\}$ 二次收敛到 (9.1.1) 的某个解.

证明 易知 $\|F_k\|$ 单调递减有下界. 如果 $\|F_k\|$ 收敛到 0, 则 $\{x_k\}$ 的任何聚点都是 (9.1.1) 的解. 否则, $\|F(x_k)\| \to \gamma$, 这里 γ 是大于 0 的常数. 此时, 不等式 (9.1.36) 有限次成立, 故 (9.1.35) 对所有充分大的 k 成立. 因此,

$$\sum_{k=1}^{\infty} \frac{(\bar{s}_k^\mathsf{T} J_k^\mathsf{T} F_k)^2}{\|\bar{s}_k\|^2} < +\infty. \tag{9.1.38}$$

而由 $\bar{s}_k$ 的定义和 $\lambda_k = \|F_k\| \geqslant \gamma$ 可知

$$(\bar{s}_k^\mathsf{T} J_k^\mathsf{T} F_k)^2 = (\bar{s}_k^\mathsf{T} (J_k^\mathsf{T} J_k + \lambda_k I) \bar{s}_k)^2 \geqslant \gamma^2 \|\bar{s}_k\|^4, \tag{9.1.39}$$

故

$$\lim_{k \to \infty} \|\bar{s}_k\| = 0. \tag{9.1.40}$$

因为 $F(x)$ Lipschitz 连续, 所以 $J(x)$ 有界. 又 $\lambda_k = \|F_k\| \leqslant \|F_1\|$, 从而由 (9.1.33) 可得 (9.1.37).

由假设知, 存在 $\tilde{k}$, 使得 $\|F_{\tilde{k}}\| \leqslant \dfrac{\eta \kappa_{\text{leb}}^2}{c_2 \kappa_{\text{lf}}}$, 且对所有的 $k \geqslant \tilde{k}$, $x_k \in N(x^*, \epsilon)$, 这里 $\kappa_{\text{leb}}, c_2, \kappa_{\text{lf}}, \eta$ 和 ϵ 如本节前面所定义. 由 (9.1.11), (9.1.13) 和 (9.1.24) 可得

$$\begin{aligned}\frac{\|F(x_{\tilde{k}+1})\|}{\|F(x_{\tilde{k}})\|} &\leqslant \frac{\kappa_{\text{lf}} \|x_{\tilde{k}+1} - \bar{x}_{\tilde{k}+1}\|}{\kappa_{\text{leb}} \|x_{\tilde{k}} - \bar{x}_{\tilde{k}}\|} \leqslant \frac{\kappa_{\text{lf}} c_2}{\kappa_{\text{leb}}} \|x_{\tilde{k}} - \bar{x}_{\tilde{k}}\| \\ &\leqslant \frac{\kappa_{\text{lf}} c_2 \|F(x_{\tilde{k}})\|}{\kappa_{\text{leb}}^2} \leqslant \eta. \end{aligned} \tag{9.1.41}$$

进一步, $\|F(x_{k+1})\| \leqslant \eta \|F(x_k)\|$ 对所有的 $k > \tilde{k}$ 成立. 故对所有充分大的 k, $x_{k+1} = x_k + s_k$. 由定理 9.1.1 可知, $\{x_k\}$ 二次收敛到 (9.1.1) 的某个解. □

下面讨论修正正则化牛顿法在无约束凸优化问题上的应用. 考虑

$$\min_{x \in \mathbb{R}^n} f(x), \tag{9.1.42}$$

其中 $f: \mathbb{R}^n \to \mathbb{R}$ 是单调凸二次连续可微函数. 设 $f(x)$ 的极小点集合 S^* 非空. 记 $g(x) = \nabla f(x)$, $H(x) = \nabla^2 f(x)$. 因为 $f(x)$ 是凸函数, 所以 $H(x)$ 对称半正定, 故 $x^* \in S^*$ 当且仅当 x^* 是非线性方程组

$$g(x) = 0 \tag{9.1.43}$$

的解. Hanger 和 Zhang [116, 117], Li, Fukushima, Qi 和 Yamashita [152] 分别研究了 (9.1.42) 的邻近点法和非精确牛顿法及其在局部误差界条件下的收敛性质.

设 d_k 是线性方程组

$$(H_k + \lambda_k I)d = -g_k \tag{9.1.44}$$

的解, s_k 是

$$(H_k + \lambda_k I)s = -g_k + \lambda_k d_k \tag{9.1.45}$$

的解. 则有

$$s_k^T g_k = -d_k^T H_k d_k - 2\lambda_k d_k^T d_k < 0, \tag{9.1.46}$$

即 s_k 总是 $f(x)$ 在 x_k 处的下降方向. 所以, 当 s_k 不满足 (9.1.36) 时, 可直接沿着 s_k (不需要计算 LM 步 $\bar{s}_k$) 进行一维线搜索.

也可利用信赖域技巧保证修正正则化牛顿法全局收敛. 下面给出求解无约束凸优化 (9.1.42) 的基于信赖域的修正正则化牛顿算法 [86].

算法 9.1.2 (无约束凸优化的修正正则化牛顿法)

步 1 给出 $x_1 \in \mathbb{R}^n, \varepsilon \geqslant 0, \mu_1 > \mu_{\min} > 0, a_1 > 1 > a_2 > 0, 0 < p_0 < p_1 < p_2 < 1; k := 1$.

步 2 如果 $\|g_k\| \leqslant \varepsilon$, 则停; 计算 $\lambda_k = \mu_k \|g_k\|$; 求解 (9.1.44) 得到 d_k; 求解 (9.1.45) 得到 s_k.

步 3 计算 $r_k = \dfrac{f_k - f(x_k + s_k)}{-g_k^T s_k - \dfrac{1}{2} s_k^T H_k s_k}$; 计算

$$x_{k+1} = \begin{cases} x_k + s_k, & \text{如果 } r_k \geqslant p_0, \\ x_k, & \text{其他,} \end{cases} \tag{9.1.47}$$

$$\mu_{k+1} = \begin{cases} a_1 \mu_k, & \text{如果 } r_k < p_1, \\ \mu_k, & \text{如果 } r_k \in [p_1, p_2], \\ \max\{a_2 \mu_k, \mu_{\min}\}, & \text{其他.} \end{cases} \tag{9.1.48}$$

步 4 令 $k := k+1$, 转步 2.

由 (9.1.44), (9.1.45) 和引理 9.1.2 易知修正步

$$\tilde{d}_k = s_k - d_k = (H_k + \lambda_k I)^{-1} \lambda_k d_k \tag{9.1.49}$$

满足

$$\|\tilde{d}_k\| \leqslant \|d_k\|, \tag{9.1.50}$$

9.1 正则化牛顿法

故
$$\|s_k\| = \|d_k + \tilde{d}_k\| \leqslant 2\|d_k\|. \tag{9.1.51}$$

注意到 d_k 不仅是无约束凸优化问题
$$\min_{d \in \mathbb{R}^n} g_k^\mathsf{T} d + \frac{1}{2} d^\mathsf{T}(H_k + \lambda_k I)d \tag{9.1.52}$$

的解, 而且是信赖域问题
$$\min_{d \in \mathbb{R}^n} \varphi(d) = g_k^\mathsf{T} d + \frac{1}{2} d^\mathsf{T} H_k d, \tag{9.1.53a}$$
$$\text{s.t.} \quad \|d\| \leqslant \Delta_k := \|d_k\| \tag{9.1.53b}$$

的解. 故由 Powell 的文献 [187] 中结论可得
$$\varphi(0) - \varphi(d_k) \geqslant \frac{1}{2}\|g_k\| \min\left\{\|d_k\|, \frac{\|g_k\|}{\|H_k\|}\right\}. \tag{9.1.54}$$

简单计算可知
$$\begin{aligned}
\varphi(d_k) - \varphi(s_k) &= g_k^\mathsf{T} d_k + \frac{1}{2} d_k^\mathsf{T} H_k d_k - g_k^\mathsf{T} s_k - \frac{1}{2} s_k^\mathsf{T} H_k s_k \\
&= -g_k^\mathsf{T} \tilde{d}_k - \frac{1}{2} \tilde{d}_k^\mathsf{T} H_k \tilde{d}_k - \tilde{d}_k^\mathsf{T} H_k d_k \\
&= \lambda_k \tilde{d}_k^\mathsf{T} d_k - \frac{1}{2} \tilde{d}_k^\mathsf{T} H_k \tilde{d}_k \\
&= \frac{1}{2} \tilde{d}_k^\mathsf{T} H_k \tilde{d}_k + \lambda_k \tilde{d}_k^\mathsf{T} \tilde{d}_k \\
&\geqslant 0.
\end{aligned} \tag{9.1.55}$$

因此
$$\begin{aligned}
\text{Pred}_k &= \varphi(0) - \varphi(s_k) \geqslant \varphi(0) - \varphi(d_k) \\
&\geqslant \frac{1}{2}\|g_k\| \min\left\{\frac{\|s_k\|}{2}, \frac{\|g_k\|}{\|H_k\|}\right\}.
\end{aligned} \tag{9.1.56}$$

算法 9.1.2 有如下的收敛性结果.

定理 9.1.3 设 $f(x): \mathbb{R}^n \to \mathbb{R}$ 是二次连续可微凸函数且有下界, $g(x)$ 和 $H(x)$ 都 Lipschitz 连续. 则算法 9.1.2 产生的迭代点列 $\{x_k\}$ 满足
$$\liminf_{k \to \infty} \|g_k\| = 0. \tag{9.1.57}$$

如果 $g(x)$ 在 $f(x)$ 的某个极小点邻域内具有局部误差界, 则 $\{x_k\}$ 二次收敛.

定理 9.1.3 的证明可见文献 [86].

9.2 谱梯度投影法

本节考虑单调非线性方程组 (9.1.1) 的谱梯度投影法. 如果 F 是某个凸函数 $f:\mathbb{R}^n\to\mathbb{R}$ 的梯度, 即 $F=\nabla f$, 则非线性方程组 (9.1.1) 等价于无约束凸优化问题

$$\min_{x\in\mathbb{R}^n} f(x). \tag{9.2.1}$$

因此可以利用求解 (9.2.1) 的无约束优化方法来求解 (9.1.1). Barzilai 和 Borwein [6] 提出了一个两点步长梯度法, 利用当前迭代点和前一个迭代点的信息来确定步长. 在此基础上, La Cruz 和 Raydan [142] 提出了非线性方程组的谱梯度法, 每次迭代以 $-F_k$ 作为搜索方向, 计算

$$x_{k+1}=x_k-\alpha_k F_k, \tag{9.2.2}$$

其中

$$\alpha_k=\frac{s_{k-1}^\mathsf{T} s_{k-1}}{s_{k-1}^\mathsf{T} y_{k-1}}, \tag{9.2.3}$$

$$s_{k-1}=x_k-x_{k-1},\quad y_{k-1}=F_k-F_{k-1}. \tag{9.2.4}$$

谱梯度法不需要计算 $F(x)$ 的 Jacobi 矩阵, 是一个无导数方法.

Li 和 Li [154] 提出了单调非线性方程组 (9.1.1) 的谱梯度投影法. 在第 k 次迭代, 计算试探步

$$d_k=-\delta_k F_k, \tag{9.2.5}$$

其中 $\delta'\leqslant\delta_k\leqslant M, M\geqslant\delta'$ 为正常数. 此时有

$$F_k^\mathsf{T} d_k\leqslant-\delta\|F_k\|^2, \tag{9.2.6}$$

这里 $\delta>0$ 为常数. 因此, 如果 F 是某个实值函数 $f:\mathbb{R}^n\to\mathbb{R}$ 的梯度, 则 d_k 是 f 在 x_k 处的下降方向.

沿 d_k 进行线搜索, 计算步长 $\alpha_k=\max\{\beta\rho^i\mid i=0,1,\cdots\}$, 使其满足

$$F(x_k+\alpha_k d_k)^\mathsf{T} d_k\leqslant-\sigma\alpha_k\|F(x_k+\alpha_k d_k)\|\|d_k\|^2. \tag{9.2.7}$$

通常令下一个迭代点为 $x_k+\alpha_k d_k$. 但因为 $F(x)$ 是单调函数, 所以可进行加速. 令 $z_k=x_k+\alpha_k d_k$, 则超平面

$$H_k=\{x\in\mathbb{R}^n\mid\langle F(z_k),x-z_k\rangle=0\} \tag{9.2.8}$$

严格分离 x_k 和解集 X^*. 将 z_k 在 H_k 上的投影作为下一个迭代点, 即

$$x_{k+1} = x_k - \frac{F(z_k)^\mathsf{T}(x_k - z_k)}{\|F(z_k)\|^2} F(z_k). \tag{9.2.9}$$

如果 F 单调且 Lipschitz 连续, 上述谱梯度投影法收敛到 (9.1.1) 的某个解.

线搜索 (9.2.7) 是无导数线搜索, 由 Solodov 和 Svaiter [207] 提出, Zhou 和 Li 等 [268,269,277] 改进. 易见, 如果 d_k 满足 $F_k^\mathsf{T} d_k < 0$, 则不等式 (9.2.7) 对所有充分小的 α_k 都成立. (9.2.5) 中的 δ_k 也可由 (9.2.3) 计算.

无约束优化的共轭梯度法也可推广到单调非线性方程组 (9.1.1). Li 和 Li [154] 考虑每次迭代计算改进 PRP 步:

$$d_k = \begin{cases} -F_1, & \text{如果 } k = 1, \\ -F_k + \beta_k^{\mathrm{PRP}} d_{k-1} + \theta_k y_{k-1}, & \text{如果 } k \geqslant 2, \end{cases} \tag{9.2.10}$$

其中

$$y_{k-1} = F_k - F_{k-1}, \quad \beta_k^{\mathrm{PRP}} = \frac{F_k^\mathsf{T} y_{k-1}}{\|F_{k-1}\|^2}, \quad \theta_k = -\frac{F_k^\mathsf{T} d_{k-1}}{\|F_{k-1}\|^2}. \tag{9.2.11}$$

此时

$$d_k^\mathsf{T} F_k = -\|F_k\|^2 \tag{9.2.12}$$

满足式 (9.2.6), 故改进 PRP 方法仍然收敛到 (9.1.1) 的某个解.

9.3 高斯–牛顿–BFGS 方法

本节考虑对称非线性方程组

$$F(x) = 0, \tag{9.3.1}$$

其中 $F: \mathbb{R}^n \to \mathbb{R}^n$ 连续可微, Jacobi 矩阵 $J(x)$ 对称, 即 $J(x)^\mathsf{T} = J(x)$. 无约束优化的一阶必要性条件、等式约束优化的 KKT 条件、鞍点问题、离散两点边值问题、离散椭圆边值问题等都是对称非线性方程组问题 [181].

在第 k 次迭代, 如果 Jacobi 矩阵 J_k 非奇异, 高斯–牛顿法求解线性方程组

$$J_k^\mathsf{T} J_k d = -J_k^\mathsf{T} F_k \tag{9.3.2}$$

得到高斯–牛顿步 d_k^{GN}. 它满足 $(d_k^{\mathrm{GN}})^\mathsf{T} J_k^\mathsf{T} F_k = -F_k^\mathsf{T} J_k^{-\mathsf{T}} (J_k^\mathsf{T} J_k)^{-1} J_k^\mathsf{T} F_k < 0$, 因此它是价值函数 $\phi(x) = \dfrac{1}{2}\|F(x)\|^2$ 在 x_k 处的下降方向.

拟牛顿法每次迭代计算拟牛顿步 $d_k^{\mathrm{QN}} = -B_k^{-1}F_k$, 其中 B_k 是拟牛顿矩阵. 即使 B_k 正定, d_k^{QN} 也不一定是 $\phi(x)$ 在 x_k 处的下降方向.

Li 和 Fukushima [150] 提出了对称非线性方程组 (9.3.1) 的基于高斯–牛顿法的 BFGS 方法. 用拟牛顿矩阵 B_k 替代 (9.3.2) 中的 $J_k^2 = J_k^{\mathrm{T}} J_k$, 如果 B_k 正定, 则 (9.3.2) 的解为 $\phi(x)$ 在 x_k 处的下降方向. 因为 J_k 对称, 所以对任意 $\theta_k \in \mathbb{R}$, 均有

$$F(x_k + \theta_k F_k) - F_k = \theta_k \int_0^1 J(x_k + t\theta_k F_k) F_k \mathrm{d}t. \tag{9.3.3}$$

当 $\|\theta_k F_k\|$ 很小时, $\int_0^1 J(x_k + t\theta_k F_k)\mathrm{d}t$ 近似于 J_k, 故

$$F(x_k + \theta_k F_k) - F_k \approx \theta_k J_k F_k. \tag{9.3.4}$$

因此线性方程组

$$B_k d = -\theta_k^{-1}(F(x_k + \theta_k F_k) - F_k) \tag{9.3.5}$$

是 (9.3.2) 的近似. 如果 B_k 正定, $\|\theta_k F_k\|$ 充分小, (9.3.5) 的解 d_k 是 $\phi(x)$ 在 x_k 处的下降方向.

如果

$$\|F(x_k + d_k)\| \leqslant \rho \|F_k\|, \tag{9.3.6}$$

可令步长 $\alpha_k = 1$. 否则, 计算步长 α_k, 使得不等式

$$\|F(x_k + \alpha d_k)\|^2 - \|F_k\|^2 \leqslant -\sigma_1 \|\alpha F_k\|^2 - \sigma_2 \|\alpha d_k\|^2 + \epsilon_k \|F_k\|^2 \tag{9.3.7}$$

对 $\alpha = \alpha_k$ 成立, 这里 $\sigma_1, \sigma_2 > 0$ 为常数, $\{\epsilon_k\}$ 为满足 $\sum_{k=0}^{\infty} \epsilon_k < \infty$ 的正数序列. 当 $\alpha \to 0^+$ 时, (9.3.7) 的左边趋于 0, 而右边趋于正常数 $\epsilon_k \|F_k\|^2$. 故 (9.3.7) 对所有充分小的 $\alpha > 0$ 都成立. 因此, 可通过回溯方法求得 α_k.

具体计算时, 可选取 $\theta_k = \alpha_{k-1}$, B_k 由拟牛顿公式修正. 令

$$s_k = x_{k+1} - x_k, \delta_k = F_{k+1} - F_k, y_k = F(x_k + \delta_k) - F_k. \tag{9.3.8}$$

如果 $y_k^{\mathrm{T}} s_k \leqslant 0$, 令 $B_{k+1} = B_k$; 否则 B_k 由 BFGS 公式

$$B_{k+1} = B_k - \frac{B_k s_k s_k^{\mathrm{T}} B_k}{s_k^{\mathrm{T}} B_k s_k} + \frac{y_k y_k^{\mathrm{T}}}{y_k^{\mathrm{T}} s_k} \tag{9.3.9}$$

修正. 如果 B_1 正定, 则所有的 B_k 都正定.

由 (9.3.8) 可知
$$y_k \approx J_{k+1}\delta_k \approx J_{k+1}J_{k+1}s_k. \tag{9.3.10}$$
因为 B_{k+1} 满足拟牛顿公式 $B_{k+1}s_k = y_k$ 且 J_k 对称, 所以
$$B_{k+1}s_k \approx J_{k+1}^{\mathsf{T}}J_{k+1}s_k = J_{k+1}^{\mathsf{T}}J_{k+1}^{\mathsf{T}}s_k. \tag{9.3.11}$$
故 B_{k+1} 是 $J_{k+1}^{\mathsf{T}}J_{k+1}$ 沿 s_k 方向的逼近.

如果 $F : \mathbb{R}^n \to \mathbb{R}^n$ 连续可微, $J(x)$ 对称有界且一致非奇异, 则 $\{x_k\}$ 至少有一聚点是 (9.3.1) 的解. 进一步, 如果 $J(x)$ 在解 x^* 处 Hölder 连续, 则 $\{x_k\}$ 超线性收敛 [150].

9.4 正交化方法

共轭梯度法是求解无约束优化问题 $\min\limits_{x \in \mathbb{R}^n} f(x)$ 的常用方法 [91, 278]. 如果对称矩阵 $J(x)$ 是 $f(x)$ 的 Hessian 矩阵, 则 F 是 f 的梯度. 因此可将无约束优化的共轭梯度法推广到对称非线性方程组 (9.3.1). 在第 k 次迭代, 计算
$$x_{k+1} = x_k + \alpha_k d_k, \tag{9.4.1}$$
其中 α_k 是线搜索步长, d_k 是负梯度方向与前一次搜索方向的线性组合, 即
$$d_k = -F_k + \beta_{k-1}d_{k-1}. \tag{9.4.2}$$
β_{k-1} 可由 FR 公式、PRP 公式、HS 公式、DY 公式等计算. 关于求解 (9.3.1) 的共轭梯度法可参见文献 [37, 114, 115, 153, 239, 269].

Chronopoulos [31] 提出了求解非线性方程组 (1.1.1) 的 Orthomin 方法:
$$\begin{cases} x_{k+1} = x_k + \alpha_k d_k, \\ d_k = -F_k + \sum_{i=1}^{\rho} \beta_i d_{k-i}, \end{cases} \tag{9.4.3}$$
其中 α_k 是精确线搜索步长, d_k 是负梯度方向与前 ρ 个方向的线性组合, 且满足正交性条件
$$d_k^{\mathsf{T}} d_{k-i} = 0, \quad i = 1, \cdots, \rho, \; \rho \leqslant k. \tag{9.4.4}$$
更一般地, 可构造迭代
$$x_{k+1} \in \tilde{x}_k + \mathrm{span}\{d_{k-\sigma_k,k}, \cdots, d_{k,k}\}, \tag{9.4.5}$$

其中 $\sigma_k \leqslant k, \tilde{x}_k \in \text{span}\{x_{k-\sigma_k}, \cdots, x_k\}$, 搜索方向 $d_{k-i,k}$ 满足正交性条件

$$F_{k+1}^{\mathrm{T}} Z_{k+1} d_{k-i,k} = 0, \quad i = 0, 1, \cdots, \sigma_k, \tag{9.4.6}$$

这里 Z_k 是非奇异的正交矩阵. 上述方法称为正交化方法. 选取不同的搜索方向, 正交矩阵 Z_k 以及不同的 σ_k 就会产生不同的正交化方法.

正交化方法每次迭代求解方程组 (9.4.6). 尽管 (9.4.6) 的形式较复杂, 但是它的维数 σ_k 相对于原来问题的规模较小. 当然 (9.4.6) 的解不一定唯一, 此时需要利用特殊技巧来选取适当的解. Weiss 和 Podgajezki [234] 分别讨论了 $Z_k = J_k$ 和 $Z_k = I$ 时, 正交化方法 (9.4.6) 的应用.

9.5 滤子法

Fletcher 和 Leyffer [92] 提出了求解非线性方程组和不等式组的滤子法, 它的基本思想是: 将非线性不等式组转化为双目标的非线性规划问题, 利用求解约束优化的信赖域滤子-SQP 方法求解此双目标规划, 从而得到原问题的解.

考虑不等式组

$$F(x) \leqslant 0, \tag{9.5.1}$$

其中 $F: \mathbb{R}^n \to \mathbb{R}^m$ 连续可微. 对于方程组 $F(x) = 0$, 可以将其转化为 (9.5.1) 的形式. 求解 (9.5.1) 的一个显然途径是将其线性化, 得到如下的线性不等式组

$$F_k + J_k d \leqslant 0, \quad k = 1, 2, \cdots. \tag{9.5.2}$$

(9.5.2) 可以利用线性规划第一阶段的任何方法求解. 但缺点是即使 (9.5.1) 有解, (9.5.2) 也不一定相容, 因此可能导致方法失败.

求解问题 (9.5.1) 的另一个重要途径是将其转化为范数极小化问题, 即求解

$$\min_{x \in \mathbb{R}^n} h(x) := \|F^+(x)\|, \tag{9.5.3}$$

其中 $F_i^+ = \max\{F_i, 0\}$ 表示 F_i 的不可行性, $\|\cdot\|$ 为某一给定范数. 问题 (9.5.3) 可以利用系列线性化方法求解, 也可以将 $h(x)$ 作为价值函数, 用线搜索牛顿法求解. 线搜索牛顿法能保证算法的全局收敛性, 但是它有可能收敛到 $h(x)$ 的非稳定点 [185]. 另外, 在 $h(x)$ 的非零局部极小值内, 不等式组 (9.5.2) 是不可行的, 从而导致点列有很慢的线性收敛速度.

滤子法用双目标优化问题替代了范数极小化问题. 简单地说, 将约束指标集合 $\{1, 2, \cdots, m\}$ 分为两个集合 J 和 $J^\perp$, 其中 $J^\perp = \{1, 2, \cdots, m\} \setminus J$ 表示约束违反较

9.5 滤子法

小的指标的集合, 其线性模型逼近原函数比较好. 滤子法的目的是极小化 J 中的约束, 同时满足 $J^\perp$ 的约束. 考虑如下的非线性可行问题:

$$\text{NFP}(J): \quad \begin{aligned} &\min_{x\in\mathbb{R}^n} \sum_{i\in J} F_i(x)^+, \\ &\text{s.t.} \quad F_i(x) \leqslant 0, \quad i \in J^\perp. \end{aligned} \tag{9.5.4}$$

由于 J 中的约束是不可行的, 因此要求

$$J \subset \mathcal{V}, \tag{9.5.5}$$

其中

$$\mathcal{V}(x) = \{i \mid F_i(x) > 0\}, \quad \mathcal{A}(x) = \{i \mid F_i(x) = 0\}. \tag{9.5.6}$$

需要指出的是, 当 (9.5.1) 不可行时, 求解 (9.5.4) 得到的可能是 $h(x) > 0$ 的局部极小点, 另外, 线性不等式组 (9.5.2) 在迭代过程中可能不可行.

下面给出滤子的定义. 记

$$f_J(F) = \sum_{i\in J} F_i^+, \quad h_J(F) = \sum_{i\in J^\perp} F_i^+. \tag{9.5.7}$$

为简单起见, 以下记 $f^{(k)}, h^{(k)}$ 分别为第 k 次迭代时的 $f_{J_k}(F)$ 和 $h_{J_k}(F)$. 点对 $(h^{(k)}, f^{(k)})$ 占优点对 $(h^{(j)}, f^{(j)})$ 当且仅当 $h^{(k)} \leqslant h^{(j)}$ 且 $f^{(k)} \leqslant f^{(j)}$. 这表明点 x_k 至少不比点 x_j 差. 滤子是指所有不能被其它任何点对占优的点对的集合. 记 $\mathcal{F}^{(k)}$ 为当前滤子中所有点对的指标的集合. 点 x 称为可被当前滤子接受, 如果 (h, f) 不被滤子中的任一点对所占优, 亦即, 对所有的 $j \in \mathcal{F}^{(k)}$ 有

$$h < h^{(j)} \quad \text{或} \quad f < f^{(j)}. \tag{9.5.8}$$

每次迭代, 滤子如果加入了新的点对, 则被其占优的所有点对都将被移去. 滤子起了相当于罚函数的作用, 用来决定是否接受新的点. 一般要求每次迭代 h 和 f 两者中至少有一个充分下降. 实际运用中, 要求被滤子接收的点对 (h, f) 满足

$$h \leqslant \beta h^{(j)} \quad \text{或} \quad f + \gamma h \leqslant f^{(j)}, \quad \forall j \in \mathcal{F}^{(k)}, \tag{9.5.9}$$

其中 $0 < \gamma < \beta < 0$ 为给定常数, β 靠近 1, γ 靠近 0.

双目标优化问题 (9.5.4) 的滤子型算法每次迭代求解如下的子问题

$$\text{QP}(x, \Delta, J): \quad \begin{aligned} &\min_{d\in\mathbb{R}^n} \frac{1}{2} d^\mathsf{T} B d + \sum_{i\in J}(F_i + a_i^\mathsf{T} d) \triangleq q_J(d) \\ &\text{s.t.} \quad F_i + a_i^\mathsf{T} d \leqslant 0, \quad i \in J^\perp, \\ &\quad\quad \|d\|_\infty \leqslant \Delta, \end{aligned} \tag{9.5.10}$$

其中 B 是 Lagrange 函数的近似 Hessian 矩阵, a_i 是 Jacobi 矩阵的第 i 列. 我们要求对所有的 $i \in J$, 都有 $F_i + a_i^\mathsf{T} d > 0$ 且 $J \subset \mathcal{V}(x)$. 当 J 为空集时, 如果信赖域约束非积极, 此时试探步 d 即为求解不等式组 (9.5.2) 的牛顿步.

为保证算法全局收敛, 一般要求试探步 d 是模型 (9.5.10) 的最优解或近似最优解. 另外, 如果非线性性可以忽略, 要求目标函数的实际下降量和预估下降量应充分吻合. 但是, 当 J 变化时, $\mathrm{NFP}(J)$ 问题中的目标函数和约束都变化了. 如果选取 J_+ 使得 $\mathrm{QP}(x_k, \Delta, J_+)$ 的解 d 与集合 J_+ 相适应, 则能够满足前面所要求的两个条件. 所谓 d 与 J_+ 相适应, 是指当且仅当对所有 $i \in J$ 都有 $F_i^{(k)} + a_i^{(k)\mathsf{T}} d > 0$. 对任意的 $\Delta_k > 0$, 总可以经过有限次迭代得到 $J_+ \subset J_k$ 使得 $\mathrm{QP}(x_k, \Delta_k, J_+)$ 的解 d 与 J_+ 相适应. 具体步骤可见文献 [92].

定义集合 $J_\oplus = J_k \cap \mathcal{V}(x_k + d)$, 则

$$J_+ \subset J_k \subset \mathcal{V}_k, \quad J_\oplus \subset J_k \subset \mathcal{V}_k. \tag{9.5.11}$$

$J_\oplus$ 与 J_+ 未必相同, 可以考虑下一次迭代的 J_{k+1} 取 $J_\oplus$. 需要指出的是, 子问题 $\mathrm{QP}(x_k, \Delta_k, J_k)$ 的约束可能不可行, 此时可任意选取点 $x_{k+1} \in X, J_{k+1} \subset \mathcal{V}_{k+1}$, 使得 $(h^{(k+1)}, f^{(k+1)})$ 能被滤子接收. 例如, 可取 $x_{k+1} = x_k$, 取 $\mathcal{V}_k$ 的一个子集为 J_{k+1}.

定义 f_J 的实际下降量和预估下降量分别为

$$\Delta f = f^{(k)} - f_{J_\oplus}(F(x_k + d)) \tag{9.5.12}$$

和

$$\Delta q = q_{J_k}^{(k)}(0) - q_{J_+}^{(k)}(d) = f^{(k)} - q_{J_+}^{(k)}(d). \tag{9.5.13}$$

如果 $\Delta q > 0$ 且 $\Delta f \leqslant \sigma \Delta q$, 其中 $\sigma \in [0, 1]$ 为某一给定常数, 则称此迭代为 f 型迭代. 如果 $\Delta q \leqslant 0$ 或 $\mathrm{QP}(x_k, \Delta, J_k)$ 不相容, 则称此迭代为 h 型迭代, 此时希望 h 会有所改进.

如果 (9.5.1) 中含等式, 记 $\mathcal{T} \subset \{1, 2, \cdots, m\}$ 是由等式化为不等式的指标集合, 则可知 $|\mathcal{T}|$ 为偶数. 设 x_0 为某个迭代点. 令 $\mathcal{T}_0 = \mathcal{T} \cap \mathcal{A}_0$. 称问题 $\mathrm{NFP}(\mathcal{V}_0)$ 在 x_0 处满足 Mangasarian-Fromowitz 约束规范化条件 (MFCQ), 当且仅当集合 $\{a_i^0 \mid i \in \mathcal{V}_0\}$ 的维数是 $\frac{1}{2}|\mathcal{T}_0|$, 且存在向量 s 使得

$$s^\mathsf{T} a_i^0 = 0, \quad \forall i \in \mathcal{T}_0 \quad \text{且} \quad s^\mathsf{T} a_i^0 < 0, \quad \forall i \in \mathcal{A}_0 \setminus \mathcal{T}_0. \tag{9.5.14}$$

假设 $F(x)$ 二次连续可微, 滤子型算法产生的迭代点列 $\{x_k\}$ 都在某个非空有界闭集 X 中, 且存在 $M > 0$, 使得对所有的 k 有 $\|B_k\| \leqslant 2M$. 设初始点 $x_1 \in X, \mathcal{V}_1$ 非空, 且 $\mathrm{NFP}(\mathcal{V}_1)$ 满足 MFCQ 条件. 如果算法在第 k 步有限终止, 则 x_k 是不等式

组 (9.5.1) 的可行点或是 NFP($\mathcal{V}_k$) 的 KT 点 (此时 QP(x_k, Δ, J_k) 的解为 $d = 0$). 否则, 存在聚点 x^∞, 使得 x^∞ 是 (9.5.1) 的可行点, 或者如果 x^∞ 满足 MFCQ 条件, 则 x^∞ 是 NFP($\mathcal{V}_\infty$) 的 KT 点 [92].

9.6 非光滑牛顿法

最优化领域中的许多问题, 如非线性互补问题, 变分不等式等问题都可转化为非光滑方程组问题 [125, 182]. 考虑一般的非光滑方程组

$$F(x) = 0, \tag{9.6.1}$$

其中 $F : \mathbb{R}^n \to \mathbb{R}^n$ 是 Lipschitz 函数. 由 Rademacher 定理 [194] 可知 F 几乎处处可微. 记 D_F 为 F 的所有可微点的集合, 令

$$\partial_B F(x) = \{\lim_{x_i \to x, x_i \in D_F} F'(x_i)\}, \tag{9.6.2}$$

则 Clarke [33] 意义下的 F 的广义 Jacobi 矩阵 $\partial F(x)$ 是 $\partial_B F(x)$ 的凸包, 即

$$\partial F(x) = \text{conv} \partial_B F(x). \tag{9.6.3}$$

求解非光滑方程组 (9.6.1) 的非光滑牛顿法每次迭代计算

$$x_{k+1} = x_k - V_k^{-1} F(x_k), \quad V_k \in \partial F(x_k). \tag{9.6.4}$$

当 F 为半光滑函数时, Qi 和 Sun [192] 给出了迭代 (9.6.4) 的 Kantorovich 型局部收敛性定理. 下面给出半光滑函数的定义.

对任意 $h \in \mathbb{R}^n$, F 在点 x 处沿方向 h 的方向导数为

$$F'(x; h) = \lim_{t \to 0} \frac{F(x + th) - F(x)}{t}. \tag{9.6.5}$$

如果 F 在点 x 处局部 Lipschitz 连续, 且对任意 $h \in \mathbb{R}^n$, 极限

$$\lim_{V \in \partial F(x+th'), h' \to h, t \downarrow 0} \{V h'\} \tag{9.6.6}$$

存在, 则称函数 F 在点 x 处半光滑.

定理 9.6.1 设 $F : \mathbb{R}^n \to \mathbb{R}^n$ 在闭球 $\overline{N(x_1, r)}$ 内 Lipschitz 连续, 半光滑, 且存在常数 $\beta, \gamma, \delta > 0$, 使得对任意 $V \in \partial F(x)$ 都有 V 非奇异, $\|V^{-1}\| \leqslant \beta$,

$$\|V(y - x) - F'(x; y - x)\| \leqslant \gamma \|y - x\|, \tag{9.6.7}$$

$$\|F(y) - F(x) - F'(x; y - x)\| \leqslant \delta \|y - x\|, \tag{9.6.8}$$

且满足 $\alpha = \beta(\gamma + \delta) < 1, \beta\|F_1\| \leqslant r(1-\alpha)$, 则由非光滑牛顿法 (9.6.4) 产生的迭代点列 $\{x_k\}$ 在闭球 $\overline{N(x_1, r)}$ 内, 并收敛到 (9.6.1) 在 $\overline{N(x_1, r)}$ 的唯一解 x^*, 且有

$$\|x_k - x^*\| \leqslant \frac{q}{1-q}\|x_k - x_{k-1}\|. \tag{9.6.9}$$

Qi [191] 进一步给出了改进的非光滑牛顿法:

$$x_{k+1} = x_k - V_k^{-1} F(x_k), \quad V_k \in \partial_B F(x_k), \tag{9.6.10}$$

并证明了其局部超线性收敛.

第 10 章 特殊非线性矩阵方程

本章讨论 Kohn-Sham 方程、距离几何问题、二次矩阵方程、代数 Riccati 方程、$X + A^\mathsf{T} X^{-1} X = Q$ 等几类特殊非线性矩阵方程的数值求解方法.

10.1 Kohn-Sham 方程

如果使用 Kohn-Sham 密度泛函理论进行电子结构计算, 其核心数值问题是一个能量极小化问题, 这个问题与非线性特征值问题 (Kohn-Sham 方程) 有紧密的联系. 本节首先考虑 Kohn-Sham 方程的解与能量极小化问题的最优解之间的关系, 然后讨论求解 Kohn-Sham 方程的自洽场迭代等方法.

10.1.1 Kohn-Sham 方程与能量极小化问题的关系

在电子结构计算的 Kohn-Sham 模型中, 需要在波函数满足正交性的条件下极小化能量泛函:

$$\min_{X \in \mathbb{R}^{n \times p}} E(X) \tag{10.1.1a}$$
$$\text{s.t.} \quad X^\mathsf{T} X = I, \tag{10.1.1b}$$

其中能量泛函

$$E(X) = \frac{1}{4} \operatorname{tr}(X^\mathsf{T} L X) + \frac{1}{2} \operatorname{tr}(X^\mathsf{T} V_{\text{ion}} X) + \frac{1}{2} \sum_i \sum_l |x_i^\mathsf{T} \omega_l|^2$$
$$+ \frac{1}{4} \rho^\mathsf{T} L^\dagger \rho + \frac{1}{2} e^\mathsf{T} \epsilon_{xc}(\rho). \tag{10.1.2}$$

上式第一项表示动能, L 是离散的拉普拉斯算子; 第二项表示局部离子势能, V_{ion} 是在笛卡儿网格上适当抽取得到的离子赝势, 是对角矩阵; 第三项表示非局部离子势能, ω_l 是已知参数; 第四项表示 Hartree 势能, $L^\dagger$ 是 L 的广义逆矩阵, ρ 是电荷密度且

$$\rho(X) = \operatorname{diag}(X X^\mathsf{T}), \tag{10.1.3}$$

其中 $\operatorname{diag}(A)$ 表示矩阵 A 的对角线构成的向量; 最后一项表示交互关联能量, e 是全 1 列向量. 关于 $E(X)$ 更详细的描述可参考文献 [135, 244].

电子结构计算也可以刻画为离散 Kohn-Sham 方程

$$H(X)X = X\Lambda, \tag{10.1.4a}$$

$$X^\mathsf{T} X = I, \tag{10.1.4b}$$

其中 $X \in \mathbb{R}^{n \times p}$ 是离散化的波函数, n 表示空间自由度, p 表示电子个数, $H(X) \in \mathbb{R}^{n \times n}$ 是哈密顿矩阵, $\Lambda \in \mathbb{R}^{p \times p}$ 是对角矩阵, 其对角线元素是 $H(X)$ 的最小的 p 个特征值, I 是单位矩阵 [163, 216]. Kohn-Sham 方程 (10.1.4) 是非线性特征值问题.

哈密顿 $H(X)$ 的具体形式为

$$H(X) = \frac{1}{2}L + V_{\text{ion}} + \sum_l \omega_l \omega_l^\mathsf{T} + \text{Diag}(L^\dagger \rho) + \text{Diag}(\mu_{xc}(\rho)^\mathsf{T} e), \tag{10.1.5}$$

其中 $L, V_{\text{ion}}, \omega_l$ 如上所述, μ_{xc} 是交换关联能的导数, 即 $\mu_{xc} = \left(\dfrac{\partial \epsilon_{xc}}{\partial \rho}\right)^\mathsf{T} \in \mathbb{R}^{n \times n}$. 这里 $\text{Diag}(x)$ 表示以向量 x 为对角线的对角矩阵.

能量极小化问题 (10.1.1) 的拉格朗日函数为

$$\mathcal{L}(X, \Lambda) = E(X) - \frac{1}{2}\text{tr}(\Lambda(X^\mathsf{T} X - I)). \tag{10.1.6}$$

设 X 是 (10.1.1) 的局部极小点. 容易验证 $\nabla E(X) = H(X)X$. 因为 $X^\mathsf{T} X = I$, 所以满足线性无关约束规范条件. 故由一阶最优性条件可知, 存在拉格朗日乘子 Λ, 使得

$$\nabla_X \mathcal{L}(X, \Lambda) = H(X)X - X\Lambda = 0, \tag{10.1.7a}$$

$$X^\mathsf{T} X = I. \tag{10.1.7b}$$

从而, $\Lambda = X^\mathsf{T} H(X) X$, 且它为对称矩阵.

记

$$\mathcal{O}^{n \times p} = \{X \mid X^\mathsf{T} X = I, X \in \mathbb{R}^{n \times p}\}. \tag{10.1.8}$$

通常称 (10.1.8) 为 Stiefel 流形. 注意到, 对任意 $Q \in \mathcal{O}^{n \times p}$, 都有 $E(XQ) = E(X)$, $H(XQ) = H(X)$. 因此, 如果 X 是 (10.1.1) 的稳定点, 则集合 $\{XQ \mid Q^\mathsf{T} Q = I, Q \in \mathbb{R}^{p \times p}\}$ 中的任意矩阵也是 (10.1.1) 的稳定点, 且它们的目标函数值相同. 设 $\tilde{Q}\tilde{\Lambda}\tilde{Q}^\mathsf{T}$ 是 $X^\mathsf{T} H(X) X$ 的特征值分解. 令 $\tilde{X} = X\tilde{Q}$, 则拉格朗日乘子 $\tilde{\Lambda} = \tilde{X}^\mathsf{T} H(\tilde{X})\tilde{X}$ 为对角矩阵, 其对角元为 $H(X)$ 的特征值. 因此, 能量极小化问题 (10.1.1) 在正交变换下不变.

由上可知, Kohn-Sham 方程 (10.1.4) 与能量极小化问题 (10.1.1) 的一阶最优性条件相同, 除了 (10.1.4) 中的对角矩阵 Λ 的对角线是 $H(X)$ 的最小的 p 个特征

10.1 Kohn-Sham 方程

值, 而 (10.1.1) 中 Λ 的对角线是 $H(X)$ 的任意 p 个特征值. Liu 等 [158] 举例说明 Kohn-Sham 方程 (10.1.4) 的解与 (10.1.1) 的最优解不一定相同. 下面讨论它们之间的关系.

记 $\mathbb{L}(\mathbb{R}^{n\times p}, \mathbb{R}^{n\times p})$ 是 $\mathbb{R}^{n\times p}$ 到 $\mathbb{R}^{n\times p}$ 的线性算子生成的算子空间. 称 $\nabla^2 E(X): \mathbb{R}^{n\times p} \to \mathbb{L}(\mathbb{R}^{n\times p}, \mathbb{R}^{n\times p})$ 是 $\nabla E(X)$ 的 Fréchet 导数, 如果

$$\lim_{\|S\|_F \to 0} \frac{\|\nabla E(X+S) - \nabla E(X) - \nabla^2 E(X)S\|_F}{\|S\|_F} = 0. \tag{10.1.9}$$

引理 10.1.1 设 $\epsilon_{xc}(\rho(X))$ 是关于 $\rho(X)$ 的两次可微函数. 定义 $\frac{\partial \mu_{xc}(\rho)}{\partial \rho}e = \sum_{i=1}^n \frac{\partial^2(\epsilon_{xc})_i}{\partial \rho^2}$. 给定方向 $S \in \mathbb{R}^{n\times p}$, 则有

$$\nabla^2 E(X)[S] = H(X)S + B(X)[S], \tag{10.1.10}$$

其中

$$B(X)[S] = 2\operatorname{Diag}(J(\rho)\operatorname{diag}(SX^\mathsf{T}))X, \tag{10.1.11}$$

$$J(\rho) = L^\dagger + \frac{\partial \mu_{xc}(\rho)}{\partial \rho}e. \tag{10.1.12}$$

定理 10.1.1 (1) 设 X 是 (10.1.1) 的局部极小点, $\epsilon_{xc}(\rho(X))$ 是关于 $\rho(X)$ 的二次可微函数. 令 $\Lambda = X^\mathsf{T} H(X) X$,

$$\tau(X) = \{S \mid X^\mathsf{T} S + S^\mathsf{T} X = 0\}. \tag{10.1.13}$$

则对任意 $S \in \tau(X)$ 都有

$$\operatorname{tr}(S^\mathsf{T} H(X)S - \Lambda S^\mathsf{T} S) + 2\operatorname{diag}(XS^\mathsf{T})^\mathsf{T} J \operatorname{diag}(XS^\mathsf{T}) \geqslant 0. \tag{10.1.14}$$

(2) 设 $X \in \mathbb{R}^{n\times p}$ 满足 (10.1.7), Λ 是对称矩阵, 且对所有 $0 \neq S \in \tau(X)$, 式 (10.1.14) 严格不等号成立, 则 X 是 (10.1.1) 的严格局部极小点.

证明 由文献 [179, 定理 12.5], X 是 (10.1.1) 的局部极小点的二阶必要条件是

$$\langle S, \nabla^2_{XX} \mathcal{L}(X, \Lambda)[S]\rangle \geqslant 0, \quad \forall S \in \tau(X). \tag{10.1.15}$$

注意到, 对任意 $X, Z \in \mathbb{R}^{n\times p}, y \in \mathbb{R}^n$, 都有 $\operatorname{tr}(X^\mathsf{T} \operatorname{Diag}(y) Z) = y^\mathsf{T} \operatorname{diag}(ZX^\mathsf{T})$. 因此由引理 10.1.1 可得

$$\langle S, \nabla^2_{XX} \mathcal{L}(X, \Lambda)[S]\rangle$$
$$= \operatorname{tr}(S^\mathsf{T} \nabla^2 E(X)[S] - \Lambda S^\mathsf{T} S)$$
$$= \operatorname{tr}(S^\mathsf{T} H(X)S + 2S^\mathsf{T} \operatorname{Diag}(J \operatorname{diag}(SX^\mathsf{T}))X - \Lambda S^\mathsf{T} S)$$
$$= \operatorname{tr}(S^\mathsf{T} H(X)S - \Lambda S^\mathsf{T} S) + 2\operatorname{diag}(XS^\mathsf{T})^\mathsf{T} J \operatorname{diag}(XS^\mathsf{T}), \tag{10.1.16}$$

从而由 (10.1.15) 可得 (10.1.14).

利用文献 [179, 定理 12.6], 可直接得结论 (2). □

切空间 (10.1.13) 的一个等价形式为

$$\tau(X) = \{XK + P_X^\perp Z \mid K = -K^{\mathsf{T}} \in \mathbb{R}^{p\times p}, Z \in \mathbb{R}^{n\times p}\}, \tag{10.1.17}$$

这里 $P_X^\perp = I - XX^{\mathsf{T}}$. 因此, 定理 10.1.1 也可如下表示.

定理 10.1.2 (1) 设 X 是 (10.1.1) 的局部极小点, $\epsilon_{xc}(\rho(X))$ 是关于 $\rho(X)$ 的二次可微函数. 则对任意 $Z \in \mathbb{R}^{n\times p}$ 都有

$$\operatorname{tr}(Z^{\mathsf{T}} H(X) Z) + \operatorname{tr}(X^{\mathsf{T}} Z \Lambda Z^{\mathsf{T}} X) - \operatorname{tr}(Z^{\mathsf{T}} X \Lambda X^{\mathsf{T}} Z) - \operatorname{tr}(Z\Lambda Z^{\mathsf{T}})$$
$$+ 2 \operatorname{diag}(XZ^{\mathsf{T}} P_X^\perp)^{\mathsf{T}} J \operatorname{diag}(XZ^{\mathsf{T}} P_X^\perp) \geqslant 0. \tag{10.1.18}$$

(2) 设 $X \in \mathbb{R}^{n\times p}$ 满足 (10.1.7), Λ 是对称矩阵, 且对所有满足 $P_X^\perp Z \neq 0$ 的 Z, (10.1.18) 严格不等号成立. 则 X 是 (10.1.1) 的严格局部极小点.

证明 由 (10.1.7) 和 $P_X^\perp$ 的定义可知 $P_X^\perp P_X^\perp = P_X^\perp, P_X^\perp X = 0, P_X^\perp H(X) X = 0$. 因此, 对任意 $S = XK + P_X^\perp Z$ 都有

$$\operatorname{tr}(S^{\mathsf{T}} H(X) S) = \operatorname{tr}(K^{\mathsf{T}} X^{\mathsf{T}} H(X) X K) + \operatorname{tr}(Z^{\mathsf{T}} P_X^\perp H(X) P_X^\perp Z)$$
$$= \operatorname{tr}(K^{\mathsf{T}} \Lambda K) + \operatorname{tr}(Z^{\mathsf{T}} H(X) Z) - \operatorname{tr}(Z^{\mathsf{T}} H(X) XX^{\mathsf{T}} Z)$$
$$= \operatorname{tr}(K^{\mathsf{T}} \Lambda K) + \operatorname{tr}(Z^{\mathsf{T}} H(X) Z) - \operatorname{tr}(Z^{\mathsf{T}} X \Lambda X^{\mathsf{T}} Z). \tag{10.1.19}$$

容易验证 $S^{\mathsf{T}} S = K^{\mathsf{T}} K + Z P_X^\perp Z$. 则由 $K = -K^{\mathsf{T}}$ 可得

$$\operatorname{tr}(\Lambda S^{\mathsf{T}} S) = \operatorname{tr}(K^{\mathsf{T}} K \Lambda) + \operatorname{tr}(Z^{\mathsf{T}} Z \Lambda) - \operatorname{tr}(Z^{\mathsf{T}} XX^{\mathsf{T}} Z \Lambda)$$
$$= \operatorname{tr}(K^{\mathsf{T}} K \Lambda) + \operatorname{tr}(Z\Lambda Z^{\mathsf{T}}) - \operatorname{tr}(X^{\mathsf{T}} Z \Lambda Z^{\mathsf{T}} X). \tag{10.1.20}$$

因为

$$\operatorname{diag}(XK^{\mathsf{T}} X^{\mathsf{T}}) = \frac{1}{2}(\operatorname{diag}(XK^{\mathsf{T}} X^{\mathsf{T}}) + \operatorname{diag}(XKX^{\mathsf{T}}))$$
$$= \frac{1}{2} \operatorname{diag}(X(K + K^{\mathsf{T}})X^{\mathsf{T}}) = 0, \tag{10.1.21}$$

所以

$$\operatorname{diag}(XS^{\mathsf{T}}) = \operatorname{diag}(XK^{\mathsf{T}} X^{\mathsf{T}}) + \operatorname{diag}(XZ^{\mathsf{T}} P_X^\perp) = \operatorname{diag}(XZ^{\mathsf{T}} P_X^\perp). \tag{10.1.22}$$

结合 (10.1.19)–(10.1.20), 可得 (10.1.18).

利用定理 10.1.1, 可得结论 (2). □

10.1 Kohn-Sham 方程

下面讨论能量极小化问题 (10.1.1) 的最优解是 Kohn-Sham 方程 (10.1.4) 的解的条件. 特别地, 考虑如下的交互泛函 (关联项忽略):

$$e^\top \epsilon_{xc}(\rho) = -\frac{3}{4}\gamma \rho^\top \rho^{\frac{1}{3}}, \tag{10.1.23}$$

其中 $\gamma = 2\left(\dfrac{3}{\pi}\right)^{\frac{1}{3}}$, $\rho^{\frac{1}{3}}$ 表示 ρ 的分量三次根.

引理 10.1.2 设电荷密度 $\rho(X)$ 由 (10.1.3) 定义, 其中 $X \in \mathcal{O}^{n\times p}$, 则

$$0 \leqslant \rho_i \leqslant 1, \quad i = 1, \cdots, n. \tag{10.1.24}$$

证明 由 $\rho_i = \sum\limits_{j=1}^{p} X_{ij}^2$ 和 $X^\top X = I$ 可知不等式 (10.1.24) 成立. □

因为 $\rho_i(X)$ 的某些元素可能为零, 所以 $E(X)$ 不一定二次可微. 令集合

$$\mathcal{I} = \{i \mid \rho_i(X) \neq 0, i = 1, \cdots, n\}, \tag{10.1.25}$$

则 $\mathcal{I}$ 的补集合 $\bar{\mathcal{I}}$ 是 $\rho(x)$ 的零元素的指标集合. 设 r 为 $\bar{\mathcal{I}}$ 中元素的个数. 由 X 的正交性可知 $r \geqslant p$. 设 $\bar{\mathcal{I}} = \{\alpha_1, \cdots, \alpha_r\}$, 定义子矩阵 $X_{\bar{\mathcal{I}}}$ 和 $L_{\bar{\mathcal{I}}\bar{\mathcal{I}}}$

$$X_{\bar{\mathcal{I}}} = \begin{pmatrix} X_{\alpha_1,1}, \cdots, X_{\alpha_1,p} \\ \vdots \\ X_{\alpha_r,1}, \cdots, X_{\alpha_r,p} \end{pmatrix}, \quad L_{\bar{\mathcal{I}}\bar{\mathcal{I}}} = \begin{pmatrix} L_{\alpha_1,\alpha_1}, \cdots, L_{\alpha_1,\alpha_r} \\ \vdots \\ L_{\alpha_r,\alpha_1}, \cdots, L_{\alpha_r,\alpha_r} \end{pmatrix}. \tag{10.1.26}$$

类似可定义 $(V_{\text{ion}})_{\bar{\mathcal{I}}}, L_{\bar{\mathcal{I}}\bar{\mathcal{I}}}^\dagger, H_{\bar{\mathcal{I}}\bar{\mathcal{I}}}(X)$ 和 $\Lambda_{\bar{\mathcal{I}}\bar{\mathcal{I}}}$.

下面证明如果哈密顿矩阵 $H(X)$ 的第 p 个最小特征值与第 $p+1$ 个最小特征值之间的间隙充分大, 则 (10.1.1) 的全局最优解是 (10.1.4) 的解; 进一步, 如果电荷密度为正, 则 (10.1.1) 的局部最优解是 (10.1.4) 的解.

假设 10.1.1 设 $\lambda_1 \leqslant \cdots \leqslant \lambda_p \leqslant \lambda_{p+1} \leqslant \cdots \leqslant \lambda_n$ 是给定对称矩阵 $H \in \mathbb{R}^{n\times n}$ 的特征值, 且存在常数 $\delta > 0$, 使得 $\lambda_{p+1} - \lambda_p \geqslant \delta$.

引理 10.1.3 对任意 $a, b \in [0,1]$, 均有 $(a-b)^2(3a^2 + 2ab + b^2) = 3a^4 - 4a^3b + b^4 \geqslant \dfrac{2}{3}(a^3 - b^3)^2$.

证明 $a = 0$ 或 $b = 0$ 时, 不等式显然成立. 考虑 $a \geqslant b > 0$ 的情形. 引入变量 $t = b/a \in (0,1]$, 则 $a^4(3 - 4t + t^4) - \dfrac{2}{3}a^6(1-t^3)^2 \geqslant a^6 f(t)$, 其中 $f(t) = 3 - 4t + t^4 - \dfrac{2}{3}(1-t^3)^2$. 因为 $t \in (0,1]$ 时, $f'(t) = (t^3 - 1)(4 - 4t^2) \leqslant 0$. 所以 $f(t) \geqslant f(1) = 0$ 对所有的 $t \in [0,1]$ 成立, 故结论成立. $b \geqslant a > 0$ 的情形可类似证明. □

定理 10.1.3 设问题 (10.1.1) 的交互泛函由 (10.1.23) 定义, X^* 是 (10.1.1) 的全局极小点. 如果假设 10.1.1 在 $H(X^*)$ 处成立, 且常数 δ 满足

$$\delta > p\left(\|L^\dagger\|_2 - \frac{\gamma}{3}\right), \tag{10.1.27}$$

则 X^* 是 $H(X^*)$ 的最小 p 个特征值对应的正交特征向量矩阵, 即 X^* 是 Kohn-Sham 方程 (10.1.4) 的解.

证明 反设 X^* 不是 $H(X^*)$ 的最小 p 个特征值对应的正交特征基, 而 Y 是. 因为 X^* 必是 $H(X^*)$ 的某组正交特征基, 所以由假设 10.1.1 可知

$$\Delta H(Y, X^*) = \mathrm{tr}(Y^\mathsf{T} H(X^*) Y) - \mathrm{tr}((X^*)^\mathsf{T} H(X^*) X^*)$$
$$\leqslant \lambda_p(H(X^*)) - \lambda_{p+1}(H(X^*)) \leqslant -\delta. \tag{10.1.28}$$

利用引理 10.1.2 和引理 10.1.3, 可得

$$\sum_{i=1}^n (\rho(Y)_i^{\frac{1}{3}} - \rho(X^*)_i^{\frac{1}{3}})^2 (3\rho(Y)_i^{\frac{2}{3}} + 2\rho(Y)_i^{\frac{1}{3}}\rho(X^*)_i^{\frac{1}{3}} + \rho(X^*)_i^{\frac{2}{3}})$$
$$\geqslant \frac{2}{3}\|\rho(Y) - \rho(X^*)\|_2^2. \tag{10.1.29}$$

又由引理 10.1.2 可知

$$\|\rho(Y) - \rho(X^*)\|_2^2 \leqslant (1 - \rho(Y))^\mathsf{T} \rho(X^*) + (1 - \rho(X^*))^\mathsf{T} \rho(Y)$$
$$\leqslant 1^\mathsf{T} \rho(X^*) + 1^\mathsf{T} \rho(Y) = \mathrm{tr}(XX^\mathsf{T}) + \mathrm{tr}(YY^\mathsf{T})$$
$$= 2p. \tag{10.1.30}$$

综合 $\mathrm{tr}(Y^\mathsf{T} \mathrm{Diag}(L^\dagger \rho(X^*))Y) = \rho(Y)^\mathsf{T} L^\dagger \rho(X^*)$ 和 (10.1.27)–(10.1.30), 可得

$$\Delta E(Y, X^*) = E(Y) - E(X)$$
$$= \frac{1}{2}\Delta H(Y, X^*) + \frac{1}{4}(\rho(Y)^\mathsf{T} L^\dagger \rho(Y) - \rho(X^*)^\mathsf{T} L^\dagger \rho(X^*))$$
$$\quad - \frac{3\gamma}{8}(\rho(Y)^\mathsf{T} \rho(Y)^{\frac{1}{3}} - \rho(X^*)^\mathsf{T} \rho(X^*)^{\frac{1}{3}})$$
$$\quad - \frac{1}{2}\mathrm{tr}(Y^\mathsf{T} \mathrm{Diag}(L^\dagger \rho(X^*) - \gamma \rho(X^*)^{\frac{1}{3}} Y))$$
$$\quad + \frac{1}{2}\mathrm{tr}(X^\mathsf{T} \mathrm{Diag}(L^\dagger \rho(X^*) - \gamma \rho(X^*)^{\frac{1}{3}} X)$$
$$= \frac{1}{2}\Delta H(Y, X^*) + \frac{1}{4}(\rho(Y)^\mathsf{T} L^\dagger \rho(Y) - \rho(X^*)^\mathsf{T} L^\dagger \rho(X^*))$$
$$\quad - \frac{3\gamma}{8}(\rho(Y)^\mathsf{T} \rho(Y)^{\frac{1}{3}} - \rho(X^*)^\mathsf{T} \rho(X^*)^{\frac{1}{3}})$$
$$\quad - \frac{1}{2}(\rho(Y)^\mathsf{T} L^\dagger \rho(X^*) - \rho(X^*)^\mathsf{T} L^\dagger \rho(X^*))$$

$$+ \frac{1}{2}\gamma(\rho(Y)^\mathsf{T}\rho(X^*)^{\frac{1}{3}} - \rho(X^*)^\mathsf{T}\rho(X^*)^{\frac{1}{3}})$$

$$= \frac{1}{2}\Delta H(Y,X^*) + \frac{1}{4}(\rho(Y)-\rho(X^*))^\mathsf{T}L^\dagger(\rho(Y)-\rho(X^*))$$

$$- \frac{\gamma}{8}\sum_{i=1}^n (\rho(Y)_i^{\frac{1}{3}} - \rho(X^*)_i^{\frac{1}{3}})^2(3\rho(Y)_i^{\frac{2}{3}} + 2\rho(Y)_i^{\frac{1}{3}}\rho(X^*)_i^{\frac{1}{3}} + \rho(X^*)_i^{\frac{2}{3}})$$

$$\leqslant -\frac{\delta}{2} + \left(\frac{\|L^\dagger\|_2}{4} - \frac{\gamma}{12}\right)\|\rho(Y)-\rho(X^*)\|_2^2$$

$$\leqslant -\frac{\delta}{2} + \left(\frac{\|L^\dagger\|_2}{4} - \frac{\gamma}{12}\right)(2p)$$

$$< 0, \tag{10.1.31}$$

此与 X^* 是 (10.1.1) 的全局极小点矛盾. 故定理成立. □

定理 10.1.4 设问题 (10.1.1) 的交互泛函由 (10.1.23) 定义, X^* 是 (10.1.1) 的局部极小点, $\Lambda^* = (X^*)^\mathsf{T} H(X^*) X^*$ 是对角矩阵, $\mathcal{I}^* = \{i \mid \rho_i(X^*) \neq 0, i=1,\cdots,n\}$. 如果假设 10.1.1 在 $H(X^*)$ 处成立, 且常数 δ 满足

$$\delta > 2\left(\|L^\dagger\|_2 - \frac{\gamma}{3}\right), \tag{10.1.32}$$

则

$$H_{\mathcal{I}^*\mathcal{I}^*}(X^*)X^*_{\mathcal{I}^*} = X^*_{\mathcal{I}^*}\Lambda^*, \tag{10.1.33a}$$

$$(X^*_{\mathcal{I}^*})^\mathsf{T} X^*_{\mathcal{I}^*} = I, \tag{10.1.33b}$$

且 Λ^* 的对角线元素是 $H_{\mathcal{I}^*\mathcal{I}^*}(X^*)$ 的最小 p 个特征值.

特别地, 如果电荷密度 $\rho(X^*)$ 为正, 则 (10.1.1) 的局部极小点是 (10.1.4) 的解.

证明 容易验证 X^* 是问题

$$\min_{X\in\mathbb{R}^{n\times p}} E(X) \tag{10.1.34a}$$

$$\text{s.t. } X^\mathsf{T} X = I, X_{\bar{\mathcal{I}}^*} = 0 \tag{10.1.34b}$$

的局部极小点. 因此, $X^*_{\mathcal{I}^*}$ 是问题

$$\min_{\hat{X}\in\mathbb{R}^{r\times p}} \hat{E}(\hat{X}) = \frac{1}{4}\text{tr}(\hat{X}^\mathsf{T} L_{\mathcal{I}^*\mathcal{I}^*}\hat{X}) + \frac{1}{2}\text{tr}(\hat{X}^\mathsf{T}(V_{\text{ion}})_{\mathcal{I}^*\mathcal{I}^*}\hat{X})$$

$$+ \frac{1}{4}\rho(\hat{X})^\mathsf{T} L^\dagger_{\mathcal{I}^*\mathcal{I}^*}\rho(\hat{X}) - \frac{3}{4}\gamma\rho(\hat{X})^\mathsf{T}\rho(\hat{X})^{\frac{1}{3}} \tag{10.1.35a}$$

$$\text{s.t. } \hat{X}^\mathsf{T}\hat{X} = I \tag{10.1.35b}$$

的局部极小点. 又 $E(X)$ 的结构表明

$$\nabla \hat{E}(X^*_{\mathcal{I}^*}) = H_{\mathcal{I}^*\mathcal{I}^*}(X^*)X^*_{\mathcal{I}^*}, \tag{10.1.36}$$

$$(X^*_{\mathcal{I}^*})^\mathsf{T} H_{\mathcal{I}^*\mathcal{I}^*}(X^*_{\mathcal{I}^*})X^*_{\mathcal{I}^*} = \Lambda^*. \tag{10.1.37}$$

利用 (10.1.35) 在 $X_{\mathcal{I}^*}^*$ 处的一阶最优性条件, 即可得 (10.1.33).

易见 Λ^* 的对角线元素是 $H_{\mathcal{I}^*\mathcal{I}^*}(X^*)$ 的特征值. 反设它们不是 $H_{\mathcal{I}^*\mathcal{I}^*}(X^*)$ 的最小 p 个特征值. 设 $r = |\mathcal{I}^*|$, $\hat{\lambda}_1 \leqslant \cdots \leqslant \hat{\lambda}_r$ 是 $H_{\mathcal{I}^*\mathcal{I}^*}(X^*)$ 的特征值, 相应的特征向量为 $u_i (1 \leqslant i \leqslant r)$. 记 x_i 为 $X_{\mathcal{I}^*}^*$ 的第 i 列 $(1 \leqslant i \leqslant p)$. 不失一般性, 假设 x_1 是 $H_{\mathcal{I}^*\mathcal{I}^*}(X^*)$ 的大于 $\hat{\lambda}_r$ 的特征值所对应的特征向量, $u_i (i \leqslant p)$ 是某个小于等于 $\hat{\lambda}_r$ 的特征值所对应的特征向量, 且非 $X_{\mathcal{I}^*}^*$ 的某一列. 假设 10.1.1 表明 $u_i \notin \mathrm{span}\{X_{\mathcal{I}^*}^*\}$. 设矩阵 V 满足

$$v_j = \begin{cases} u_i, & \text{如果 } j = 1, \\ x_j, & \text{如果 } j = 2, \cdots, p. \end{cases} \tag{10.1.38}$$

由 $\mathcal{I}^*$ 的定义知 $\hat{E}(\hat{X})$ 在 $X_{\mathcal{I}^*}^*$ 处二次可微. 利用定理 10.1.2, 可得

$$\begin{aligned}\Delta =\,& \mathrm{tr}(V^\mathsf{T} H_{\mathcal{I}^*\mathcal{I}^*}(X_{\mathcal{I}^*}^*)V) + \mathrm{tr}((X_{\mathcal{I}^*}^*)^\mathsf{T} V \Lambda^* V^\mathsf{T} X_{\mathcal{I}^*}^*) \\ & - \mathrm{tr}(V^\mathsf{T} X_{\mathcal{I}^*}^* \Lambda^* (X_{\mathcal{I}^*}^*)^\mathsf{T} V) - \mathrm{tr}(V \Lambda^* V^\mathsf{T}) \\ & + 2 \mathrm{diag}(X_{\mathcal{I}^*}^* V^\mathsf{T} P_{X_{\mathcal{I}^*}^*}^\perp)^\mathsf{T} \left(L_{\mathcal{I}^*\mathcal{I}^*}^\dagger - \frac{\gamma}{3} \mathrm{Diag}(\rho(X_{\mathcal{I}^*}^*)^{-\frac{2}{3}}) \right) \mathrm{diag}(X_{\mathcal{I}^*}^* V^\mathsf{T} P_{X_{\mathcal{I}^*}^*}^\perp) \\ \geqslant\,& 0. \end{aligned} \tag{10.1.39}$$

因为 V 是 $H_{\mathcal{I}^*\mathcal{I}^*}(X_{\mathcal{I}^*}^*)$ 的正交特征基, 所以由假设 10.1.1 可知

$$\mathrm{tr}(V^\mathsf{T} H_{\mathcal{I}^*\mathcal{I}^*}(X^*)V) - \mathrm{tr}((X_{\mathcal{I}^*}^*)^\mathsf{T} H_{\mathcal{I}^*\mathcal{I}^*}(X^*) X_{\mathcal{I}^*}^*) \leqslant \hat{\lambda}_i - \hat{\lambda}_{p+1} \leqslant -\delta. \tag{10.1.40}$$

又 $u_i \notin \mathrm{span}\{X_{\mathcal{I}^*}^*\}$, 故

$$(X_{\mathcal{I}^*}^*)^\mathsf{T} V = V^\mathsf{T} X_{\mathcal{I}^*}^* = I - e_1 e_1^\mathsf{T}, \tag{10.1.41}$$

$$X_{\mathcal{I}^*}^* V^\mathsf{T} P_{X_{\mathcal{I}^*}^*}^\perp = x_1 u_i^\mathsf{T}. \tag{10.1.42}$$

进一步, 有

$$\begin{aligned}\Delta =\,& \mathrm{tr}(V^\mathsf{T} H_{\mathcal{I}^*\mathcal{I}^*}(X_{\mathcal{I}^*}^*)V) - \mathrm{tr}(\Lambda^*) \\ & + 2 \mathrm{diag}(x_1 u_i^\mathsf{T})^\mathsf{T} \left(L_{\mathcal{I}^*\mathcal{I}^*}^\dagger - \frac{\gamma}{3} \mathrm{Diag}(\rho(X_{\mathcal{I}^*}^*)^{-\frac{2}{3}}) \right) \mathrm{diag}(x_1 u_i^\mathsf{T}) \\ \leqslant\,& -\delta + 2 \max \left\{ \lambda_{\max} \left(L_{\mathcal{I}^*\mathcal{I}^*}^\dagger - \frac{\gamma}{3} \mathrm{Diag}(\rho(X_{\mathcal{I}^*}^*)^{-\frac{2}{3}}) \right), 0 \right\} \\ \leqslant\,& -\delta + 2 \max \left\{ \lambda_{\max} \left(L_{\mathcal{I}^*\mathcal{I}^*}^\dagger - \frac{\gamma}{3} I \right), 0 \right\} \\ \leqslant\,& -\delta + 2 \max \left\{ \left(\|L_{\mathcal{I}^*\mathcal{I}^*}^\dagger\|_2 - \frac{\gamma}{3} \right), 0 \right\} \\ <\,& 0, \end{aligned} \tag{10.1.43}$$

其中第一个不等式由 (10.1.40) 和 $\|\mathrm{diag}(x_1 u_i^\mathsf{T})\|_2^2 \leqslant 1$ 得到, 第二个不等式由 $\rho \in [0,1]$ 得到, 第三个不等式由 $\|L_{\mathcal{I}^*\mathcal{I}^*}^\dagger\|_2 \leqslant \|L^\dagger\|_2$ 得到, 这是因为一个矩阵的最大 (最

小) 特征值不会小于 (大于) 其主子矩阵的最大 (最小) 特征值, 最后一个不等式由 (10.1.32) 得到. 而 (10.1.43) 与 (10.1.39) 矛盾, 故结论成立.

如果电荷密度 $\rho(X^*)$ 为正, 则 $\mathcal{I}^* = \{1, \cdots, n\}$. 由 (10.1.33) 可知, 此时 X^* 是 (10.1.4) 的解, 故 (10.1.1) 的局部极小点是 (10.1.4) 的解. □

设 $f : \mathbb{R}^n \to \mathbb{R}$. 如果存在常数 $\kappa > 0$ 及 x^* 的某个邻域 U, 使得不等式

$$f(x) \geqslant f(x^*) + \kappa \|x - x^*\|_2^2 \tag{10.1.44}$$

对任意 $x \in U$ 成立, 则称 x^* 是 f 的强局部极小点 [24, 56]. 下面基于二阶最优性条件给出 (10.1.1) 的强局部极小点的定义.

定义 10.1.1 设问题 (10.1.1) 的交互泛函由 (10.1.23) 定义. 称 X^* 为 (10.1.1) 的强局部极小点, 当且仅当 $X_{\mathcal{I}^*}^*$ 是 (10.1.35) 的局部极小点, 且存在常数 $\kappa > 0$, 使得对任意 $Z \in \mathbb{R}^{n \times p}$ 都有

$$\operatorname{tr}(Z^{\mathsf{T}} H_{\mathcal{I}^*\mathcal{I}^*}(X_{\mathcal{I}^*}^*) Z) + \operatorname{tr}((X_{\mathcal{I}^*}^*)^{\mathsf{T}} Z \Lambda^* Z^{\mathsf{T}} X_{\mathcal{I}^*}^*) - \operatorname{tr}(Z^{\mathsf{T}} X_{\mathcal{I}^*}^* \Lambda^* (X_{\mathcal{I}^*}^*)^{\mathsf{T}} Z)$$
$$- \operatorname{tr}(Z \Lambda^* Z^{\mathsf{T}}) + 2 \operatorname{diag}((X_{\mathcal{I}^*}^*)^{\mathsf{T}} Z P_{X_{\mathcal{I}^*}^*}^{\perp})^{\mathsf{T}} \left(L_{\mathcal{I}^*\mathcal{I}^*}^{\dagger} - \frac{\gamma}{3} \operatorname{Diag}(\rho(X_{\mathcal{I}^*}^*)^{-\frac{2}{3}}) \right)$$
$$\cdot \operatorname{diag}((X_{\mathcal{I}^*}^*)^{\mathsf{T}} Z P_{X_{\mathcal{I}^*}^*}^{\perp}) \geqslant \kappa \|Z\|_{\mathrm{F}}^2, \tag{10.1.45}$$

其中 $\Lambda^* = (X_{\mathcal{I}^*}^*)^{\mathsf{T}} H_{\mathcal{I}^*\mathcal{I}^*}(X^*) X_{\mathcal{I}^*}^*$.

对于问题 (10.1.1), 当 $E(X)$ 两次可微时, 条件 (10.1.45) 比 (10.1.44) 弱. 下面的定理表明, 如果电荷密度在强局部极小点处为正, 则其一致下有界.

定理 10.1.5 设 L 半正定, X^* 由定义 10.1.1 的 (10.1.1) 的强局部极小点. 令

$$\bar{c} = \min\{1, c_1, \cdots, c_n\}, \quad c_i = \min_{j \neq i} \left(\frac{\gamma}{3(L_{ii}^{\dagger} - 2L_{ij}^{\dagger} + L_{jj}^{\dagger})} \right)^{\frac{3}{2}}, \tag{10.1.46}$$

则对任意 $i \in \{1, \cdots, n\}$, 如果 $\rho_i(X^*) \in [0, \bar{c})$, 则

$$\rho_i(X^*) = 0. \tag{10.1.47}$$

证明 记 $\rho_{\mathcal{I}^*}^* = \rho(X_{\mathcal{I}^*}^*)$. 如果存在 $X_{\mathcal{I}^*}^*$ 的某一行 j 使得 1 或者 -1 为该行的一个元素, 则由 $X_{\mathcal{I}^*}^*$ 的正交性可知该行只有一个非零元素. 因此, $(\rho_{\mathcal{I}^*}^*)_j = 1$, (10.1.47) 在 j 处成立.

下面考虑集合 $\mathcal{J} = \{j \mid j \in \mathcal{I}^*, |(X_{\mathcal{I}^*}^*)_{js}| < 1, s = 1, \cdots, p\}$ 中的元素. 对任意给定 $j \in \mathcal{J}$, 在 $X_{\mathcal{I}^*}^*$ 的第 j 行存在某个非零元素, 记为 $(X_{\mathcal{I}^*}^*)_{js}$. 因为 $|(X_{\mathcal{I}^*}^*)_{js}| < 1$, 由 $X_{\mathcal{I}^*}^*$ 的正交性可知, $X_{\mathcal{I}^*}^*$ 的第 s 列至少存在另外一个非零元素, 记为 $(X_{\mathcal{I}^*}^*)_{is}$. 简洁起见, 令 x_l 为 $X_{\mathcal{I}^*}^*$ 的第 l 列 $(l = 1, \cdots, p)$. 设 $r = |\mathcal{I}^*|, x_{js} = (X_{\mathcal{I}^*}^*)_{js}, x_{is} = (X_{\mathcal{I}^*}^*)_{is}$.

定义向量 $z \in \mathbb{R}^r$, 其第 $l(l=1,\cdots,p)$ 个元素为

$$z_l = \begin{cases} \dfrac{x_{is}}{\sqrt{x_{is}^2 + x_{js}^2}}, & \text{如果 } l = j, \\ \dfrac{-x_{js}}{\sqrt{x_{is}^2 + x_{js}^2}}, & \text{如果 } l = i, \\ 0, & \text{其他}. \end{cases} \qquad (10.1.48)$$

简单计算可得 $\|z\|_2 = 1, z^\mathsf{T} x_s = 0$, 且

$$\mathrm{diag}(z x_s^\mathsf{T}) = \frac{x_{is} x_{js}}{\sqrt{x_{is}^2 + x_{js}^2}} e_{(j,-i)}, \qquad (10.1.49)$$

其中 $e_{(j,-i)} \in \mathbb{R}^r$ 的第 j 个元素为 1, 第 i 个元素为 -1, 其他元素为 0.

对 $a \in [0,1]$, 令 $Z_a \in \mathbb{R}^{n \times p}$ 的第 s 列为 $az + \sqrt{1-a^2} x_s$, 其他列为 0. 不妨设 $\hat{\lambda}_1 \leqslant \cdots \leqslant \hat{\lambda}_r$ 为 $H_{\mathcal{I}^*\mathcal{I}^*}(X^*)$ 的特征值, x_s 为 $H_{\mathcal{I}^*\mathcal{I}^*}(X^*)$ 的对应于特征值 $\hat{\lambda}_s (s \in \{1,\cdots,r\})$ 的特征向量. 则

$$\mathrm{tr}(Z_a^\mathsf{T} H_{\mathcal{I}^*\mathcal{I}^*}(X^*) Z_a) \leqslant a^2 \hat{\lambda}_r + (1-a^2) \hat{\lambda}_s, \qquad (10.1.50)$$

$$\mathrm{tr}(Z_a \Lambda^* Z_a^\mathsf{T}) = \mathrm{tr}(\Lambda^* Z_a^\mathsf{T} Z_a) = \hat{\lambda}_s, \qquad (10.1.51)$$

从而

$$\mathrm{tr}(Z_a^\mathsf{T} H_{\mathcal{I}^*\mathcal{I}^*}(X^*) Z_a) - \mathrm{tr}(Z_a \Lambda^* Z_a^\mathsf{T})$$
$$\leqslant a^2 \hat{\lambda}_r + (1-a^2)\hat{\lambda}_s - \hat{\lambda}_s = a^2(\hat{\lambda}_r - \hat{\lambda}_s). \qquad (10.1.52)$$

由 Z_a 的定义可知

$$(Z_a^\mathsf{T} X_{\mathcal{I}^*}^*)_{pq} = \begin{cases} a z^\mathsf{T} x_q, & \text{如果 } p = s, q \neq s, \\ \sqrt{1-a^2}, & \text{如果 } p = s, q = s, \\ 0, & \text{其他}. \end{cases} \qquad (10.1.53)$$

因此,

$$\mathrm{tr}((X_{\mathcal{I}^*}^*)^\mathsf{T} Z_a \Lambda^* Z_a^\mathsf{T} X_{\mathcal{I}^*}^*) = \mathrm{tr}(\Lambda^* Z_a^\mathsf{T} X_{\mathcal{I}^*}^* (X_{\mathcal{I}^*}^*)^\mathsf{T} Z_a)$$
$$= \hat{\lambda}_s \left(\sum_{q=1, q \neq s}^p a^2 (z^\mathsf{T} x_q)^2 + (1-a^2) \right)$$
$$= \hat{\lambda}_s \left(\sum_{q=1}^p a^2 (z^\mathsf{T} x_q)^2 + (1-a^2) - a^2 (z^\mathsf{T} x_s)^2 \right)$$
$$= \hat{\lambda}_s (1 + a^2 \|z^\mathsf{T} X_{\mathcal{I}^*}^*\|_2^2 - a^2)$$
$$= a^2 \hat{\lambda}_s \|z^\mathsf{T} X_{\mathcal{I}^*}^*\|_2^2 + (1-a^2) \hat{\lambda}_s, \qquad (10.1.54)$$

10.1 Kohn-Sham 方程

且

$$\mathrm{tr}(Z_a^\mathsf{T} X_{\mathcal{I}^*}^* \Lambda^*(X_{\mathcal{I}^*}^*)^\mathsf{T} Z_a) = \left(\sum_{q=1, q\neq s}^p a^2 (z^\mathsf{T} x_q)^2 \hat{\lambda}_q + (1-a^2)\hat{\lambda}_s\right)$$

$$\geqslant \left(\sum_{q=1, q\neq s}^p a^2 (z^\mathsf{T} x_q)^2 \hat{\lambda}_1 + (1-a^2)\hat{\lambda}_s\right)$$

$$= \left(\sum_{q=1}^p a^2 (z^\mathsf{T} x_q)^2 \hat{\lambda}_1 + (1-a^2)\hat{\lambda}_s\right)$$

$$= a^2 \hat{\lambda}_1 \|z^\mathsf{T} X_{\mathcal{I}^*}^*\|_2^2 + (1-a^2)\hat{\lambda}_s. \tag{10.1.55}$$

综合 (10.1.54) 和 (10.1.55), 有

$$\mathrm{tr}((X_{\mathcal{I}^*}^*)^\mathsf{T} Z_a \Lambda^* Z_a^\mathsf{T} X_{\mathcal{I}^*}^*) - \mathrm{tr}(Z_a^\mathsf{T} X_{\mathcal{I}^*}^* \Lambda^*(X_{\mathcal{I}^*}^*)^\mathsf{T} Z_a)$$
$$\leqslant (a^2 \hat{\lambda}_s \|z^\mathsf{T} X_{\mathcal{I}^*}^*\|_2^2 + (1-a^2)\hat{\lambda}_s) - (a^2 \hat{\lambda}_1 \|z^\mathsf{T} X_{\mathcal{I}^*}^*\|_2^2 + (1-a^2)\hat{\lambda}_s)$$
$$= a^2 (\hat{\lambda}_s - \hat{\lambda}_1) \|z^\mathsf{T} X_{\mathcal{I}^*}^*\|_2^2$$
$$\leqslant a^2 (\hat{\lambda}_s - \hat{\lambda}_1). \tag{10.1.56}$$

由 (10.1.49) 知

$$\mathrm{diag}(X_{\mathcal{I}^*}^* Z_a^\mathsf{T} P_{X_{\mathcal{I}^*}^*}^\perp) = a\,\mathrm{diag}(x_s z^\mathsf{T}) = \frac{a x_{is} x_{js}}{\sqrt{x_{is}^2 + x_{js}^2}} e_{(j,-i)}. \tag{10.1.57}$$

当 $a = \sqrt{\dfrac{\kappa}{\hat{\lambda}_r - \hat{\lambda}_1}}$ 时, 由 (10.1.52) 和 (10.1.56) 可得

$$\mathrm{tr}(Z_a^\mathsf{T} H_{\mathcal{I}^*\mathcal{I}^*}(X_{\mathcal{I}^*}^*) Z_a) + \mathrm{tr}((X_{\mathcal{I}^*}^*)^\mathsf{T} Z_a \Lambda_{\mathcal{I}^*} Z_a^\mathsf{T} X_{\mathcal{I}^*}^*)$$
$$- \mathrm{tr}(Z_a^\mathsf{T} X_{\mathcal{I}^*}^* \Lambda_{\mathcal{I}^*}(X_{\mathcal{I}^*}^*)^\mathsf{T} Z_a) - \mathrm{tr}(Z_a \Lambda_{\mathcal{I}^*} Z_a^\mathsf{T}) \leqslant a^2(\hat{\lambda}_r - \hat{\lambda}_1) = \kappa. \tag{10.1.58}$$

由强局部极小点的定义, 有

$$\mathrm{tr}(Z_a^\mathsf{T} H_{\mathcal{I}^*\mathcal{I}^*}(X_{\mathcal{I}^*}^*) Z_a) + \mathrm{tr}((X_{\mathcal{I}^*}^*)^\mathsf{T} Z_a \Lambda^* Z_a^\mathsf{T} X_{\mathcal{I}^*}^*)$$
$$- \mathrm{tr}(Z_a^\mathsf{T} X_{\mathcal{I}^*}^* \Lambda^*(X_{\mathcal{I}^*}^*)^\mathsf{T} Z_a) - \mathrm{tr}(Z_a \Lambda^* Z_a^\mathsf{T})$$
$$+ 2\,\mathrm{diag}(X_{\mathcal{I}^*}^* Z_a^\mathsf{T} P_X^\perp)^\mathsf{T} \left(L_{\mathcal{I}^*\mathcal{I}^*}^\dagger - \frac{\gamma}{3}\mathrm{Diag}((\rho_{\mathcal{I}^*}^*)^{-\frac{2}{3}})\right) \mathrm{diag}(X_{\mathcal{I}^*}^* Z_a^\mathsf{T} P_{X_{\mathcal{I}^*}^*}^\perp) \geqslant \kappa, \tag{10.1.59}$$

从而由 (10.1.58) 可得

$$\mathrm{diag}(X_{\mathcal{I}^*}^* Z_a^\mathsf{T} P_{X_{\mathcal{I}^*}^*}^\perp)^\mathsf{T} \left(L_{\mathcal{I}^*\mathcal{I}^*}^\dagger - \frac{\gamma}{3}\mathrm{Diag}((\rho_{\mathcal{I}^*}^*)^{-\frac{2}{3}})\right) \mathrm{diag}(X_{\mathcal{I}^*}^* Z_a^\mathsf{T} P_{X_{\mathcal{I}^*}^*}^\perp) \geqslant 0. \tag{10.1.60}$$

将 (10.1.57) 代入 (10.1.60), 得到

$$e_{(j,-i)}^{\mathsf{T}} \left(L_{\mathcal{I}^*\mathcal{I}^*}^{\dagger} - \frac{\gamma}{3}\mathrm{Diag}((\rho_{\mathcal{I}^*}^*)^{-\frac{2}{3}}) \right) e_{(j,-i)} \geqslant 0, \tag{10.1.61}$$

因此

$$(L_{\mathcal{I}^*\mathcal{I}^*}^{\dagger})_{jj} - 2(L_{\mathcal{I}^*\mathcal{I}^*}^{\dagger})_{ji} + (L_{\mathcal{I}^*\mathcal{I}^*}^{\dagger})_{ii} - \frac{\gamma}{3}(\rho_{\mathcal{I}^*}^*)_j^{-\frac{2}{3}} - \frac{\gamma}{3}(\rho_{\mathcal{I}^*}^*)_i^{-\frac{2}{3}} \geqslant 0. \tag{10.1.62}$$

上式表明

$$(L_{\mathcal{I}^*\mathcal{I}^*}^{\dagger})_{jj} - 2(L_{\mathcal{I}^*\mathcal{I}^*}^{\dagger})_{ji} + (L_{\mathcal{I}^*\mathcal{I}^*}^{\dagger})_{ii} \geqslant \frac{\gamma}{3}(\rho_{\mathcal{I}^*}^*)_j^{-\frac{2}{3}}. \tag{10.1.63}$$

从而,

$$(\rho_{\mathcal{I}^*}^*)_j \geqslant \left(\frac{\gamma}{3((L_{\mathcal{I}^*\mathcal{I}^*}^{\dagger})_{jj} - 2(L_{\mathcal{I}^*\mathcal{I}^*}^{\dagger})_{ji} + (L_{\mathcal{I}^*\mathcal{I}^*}^{\dagger}))} \right)^{\frac{3}{2}} \geqslant c_j, \tag{10.1.64}$$

其中 c_j 由 (10.1.46) 定义. 类似可证 (10.1.64) 对任意 $j \in \mathcal{J}$ 成立. □

10.1.2 Kohn-Sham 方程的自洽场迭代

自洽场迭代方法是求解 Kohn-Sham 方程 (10.1.4) 的基本方法. 给定初始点 $X_1 \in \mathcal{O}^{n \times p}$. 在点 X_k 处, 自洽场迭代通过求解如下的线性特征值问题得到第 $k+1$ 个迭代点 X^{k+1}:

$$H(X_k)X_{k+1} = X_{k+1}\Lambda_{k+1}, \tag{10.1.65a}$$

$$X_{k+1}^{\mathsf{T}}X_{k+1} = I, \tag{10.1.65b}$$

然后计算 $\rho(X_{k+1})$ 并更新 $H(X_{k+1})$. 当 $H(X_k)$ 和 $H(X_{k+1})$ 的差距可以忽略时, 系统称为自洽的, 此时自洽场迭代停止.

本小节讨论自洽场迭代的全局收敛性质和局部收敛性质 [157]. 下面先介绍一些基础知识.

假设 10.1.2 交互关联泛函 $\epsilon_{xc}(\rho)$ 的二阶导数一致上有界, 即存在常数 $\sigma > 0$ 使得

$$\|\mathrm{Diag}(\mu_{xc}(\rho)^{\mathsf{T}}e) - \mathrm{Diag}(\mu_{xc}(\tilde{\rho})^{\mathsf{T}}e)\|_F \leqslant \sigma\|\rho - \tilde{\rho}\|_2, \quad \left\|\frac{\partial^2 \epsilon_{xc}}{\partial \rho^2}e\right\|_2 \leqslant \sigma, \quad \forall \rho, \tilde{\rho} \in \mathbb{R}^n. \tag{10.1.66}$$

引理 10.1.1 给出了 $\nabla^2 E(X)[S]$ 的表达式, 下面给出表达式中的第二项 $B(X)[S]$ 的性质.

10.1 Kohn-Sham 方程

引理 10.1.4 设假设 10.1.2 中的条件成立. 则对任意 $X \in \mathcal{O}^{n\times p}, Z \in \mathcal{O}^{n\times(n-p)}$ 和 $S \in \mathbb{R}^{n\times p}$, 均有

$$\|B(X)[S]\|_F \leqslant 2\sqrt{n}(\|L^\dagger\|_2 + \sigma)\|S\|_2, \tag{10.1.67}$$

$$\|Z^\mathsf{T} B(X)[ZZ^\mathsf{T} S]\|_F \leqslant 2\sqrt{n}(\|L^\dagger\|_2 + \sigma)\|Z^\mathsf{T} S\|_2. \tag{10.1.68}$$

证明 只证 (10.1.68). 因为 $\|Z^\mathsf{T}\|_2 \leqslant 1, \|X\|_2 = 1$, 且对任意 $M \in \mathbb{R}^{p\times p}$ 都有 $\|ZM\|_2 \leqslant \|M\|_2$, 所以

$$\begin{aligned}
&\|Z^\mathsf{T} B(X)[ZZ^\mathsf{T} S]\|_F \\
&= \|2Z^\mathsf{T} \operatorname{Diag}(J\operatorname{diag}(ZZ^\mathsf{T} SX^\mathsf{T}))X\|_F \\
&\leqslant 2\|Z^\mathsf{T}\|_2 \|\operatorname{Diag}(J\operatorname{diag}(ZZ^\mathsf{T} SX^\mathsf{T}))\|_F \|X\|_2 \\
&\leqslant 2\|\operatorname{Diag}(J\operatorname{diag}(ZZ^\mathsf{T} SX^\mathsf{T}))\|_F = 2\|J\operatorname{diag}(ZZ^\mathsf{T} SX^\mathsf{T})\|_2 \\
&\leqslant 2\|J\|_2 \|\operatorname{diag}(ZZ^\mathsf{T} SX^\mathsf{T})\|_2 \leqslant 2\|J\|_2 \sqrt{n}\|ZZ^\mathsf{T} SX^\mathsf{T}\|_\infty \\
&\leqslant 2\sqrt{n}\|J\|_2 \|ZZ^\mathsf{T} SX^\mathsf{T}\|_2 \leqslant 2\sqrt{n}\|J\|_2 \|Z^\mathsf{T} S\|_2. \tag{10.1.69}
\end{aligned}$$

故引理成立. □

上一小节说明了能量极小化问题 (10.1.1) 在正交变换下不变. 事实上, 易验证 Kohn-Sham 方程 (10.1.4) 的解和自洽场迭代 (10.1.65) 在正交变换下也不变. 因此, 欧氏距离不再适合衡量可行点到 (10.1.4) 的某个解或解集的距离. 对任意 $Y_1, Y_2 \in \mathcal{O}^{n\times p}$, 考虑它们之间的 Choral 2 范数

$$\mathbf{d_{c2}}(Y_1, Y_2) = \min_{Q_1, Q_2 \in \mathcal{O}^{p\times p}} \|Y_1 Q_1 - Y_2 Q_2\|_2 \tag{10.1.70}$$

和投影 2 范数

$$\mathbf{d_{p2}}(Y_1, Y_2) = \|Y_1 Y_1^\mathsf{T} - Y_2 Y_2^\mathsf{T}\|_2 \tag{10.1.71}$$

(见文献 [59]). 设 $U\Sigma V^\mathsf{T}$ 是 $X_1^\mathsf{T} Y_2$ 的奇异值分解, 则

$$\mathbf{d_{c2}}(Y_1, Y_2) = \|Y_1 U - Y_2 V\|_2. \tag{10.1.72}$$

事实上, Choral 2 范数与投影 2 范数等价.

引理 10.1.5 对任意 $Y_1, Y_2 \in \mathcal{O}^{n\times p}$, 均有

$$\mathbf{d_{c2}}(Y_1, Y_2) \geqslant \mathbf{d_{p2}}(Y_1, Y_2) \geqslant \frac{1}{\sqrt{2}} \mathbf{d_{c2}}(Y_1, Y_2). \tag{10.1.73}$$

证明 记 $\bar{Y}_1 = Y_1 U, \bar{Y}_2 = Y_2 V$，其中 U, V 由 (10.1.72) 定义. 则

$$0 \preceq (I - \bar{Y}_1^\mathsf{T} \bar{Y}_2)(I - \bar{Y}_2^\mathsf{T} \bar{Y}_1) = I - \bar{Y}_1^\mathsf{T} \bar{Y}_2 - \bar{Y}_2^\mathsf{T} \bar{Y}_1 + \bar{Y}_1^\mathsf{T} \bar{Y}_2 \bar{Y}_2^\mathsf{T} \bar{Y}_1$$
$$= (2I - \bar{Y}_1^\mathsf{T} \bar{Y}_2 - \bar{Y}_2^\mathsf{T} \bar{Y}_1) - (I - \bar{Y}_1^\mathsf{T} \bar{Y}_2 \bar{Y}_2^\mathsf{T} \bar{Y}_1), \tag{10.1.74}$$

从而

$$\sigma_{\max}(I - \bar{Y}_1^\mathsf{T} \bar{Y}_2 \bar{Y}_2^\mathsf{T} \bar{Y}_1) \leqslant \sigma_{\max}(2I - \bar{Y}_1^\mathsf{T} \bar{Y}_2 - \bar{Y}_2^\mathsf{T} \bar{Y}_1). \tag{10.1.75}$$

设 $Z_2 \in \mathcal{O}^{n \times (n-p)}$ 为 Y_2 的正交补. 由文献 [104, 定理 2.6.1] 可得

$$\sigma_{\max}(I - \bar{Y}_1^\mathsf{T} \bar{Y}_2 \bar{Y}_2^\mathsf{T} \bar{Y}_1) = \sigma_{\max}(\bar{Y}_1^\mathsf{T}(I - \bar{Y}_2 \bar{Y}_2^\mathsf{T}) \bar{Y}_1)$$
$$= \sigma_{\max}(\bar{Y}_1^\mathsf{T} Z_2 Z_2^\mathsf{T} \bar{Y}_1) = \|Z_2^\mathsf{T} \bar{Y}_1\|_2^2$$
$$= \mathbf{d}_{\mathbf{p2}}^2(\bar{Y}_1, \bar{Y}_2) = \mathbf{d}_{\mathbf{p2}}^2(Y_1, Y_2). \tag{10.1.76}$$

又由 (10.1.72) 可知

$$\sigma_{\max}(2I - \bar{Y}_1^\mathsf{T} \bar{Y}_2 - \bar{Y}_2^\mathsf{T} \bar{Y}_1) = \|\bar{Y}_1 - \bar{Y}_2\|_2^2 = \mathbf{d}_{\mathbf{c2}}^2(Y_1, Y_2). \tag{10.1.77}$$

从而由 (10.1.76)–(10.1.77) 可得 (10.1.73) 的第一个不等式.

利用 (10.1.76) 及 U, V 的定义, 有

$$\mathbf{d}_{\mathbf{p2}}^2(Y_1, Y_2) = \sigma_{\max}(I - \bar{Y}_1^\mathsf{T} \bar{Y}_2 \bar{Y}_2^\mathsf{T} \bar{Y}_1) = \sigma_{\max}(I - \Sigma^2). \tag{10.1.78}$$

又由 (10.1.77) 知

$$\mathbf{d}_{\mathbf{c2}}^2(Y_1, Y_2) = \sigma_{\max}(2I - \bar{Y}_1^\mathsf{T} \bar{Y}_2 - \bar{Y}_2^\mathsf{T} \bar{Y}_1) = \sigma_{\max}(2I - 2\Sigma). \tag{10.1.79}$$

因为 Y_1 和 Y_2 是列正交矩阵, Σ 的对角线元素属于 $[0,1]$, 综合 (10.1.78) 和 (10.1.79), 可得 (10.1.73) 的第二个不等式. □

引理 10.1.6 设对称矩阵 $H \in \mathbb{R}^{n \times n}$ 满足假设 10.1.1. 设 $\Delta H \in \mathbb{R}^{n \times n}$ 是 H 的一个对称扰动, X 和 $\tilde{X}$ 分别是对应于 H 和 $H + \Delta H$ 的最小 p 个特征值的特征向量矩阵. 如果 $\|\Delta H\|_2$ 充分小, 则

$$\mathbf{d}_{\mathbf{p2}}(X, \tilde{X}) \leqslant C \|\Delta H\|_2, \tag{10.1.80}$$

其中 C 是与假设 10.1.1 中的 δ 相关的参数.

下面通过能量泛函在两个连续迭代点之间的下降来分析自洽场迭代的全局收敛性质. 设 $X \in \mathcal{O}^{n \times p}$, Y 是由 X 经过一次自洽场迭代得到的点, 即 Y 的列为 $H(X)$ 的最小 p 个特征值对应的特征向量. 因为线性特征值问题在正交变换下不

变, 所以这样的 Y 不唯一. 设 $U\Sigma V^\mathsf{T}$ 是 $X^\mathsf{T}Y$ 的奇异值分解, 其中 $U, V \in \mathcal{O}^{p\times p}$. 则由 (10.1.72) 可知 $\bar{Y} = YVU^\mathsf{T}$ 满足

$$\|X - \bar{Y}\|_2 = \mathbf{d_{c2}}(X, Y). \tag{10.1.81}$$

由不变性, $\bar{Y}$ 也是从 X 经过一次自洽场迭代得到的线性特征值问题的一个解, 且 $E(Y) = E(\bar{Y})$. 简单起见, 我们称 $\bar{Y}$ 是 Chordal 2 范数下由 X 得到的最近的自洽场迭代点.

$E(Y)$ 在 X 处的二阶泰勒展式为

$$E(Y) = E(X) + \langle \nabla E(X), Y - X \rangle + \frac{1}{2}\langle \nabla^2 E(D_t)[Y - X], Y - X \rangle, \tag{10.1.82}$$

其中 $D_t = X + t(Y - X), t \in (0, 1), \langle A_1, A_2 \rangle = \mathrm{tr}(A_1^\mathsf{T} A_2)$. 利用 $\nabla E(X) = H(X)X$, 可得

$$\begin{aligned}
&E(X) - E(Y) \\
&= -\langle \nabla E(X), Y - X \rangle - \frac{1}{2}\langle \nabla^2 E(X)[Y - X], Y - X \rangle \\
&\quad - \frac{1}{2}\langle \nabla^2 E(D_t)[Y - X], Y - X \rangle + \frac{1}{2}\langle \nabla^2 E(X)[Y - X], Y - X \rangle \\
&= \frac{1}{2}(\langle H(X)X, X \rangle - \langle H(X)Y, Y \rangle) - R_X^{(1)}(Y, D_t) - R_X^{(2)}(Y, D_t),
\end{aligned} \tag{10.1.83}$$

其中

$$R_X^{(1)}(Y, D_t) = \frac{1}{2}\langle (H(D_t) - H(X)(Y - X))(Y - X), Y - X \rangle, \tag{10.1.84}$$

$$R_X^{(2)}(Y, D_t) = \frac{1}{2}\langle B(D_t)[Y - X], Y - X \rangle. \tag{10.1.85}$$

(10.1.83) 右边第一项对应于自洽场迭代中线性特征值问题的二次型的下降量. Yang, Gao 和 Meza [243] 给出了如下的结果.

引理 10.1.7 设假设 10.1.1 对 $H(X)$ 成立, Y 是由 X 经过一次自洽场迭代得到的点, 则

$$\langle H(X)X, X \rangle - \langle H(X)Y, Y \rangle \geqslant \delta \mathbf{d_{p2}}^2(X, Y). \tag{10.1.86}$$

引理 10.1.8 设假设 10.1.2 成立, $X \in \mathcal{O}^{n\times p}$, 假设 10.1.1 对 $H(X)$ 成立, Y 是由 X 经过一次自洽场迭代得到的点, 则

$$E(X) - E(Y) \geqslant \frac{1}{2}\delta \mathbf{d_{p2}}^2(X, Y) - k\sqrt{n}(\|L^\dagger\|_2 + \sigma)(\mathbf{d_{c2}}^2(X, Y) + \mathbf{d_{c2}}^3(X, Y)). \tag{10.1.87}$$

证明 设 $\bar{Y}$ 是 Chordal 2 范数下由 X 得到的最近的自洽场迭代点. 注意到 (10.1.86) 左端的第二项关于 Y 正交不变, $\mathbf{d_{p2}}(X,Y) = \mathbf{d_{p2}}(X,\bar{Y})$, 因此

$$\langle H(X)X, X\rangle - \langle H(X)\bar{Y},\bar{Y}\rangle \geqslant \delta \mathbf{d_{p2}^2}(X,\bar{Y}). \tag{10.1.88}$$

简单计算可得

$$\|XX^\mathsf{T} - D_t D_t^\mathsf{T}\|_2 \leqslant 2\|X - D_t\|_2 \leqslant 2\|\bar{Y} - X\|_2. \tag{10.1.89}$$

利用 $H(X)$ 的定义, 假设 10.1.2 及 (10.1.89), 可得

$$\begin{aligned}
&\|H(D_t) - H(X)\|_\mathrm{F} \\
=& \|\operatorname{Diag}(L^\dagger(\rho(X) - \rho(D_t)))\|_\mathrm{F} + \|\operatorname{Diag}(\mu_{xc}(\rho(X))^\mathsf{T} e) - \operatorname{Diag}(\mu_{xc}(\rho(D_t))^\mathsf{T} e)\|_\mathrm{F} \\
\leqslant& (\|L^\dagger\|_2 + \sigma)\|\rho(X) - \rho(D_t)\|_2 \\
\leqslant& \sqrt{n}(\|L^\dagger\|_2 + \sigma)\|\operatorname{diag}(XX^\mathsf{T}) - \operatorname{diag}(D_t D_t^\mathsf{T})\|_\infty \\
\leqslant& \sqrt{n}(\|L^\dagger\|_2 + \sigma)\|XX^\mathsf{T} - D_t D_t^\mathsf{T}\|_2 \\
\leqslant& 2\sqrt{n}(\|L^\dagger\|_2 + \sigma)\|\bar{Y} - X\|_2,
\end{aligned} \tag{10.1.90}$$

从而

$$\begin{aligned}
R_X^{(1)}(\bar{Y}, D_t) &\leqslant \left|\frac{1}{2}\langle (H(D_t) - H(X))(\bar{Y} - X)), \bar{Y} - X\rangle\right| \\
&\leqslant \frac{1}{2}\|H(D_t) - H(X)\|_\mathrm{F}\|\bar{Y} - X\|_2\|\bar{Y} - X\|_\mathrm{F} \\
&\leqslant k\sqrt{n}(\|L^\dagger\|_2 + \sigma)\|\bar{Y} - X\|_2^3.
\end{aligned} \tag{10.1.91}$$

由引理 10.1.4 和 $\|D_t\|_2 = \|X + t(\bar{Y} - X)\|_2 \leqslant 1$ 可知

$$\begin{aligned}
\langle B(D_t)[\bar{Y} - X], \bar{Y} - X\rangle &\leqslant \|B(D_t)[\bar{Y} - X]\|_\mathrm{F}\|\bar{Y} - X\|_\mathrm{F} \\
&\leqslant 2\sqrt{n}\|J\|_2\|D_t(\bar{Y} - X)^\mathsf{T}\|_2 k\|\bar{Y} - X\|_2 \\
&\leqslant 2k\sqrt{n}(\|L^\dagger\|_2 + \sigma)\|\bar{Y} - X\|_2^2.
\end{aligned} \tag{10.1.92}$$

因此

$$R_X^{(2)}(\bar{Y}, D_t) \leqslant \left|\frac{1}{2}\langle B(D_t)[\bar{Y} - X], \bar{Y} - X\rangle\right| \leqslant k\sqrt{n}(\|L^\dagger\|_2 + \sigma)\|\bar{Y} - X\|_2^2. \tag{10.1.93}$$

将 (10.1.88), (10.1.91), (10.1.93) 代入 (10.1.83), 得到

$$E(X) - E(\bar{Y}) \geqslant \frac{1}{2}\delta \mathbf{d_{p2}^2}(X,\bar{Y}) - k\sqrt{n}(\|L^\dagger\|_2 + \sigma)(\|X - \bar{Y}\|_2^2 + \|X - \bar{Y}\|_2^3). \tag{10.1.94}$$

10.1 Kohn-Sham 方程

综合 (10.1.81), $\mathbf{d_{p2}}(X,Y) = \mathbf{d_{p2}}(X,\bar{Y})$ 和 $E(Y) = E(\bar{Y})$ 即得 (10.1.87). □

下面给出自洽场迭代的全局收敛性结果. 如果假设 10.1.1 对矩阵序列 $\{H^i\}$ ($i = 1, 2, \cdots$) 成立, 且 δ 一致大于零, 则称 $\{H^i\}$ 一致适定 [147, 243].

定理 10.1.6 设假设 10.1.2 成立, $\{X_k\}$ 为自洽场迭代产生的点列, 且 $\{H(X_k)\}$ 关于常数 $\delta > 0$ 一致适定. 如果

$$\delta > 12p\sqrt{n}(\|L^\dagger\|_2 + \sigma), \tag{10.1.95}$$

则存在 $\{X_k\}$ 的子列收敛到 Kohn-Sham 方程 (10.1.4) 的某个解.

证明 由引理 10.1.5 和引理 10.1.8 可知, 对于 $i = 1, 2, \cdots$,

$$E(X_k) - E(X_{k+1}) \geqslant \left(\frac{1}{4}\delta - k\sqrt{n}(\|L^\dagger\|_2 + \sigma)\right)\mathbf{d_{c2}^2}(X_k, X_{k+1})$$
$$- k\sqrt{n}(\|L^\dagger\|_2 + \sigma)\mathbf{d_{c2}^3}(X_k, X_{k+1}). \tag{10.1.96}$$

因为 $X_k, X_{k+1} \in \mathcal{O}^{n \times p}$, 所以

$$\mathbf{d_{c2}}(X_k, X_{k+1}) \leqslant \|X_k\|_2 + \|X_{k+1}\|_2 = 2. \tag{10.1.97}$$

将 (10.1.97) 代入 (10.1.96), 得到

$$E(X_k) - E(X_{k+1}) \geqslant \left(\frac{1}{4}\delta - 3k\sqrt{n}(\|L^\dagger\|_2 + \sigma)\right)\mathbf{d_{c2}^2}(X_k, X_{k+1}). \tag{10.1.98}$$

从而

$$E(X_{k+1}) \leqslant E(X_1) - \left(\frac{1}{4}\delta - 3k\sqrt{n}(\|L^\dagger\|_2 + \sigma)\right)\sum_{j=1}^{k}\mathbf{d_{c2}^2}(X_j, X_{j+1}). \tag{10.1.99}$$

因为 $E(X_k)$ 下有界, 所以对任意 k, $E(X_1) - E(X_{k+1})$ 小于某一正常数. 故对 (10.1.99) 取极限, 可得

$$\lim_{i \to \infty} \mathbf{d_{c2}}(X_k, X_{k+1}) = 0. \tag{10.1.100}$$

另一方面, 由正交性知 $\{X_k\}$ 有界, 所以 $\{X_k\}$ 存在收敛子列 $\{X_{k_j}\}$. 令

$$X^* = \lim_{j \to \infty} X_{k_j}, \tag{10.1.101}$$

$\tilde{X}$ 是 $H(X^*)$ 的最小的 p 个特征值对应的特征向量矩阵. 由引理 10.1.6 可知

$$\mathbf{d_{p2}}(X_{k_j+1}, \tilde{X}) \leqslant C\|H(X_{k_j}) - H(X^*)\|_2. \tag{10.1.102}$$

从而由引理 10.1.5 可得

$$\mathbf{d_{p2}}(X_{k_j}, \tilde{X}) \leqslant C\|H(X_{k_j}) - H(X^*)\|_2 + \mathbf{d_{p2}}(X_{k_j}, X_{k_j+1})$$
$$\leqslant C\|H(X_{k_j}) - H(X^*)\|_2 + \mathbf{d_{c2}}(X_{k_j}, X_{k_j+1}). \tag{10.1.103}$$

上式两边同时令 j 趋于无穷, 由 $H(X)$ 的连续性和 (10.1.100) 可得

$$0 \leqslant \mathbf{d_{p2}}(X^*, \tilde{X}) = \lim_{j \to \infty} \mathbf{d_{p2}}(X_{k_j}, \tilde{X})$$
$$\leqslant \lim_{j \to \infty} C\|H(X_{k_j}) - H(X^*)\|_2 + \lim_{j \to \infty} \mathbf{d_{c2}}(X_{k_j}, X_{k_j+1}) = 0. \tag{10.1.104}$$

因此, $X^* = \tilde{X}$, 即 $\{X_{k_j}\}$ 收敛到 Kohn-Sham 方程 (10.1.4) 的解 X^*. □

事实上, 由条件 (10.1.95) 知 $2\sqrt{n}(\|L^\dagger\|_2 + \sigma)) < \delta$, 且对充分大的 k_j, $\{X_{k_j}\}$ 在 X^* 的某个充分小的邻域内, 故进一步由定理 10.1.7 可知全序列 $\{X_k\}$ 收敛到 Kohn-Sham 方程 (10.1.4) 的解 X^*.

定理 10.1.6 表明自洽场迭代收敛到 Kohn-Sham 方程的某个解, 并不仅仅满足能量极小化问题 (10.1.1) 的一阶最优性条件. 事实上, 当不等式 (10.1.95) 满足时, 相邻两迭代点间的能量泛函下降量 (10.1.98) 隐含着 (10.1.1) 的全局极小点是 Kohn-Sham 方程的解.

下面讨论 Kohn-Sham 方程 (10.1.4) 的局部收敛性质.

引理 10.1.9 设假设 10.1.2 成立, X^* 是 Kohn-Sham 方程 (10.1.4) 的解, 且 $H(X^*)$ 满足假设 10.1.1. 如果 $X \in \mathcal{O}^{n \times p}$ 在 X^* 的某个充分小邻域内, 且 Y 是由 X 经过一次自洽场迭代得到的点, 则

$$\mathbf{d_{p2}}(X^*, Y) = O(\mathbf{d_{p2}}(X^*, X)). \tag{10.1.105}$$

证明 利用 $H(X)$ 的连续性, X 在 X^* 的某个充分小的邻域内, 及引理 10.1.6, 可得

$$\mathbf{d_{p2}}(X^*, Y) \leqslant C\|H(X) - H(X^*)\|_2 = O(\|X - X^*\|_2), \tag{10.1.106}$$

故有 (10.1.105). □

定理 10.1.7 设假设 10.1.2 成立, X^* 为 Kohn-Sham 方程 (10.1.4) 的解, 且 $H(X^*)$ 满足假设 10.1.1. 如果 $X \in \mathcal{O}^{n \times p}$ 在 X^* 的某个充分小邻域, 且 Y 是由 X 经过一次自洽场迭代得到的点, 则

$$\mathbf{d_{p2}}(X^*, Y) \leqslant \frac{2\sqrt{n}(\|L^\dagger\|_2 + \sigma)}{\delta} \mathbf{d_{p2}}(X^*, X) + O(\mathbf{d_{p2}^2}(X^*, X)). \tag{10.1.107}$$

10.1 Kohn-Sham 方程

证明 记 $\Delta X = X^* - X, \Delta Y = X^* - Y$. 注意到 $\nabla E(X) = H(X)X, \nabla E(X^*)$ 在 X 处的一阶泰勒展式为

$$H(X^*)X^* = \nabla E(X) + \nabla^2 E(X)[\Delta X] + O(\|\Delta X\|_2^2)$$
$$= H(X)X + H(X)\Delta X + B(X)[\Delta X] + O(\|\Delta X\|_2^2)$$
$$= H(X)Y + H(X)\Delta Y + B(X)[\Delta X] + O(\|\Delta X\|_2^2). \qquad (10.1.108)$$

利用引理 10.1.9, 并用 $Y + \Delta Y$ 代替 X^*, 有

$$X^*(X^*)^\mathsf{T} H(X^*)X^*$$
$$= (Y + \Delta Y)(Y + \Delta Y)^\mathsf{T}(H(X)Y$$
$$\qquad + H(X)\Delta Y + B(X)[\Delta X] + O(\|\Delta X\|_2^2))$$
$$= YY^\mathsf{T} H(X)Y + Y\Delta Y^\mathsf{T} H(X)Y + \Delta Y Y^\mathsf{T} H(X)Y$$
$$\qquad + YY^\mathsf{T} H(X)\Delta Y + YY^\mathsf{T} B(X)[\Delta X] + O(\|\Delta X\|_2^2). \qquad (10.1.109)$$

因为 X^* 是 (10.1.1) 的全局解, Y 是由 X 得到的自洽场迭代点, 所以

$$H(X^*)X^* = X^*(X^*)^\mathsf{T} H(X^*)X^*, \qquad (10.1.110)$$
$$H(X)Y = YY^\mathsf{T} H(X)Y. \qquad (10.1.111)$$

综合 (10.1.108)–(10.1.111), 有

$$H(X)\Delta Y - (Y\Delta Y^\mathsf{T} H(X)Y + \Delta Y Y^\mathsf{T} H(X)Y + YY^\mathsf{T} H(X)\Delta Y)$$
$$= -(I - YY^\mathsf{T})B(X)[\Delta X] + O(\|\Delta X\|_2^2). \qquad (10.1.112)$$

因此, 由引理 10.1.9 可得

$$H(X^*)\Delta Y - (X^*\Delta Y^\mathsf{T} H(X)Y + \Delta Y(X^*)^\mathsf{T} H(X^*)X^* + X^* Y^\mathsf{T} H(X)\Delta Y)$$
$$= -(I - X^*(X^*)^\mathsf{T})B(X)[\Delta X] + O(\|\Delta X\|_2^2). \qquad (10.1.113)$$

设 Z^* 为 X^* 的正交补. 在式 (10.1.113) 两边同乘以 $(Z^*)^\mathsf{T}$ 可得

$$(Z^*)^\mathsf{T} H(X^*)\Delta Y - (Z^*)^\mathsf{T}(X^*\Delta Y^\mathsf{T} H(X)Y$$
$$\qquad + \Delta Y(X^*)^\mathsf{T} H(X^*)X^* + X^* Y^\mathsf{T} H(X)\Delta Y)$$
$$= -(Z^*)^\mathsf{T} B(X)[\Delta X] + (Z^*)^\mathsf{T} X^*(X^*)^\mathsf{T} B(X)[\Delta X] + O(\|\Delta X\|_2^2). \qquad (10.1.114)$$

上式也可以写为

$$(Z^*)^\mathsf{T} H(X^*)\Delta Y - (Z^*)^\mathsf{T} \Delta Y(X^*)^\mathsf{T} H(X^*)X^*$$
$$= -(Z^*)^\mathsf{T} B(X)[\Delta X] + O(\|\Delta X\|_2^2). \qquad (10.1.115)$$

设对角矩阵 Λ_p 和 Λ_{n-p} 的对角线分别是 $H(X^*)$ 的最小 p 个特征值和最大 $n-p$ 个特征值. 由 (10.1.110) 和 Z^* 的定义可知

$$\Lambda_{n-p}(Z^*)^{\mathrm{T}}\Delta Y - (Z^*)^{\mathrm{T}}\Delta Y \Lambda_p$$
$$= -(Z^*)^{\mathrm{T}}B(X)[(Z^*(Z^*)^{\mathrm{T}} + X^*(X^*)^{\mathrm{T}})\Delta X] + O(\|\Delta X\|_2^2). \tag{10.1.116}$$

因为 $X \in \mathcal{O}^{n \times p}$, 所以 $(X^* - \Delta X)^{\mathrm{T}}(X^* - \Delta X) = X^{\mathrm{T}}X = I$, 从而

$$(X^*)^{\mathrm{T}}\Delta X = O(\|\Delta X\|^2). \tag{10.1.117}$$

上式表明

$$\Lambda_{n-p}(Z^*)^{\mathrm{T}}\Delta Y - (Z^*)^{\mathrm{T}}\Delta Y \Lambda_p$$
$$= -(Z^*)^{\mathrm{T}}B(X)[Z^*(Z^*)^{\mathrm{T}}\Delta X] + O(\|\Delta X\|_2^2). \tag{10.1.118}$$

(10.1.118) 两边同取 F 范数, 有

$$\|\Lambda_{n-p}(Z^*)^{\mathrm{T}}\Delta Y\|_{\mathrm{F}} - \|(Z^*)^{\mathrm{T}}\Delta Y \Lambda_p\|_{\mathrm{F}}$$
$$\leqslant \|(Z^*)^{\mathrm{T}}B(X)[Z^*(Z^*)^{\mathrm{T}}\Delta X]\|_{\mathrm{F}} + O(\|\Delta X\|_2^2). \tag{10.1.119}$$

假设 10.1.1 表明

$$\|\Lambda_{n-p}(Z^*)^{\mathrm{T}}\Delta Y\|_{\mathrm{F}} - \|(Z^*)^{\mathrm{T}}\Delta Y \Lambda_p\|_{\mathrm{F}} \geqslant \delta \|(Z^*)^{\mathrm{T}}\Delta Y\|_{\mathrm{F}}. \tag{10.1.120}$$

利用引理 10.1.4, 并将 (10.1.120) 代入 (10.1.119), 可得

$$\delta \|(Z^*)^{\mathrm{T}}\Delta Y\|_{\mathrm{F}} \leqslant 2\sqrt{n}\|J\|_2 \|(Z^*)^{\mathrm{T}}\Delta X\|_2 + O(\|\Delta X\|_2^2). \tag{10.1.121}$$

显然 $\mathbf{d_{p2}}(X^*, Y) = \|(Z^*)^{\mathrm{T}}\Delta Y\|_2 \leqslant \|(Z^*)^{\mathrm{T}}\Delta Y\|_{\mathrm{F}}$, 且 $\mathbf{d_{p2}}(X^*, X) = \|(Z^*)^{\mathrm{T}}\Delta X\|_2$. 故由 (10.1.117) 和 Z^* 的定义可知

$$\|\Delta X\|_2 \geqslant \|(Z^*)^{\mathrm{T}}\Delta X\|_2 \geqslant \|\Delta X\|_2 - \|(X^*)^{\mathrm{T}}\Delta X\|_2$$
$$= \|\Delta X\|_2 - O(\|\Delta X\|_2^2), \tag{10.1.122}$$

从而, $O(\|\Delta X\|_2) = O(\mathbf{d_{p2}}(X^*, X))$. $\square$

定理 10.1.7 表明, 当 $2\sqrt{n}(\|L^{\dagger}\|_2 + \sigma) < \delta$ 时, 只要迭代点列在 X^* 的某个充分小邻域内, 则自洽场迭代线性收敛到 Kohn-Sham 方程的解.

10.1.3 简单势能混合自洽场迭代

自洽场迭代求解 Kohn-Sham 方程 (10.1.4) 时,每一步先得到一组特征向量,再计算电荷密度 ρ 并更新哈密顿矩阵 H,然后求解线性特征值问题得到下一组特征向量,直至收敛. 实际应用中,自洽场迭代往往不收敛,或者收敛很慢,或者收敛到不满足 (10.1.4) 的点 [1, 27, 28, 136, 140, 243]. 通常可引进电荷密度混合的技巧来改善自洽场的收敛性,如简单混合、Pular 混合、Broyden 混合等 [126, 133, 190].

本小节将 Kohn-Sham 方程 (10.1.4) 表示成关于势能的固定点映射,并讨论简单势能混合自洽场迭代和近似牛顿自洽场迭代,以及它们的收敛性质.

1. 固定点映射

Kohn-Sham 方程 (10.1.4) 是关于 X 的非线性方程组. 由于哈密顿矩阵 (10.1.5) 是关于 ρ 的对称矩阵函数

$$\hat{H}(\rho) = \frac{1}{2}L + V_{\text{ion}} + \text{Diag}(L^\dagger \rho) + \text{Diag}(\mu_{xc}(\rho)^\mathsf{T} e), \qquad (10.1.123)$$

所以 Kohn-Sham 方程也可以写为

$$\hat{H}(\rho)X = X\Lambda, \qquad (10.1.124a)$$
$$X^\mathsf{T} X = I, \qquad (10.1.124b)$$

其中 $X \in \mathbb{R}^{n \times p}$, $\Lambda \in \mathbb{R}^{p \times p}$ 是对角矩阵且对角线元素是 $\hat{H}(\rho)$ 的最小的 p 个特征值. 给定 ρ, $\hat{H}(\rho)$ 的特征值分解即可确定. 因此, X 依赖于 ρ, 故 Kohn-Sham 方程 (10.1.4) 也可以看作电荷密度

$$\rho = \text{diag}(X(\rho)X(\rho)^\mathsf{T}) \qquad (10.1.125)$$

的非线性方程组.

我们称

$$V := \mathcal{V}(\rho) = L^\dagger \rho + \mu_{xc}(\rho)^\mathsf{T} e \qquad (10.1.126)$$

为势函数. 则哈密顿矩阵 $\hat{H}(\rho)$ 可表示为

$$H(V) = \frac{1}{2}L + V_{\text{ion}} + \text{Diag}(V). \qquad (10.1.127)$$

显然, $\hat{H}(\rho) = H(\mathcal{V}(\rho))$. 因此, X 可看作 V 的某个隐函数. 设 $X(V) \in \mathbb{R}^{n \times p}$ 是 $H(V)$ 的最小的 p 个特征值对应的特征向量矩阵. 则固定点映射 (10.1.125) 是关于 V 的非线性方程组

$$V = \mathcal{V}(F_\phi(V)), \qquad (10.1.128)$$

其中 $F_\phi(V) = \mathrm{diag}(X(V)X(V)^\mathsf{T})$.

当 $H(V)$ 的第 p 个最小特征值与第 $p+1$ 个最小特征值之间有间隙时, 固定点映射 (10.1.128) 有定义. 当两者相等时, 该特征值的重数大于 1, 此时特征向量矩阵 $X(V)$ 的选择不明确. 一个常用方法是构造一个合适的滤子函数来改进 $F_\phi(V)$. 设 $q_1(V), \cdots, q_n(V)$ 分别是 $H(V)$ 的对应于特征值 $\lambda_1(V), \cdots, \lambda_n(V)$ 的特征向量. 特别地, 选取 Fermi-Dirac 分布函数

$$f_\mu(t) := \frac{1}{1+\mathrm{e}^{\beta(t-\mu)}} \tag{10.1.129}$$

为滤子函数, 其中 μ 是方程

$$\sum_{i=1}^n f_\mu(\lambda_i(V)) = p \tag{10.1.130}$$

的解. 对于固定的 β, (10.1.130) 的左边关于 μ 单调. 故对任意 β 和 λ_i, (10.1.130) 的解唯一. 因此, 固定点映射 (10.1.128) 可由

$$V = \mathcal{V}(F_{f_\mu}(V)) \tag{10.1.131}$$

近似, 这里 $F_{f_\mu}(V) = \mathrm{diag}\left(\sum_{i=1}^n f_\mu(\lambda_i(V))q_i(V)q_i(V)^\mathsf{T}\right)$, 其中 μ 满足 (10.1.130).

下面利用谱表示描述 (10.1.128) 中的 $F_\phi(V)$ 和 (10.1.131) 中的 $F_{f_\mu}(V)$. 设 $H(V)$ 的特征值和特征值分解分别为 $\lambda_1(V) \leqslant \cdots \leqslant \lambda_n(V)$ 和

$$H(V) = Q(V)\Pi(V)Q(V)^\mathsf{T}, \tag{10.1.132}$$

其中

$$Q(V) = (q_1(V), \cdots, q_n(V)) \in \mathbb{R}^{n \times n}, \tag{10.1.133}$$

$$\Pi(V) = \mathrm{Diag}(\lambda_1(V), \cdots, \lambda_n(V)) \in \mathbb{R}^{n \times n}. \tag{10.1.134}$$

因此,

$$F_\phi(V) = \mathrm{diag}(Q(V)\phi(\Pi(V))Q(V)^\mathsf{T}), \tag{10.1.135}$$

这里 $\phi(\Pi) = \mathrm{Diag}(\phi(\lambda_1(V)), \cdots, \phi(\lambda_n(V)))$,

$$\phi(t) = \begin{cases} 1, & \text{如果 } t \leqslant \dfrac{\lambda_p(V)+\lambda_{p+1}(V)}{2}, \\ 0, & \text{其他}. \end{cases} \tag{10.1.136}$$

类似地, $F_{f_\mu}(V)$ 的谱算子形式为

$$F_{f_\mu}(V) = \mathrm{diag}(Q(V)f_\mu(\Pi(V))Q(V)^\mathsf{T}). \tag{10.1.137}$$

设 $r(V)$ 是 $H(V)$ 的不同特征值的个数, $\mu_1(V), \cdots, \mu_r(V)$ 是 $\{\lambda_1(V), \cdots, \lambda_n(V)\}$ 中的不同特征值, $r_p(V)$ 是不大于 λ_p 的不同特征值的个数. 对 $k = 1, \cdots, r(V)$, 记 $\alpha_k = \{i \mid \lambda_i = \mu_k, i = 1, \cdots, n\}$. 下面的引理给出了 $F_\Phi(V)$ 的方向导数.

引理 10.1.10 设假设 10.1.1 在 $H(V)$ 处成立, 则 $F_\phi(V)$ 连续可微, 且其在 V 处沿 $z \in \mathbb{R}^n$ 的方向导数为

$$\partial_V F_\phi(V)[z] = \operatorname{diag}(Q(V)(g_\phi(\Pi(V)) \circ (Q(V)^\mathsf{T} \operatorname{Diag}(z) Q(V))) Q(V)^\mathsf{T}, \quad (10.1.138)$$

这里 $\circ$ 表示 Hadamard 乘积, 一阶差分矩阵 $g_\phi(\Pi(V)) \in \mathbb{R}^{n \times n}$, 且对 $i, j = 1, \cdots, n$ 有

$$(g_\phi(\Pi(V)))_{ij} = \begin{cases} \dfrac{1}{\lambda_i(V) - \lambda_j(V)}, & \text{如果 } i \in \alpha_k, j \in \alpha_l, k \leqslant r_p(V), l > r_p(V), \\ \dfrac{-1}{\lambda_i(V) - \lambda_j(V)}, & \text{如果 } i \in \alpha_k, j \in \alpha_l, k > r_p(V), l \leqslant r_p(V), \\ 0, & \text{其他.} \end{cases}$$

$$(10.1.139)$$

证明 由链式法则可知,

$$\partial_V F_\phi(V)[z] = \frac{\mathrm{d} \operatorname{diag}(Q\phi(\Pi)Q^\mathsf{T})}{\mathrm{d} H}[\partial_V H(V)[z]]. \quad (10.1.140)$$

因为谱算子连续可微 [53, 命题 2.10], 所以函数 $Q\phi(\Pi)Q^\mathsf{T}$ 关于 H 可微, 其方向导数为

$$\frac{\mathrm{d} Q\phi(\Pi)Q^\mathsf{T}}{\mathrm{d} H}[S] = Q(g_\phi(\Pi) \circ (Q^\mathsf{T} S Q))Q^\mathsf{T}, \quad \forall S \in S^n, \quad (10.1.141)$$

且对 $i, j = 1, \cdots, n$ 有

$$(g_\phi(\Pi(V)))_{ij} = \begin{cases} \dfrac{\phi(\lambda_i(V)) - \phi(\lambda_j(V))}{\lambda_i(V) - \lambda_j(V)}, & \text{如果 } i \in \alpha_k, j \in \alpha_l, k \neq l, \\ 0, & \text{其他.} \end{cases} \quad (10.1.142)$$

将 (10.1.136) 代入 (10.1.142), 可得 (10.1.139). 因为 $\operatorname{diag}(\cdot)$ 是线性函数, 所以

$$\begin{aligned}\frac{\mathrm{d} \operatorname{diag}(Q\phi(\Lambda)Q^\mathsf{T})}{\mathrm{d} H}[S] &= \frac{\mathrm{d} \operatorname{diag}(Q\phi(\Lambda)Q^\mathsf{T})}{\mathrm{d} Q\phi(\Lambda)Q^\mathsf{T}} \frac{\mathrm{d} Q\phi(\Lambda)Q^\mathsf{T}}{\mathrm{d} H}[S] \\ &= \operatorname{diag}(Q(g_\phi(\Pi) \circ (Q^\mathsf{T} S Q))Q^\mathsf{T}), \quad \forall S \in S^n. \quad (10.1.143)\end{aligned}$$

又由 (10.1.127) 可知

$$\partial_V H(V)[z] = \operatorname{Diag}(z). \quad (10.1.144)$$

将 (10.1.143) 和 (10.1.144) 代入 (10.1.140) 即得 (10.1.138). □

引理 10.1.10 表明计算 $\partial_V(F_\phi(V))[z]$ 需要 $H(V)$ 的所有特征值和特征向量. 令 $E_{j,p}(0_{j,p})$ 是 $j \times p$ 阶元素全是 1 (或者 0) 的矩阵. 则

$$g_\phi(\Pi(V)) = \begin{pmatrix} 0_{p,p} & G \\ G^\mathsf{T} & 0_{n-p,n-p} \end{pmatrix}, \tag{10.1.145}$$

其中

$$G = \begin{pmatrix} \dfrac{1}{\mu_1 - \mu_{r_p(V)+1}} E_{|\alpha_1|,|\alpha_{r_p(V)+1}|} & \cdots & \dfrac{1}{\mu_1 - \mu_{r(V)}} E_{|\alpha_1|,|\alpha_{r(V)}|} \\ \vdots & \ddots & \vdots \\ \dfrac{1}{\mu_{r_p} - \mu_{r_p(V)+1}} E_{|\alpha_{r_p(V)}|,|\alpha_{r_p(V)+1}|} & \cdots & \dfrac{1}{\mu_{r_p(V)} - \mu_{r(V)}} E_{|\alpha_{r_p(V)}|,|\alpha_{r(V)}|} \end{pmatrix}. \tag{10.1.146}$$

类似可得 $F_{f_\mu}(V)[z]$ 的方向导数.

引理 10.1.11 函数 $F_{f_\mu}(V)$ 连续可微, 其在 V 处沿 $z \in \mathbb{R}^n$ 的方向导数为

$$\partial_V F_{f_\mu}(V)[z] = \mathrm{diag}(Q(V)(g_{f_\mu}(\Pi(V)) \circ (Q(V)^\mathsf{T} \mathrm{Diag}(z) Q(V))) Q(V)^\mathsf{T}), \tag{10.1.147}$$

其中 $g_{f_\mu}(\Pi(V)) \in \mathbb{R}^{n \times n}$, 且对 $i,j = 1, \cdots, n$ 有

$$(g_{f_\mu}(\Pi(V)))_{ij} = \begin{cases} \dfrac{f_\mu(\lambda_i(V)) - f_\mu(\lambda_j(V))}{\lambda_i(V) - \lambda_j(V)}, & \text{如果 } i \in \alpha_k, j \in \alpha_l, k \neq l, \\ f'_\mu(\lambda_i(V)), & \text{其他}. \end{cases} \tag{10.1.148}$$

下面计算 $\mathcal{V}(F_\phi(V))$ 和 $\mathcal{V}(F_{f_\mu}(V))$ 的 Jacobi 矩阵.

定理 10.1.8 设 $J(\rho)$ 如 (10.1.12) 所定义.

(i) 设假设 10.1.1 在 $H(V)$ 处成立, 则 $\mathcal{V}(F_\phi(V))$ 在 V 处的 Jacobi 矩阵为

$$\partial_V \mathcal{V}(F_\phi(V))[z] = J(F_\phi(V)) \partial_V F_\phi(V)[z], \quad \forall z \in \mathbb{R}^n. \tag{10.1.149}$$

(ii) $\mathcal{V}(F_{f_\mu}(V))$ 在 V 处的 Jacobi 矩阵为

$$\partial_V \mathcal{V}(F_{f_\mu}(V))[z] = J(F_{f_\mu}(V)) \partial_V F_{f_\mu}(V)[z], \quad \forall z \in \mathbb{R}^n. \tag{10.1.150}$$

证明 注意到

$$\partial_\rho(\mathcal{V}(\rho))[z] = J(\rho)z, \quad \forall z \in \mathbb{R}^n. \tag{10.1.151}$$

对 $\partial_V \mathcal{V}(F_\phi(V))[z]$ 运用链式法则, 由 (10.1.138) 和 (10.1.151) 可得 (10.1.149). 类似可得 (10.1.150). □

10.1 Kohn-Sham 方程

2. 简单势能混合自洽场迭代

给定初始点 $V_1 \in \mathbb{R}^n$, 求解固定点映射 (10.1.33) 的自洽场迭代, 在第 k 次迭代, 求解线性特征值问题

$$H(V_k)X(V_{k+1}) = X(V_{k+1})\Lambda(V_{k+1}), \tag{10.1.152a}$$

$$X(V_{k+1})^\mathsf{T} X(V_{k+1}) = I \tag{10.1.152b}$$

得到特征对 $\{X(V_{k+1}), \Lambda(V_{k+1})\}$, 然后更新势能

$$V_{k+1} = \mathcal{V}(F_\phi(V_k)). \tag{10.1.153}$$

当 V_k 和 V_{k+1} 之间的间隙可以忽略时, 系统自洽, 此时自洽场迭代停止.

实际应用中, 自洽场迭代经常收敛很慢或者不收敛. 一种启发式策略是通过电流或势能混合来加速或稳定自洽场迭代 [133, 138]. 一般来说, 新势能 V_{k+1} 可由上一次迭代的势能和当前迭代的势能线性组合而成. 比如, 用如下的简单混合

$$V_{k+1} = V_k - \alpha(V_k - \mathcal{V}(F_\phi(V_k))) \tag{10.1.154}$$

替代 (10.1.153), 其中 α 为适当的步长. 类似地, 利用简单混合策略求解固定点映射 (10.1.131) 的自洽场迭代为

$$V_{k+1} = V_k - \alpha(V_k - \mathcal{V}(F_{f_\mu}(V_k))). \tag{10.1.155}$$

假设 10.1.3 交换关联函数 $\epsilon_{xc}(\rho)$ 的二阶导数一致上有界, 即存在常数 $\theta > 0$, 使得

$$\|J(\rho)\|_2 \leqslant \theta, \quad \forall \rho \in \mathbb{R}^n. \tag{10.1.156}$$

事实上, 很难验证假设 10.1.3 对任意 $X \in \mathbb{R}^{n \times p}$ 都成立, 但如果交互关联函数由 (10.1.23) 定义, 则 (10.1.156) 在强局部极小点处成立.

由 (10.1.138) 可知, $\partial_V F_\phi(V)[\cdot]$ 是线性算子. 定义 $\partial_V \mathcal{V}(F_\phi(V))$ 和 $\partial_V F_\phi(V)[\cdot]$ 的诱导 l_2 范数:

$$\|\partial_V \mathcal{V}(F_\phi(V))\|_2 = \max_{z \neq 0} \frac{\|\partial_V \mathcal{V}(F_\phi(V))[z]\|_2}{\|z\|_2}, \tag{10.1.157}$$

$$\|\partial_V F_\phi(V)\|_2 = \max_{z \neq 0} \frac{\|\partial_V F_\phi(V)[z]\|_2}{\|z\|_2}. \tag{10.1.158}$$

引理 10.1.12 给定 $V \in \mathbb{R}^n$, 如果假设 10.1.1 在 $H(V)$ 处成立, 则

$$\|\partial_V F_\phi(V)\|_2 \leqslant \frac{1}{\delta}, \quad \|\partial_V \mathcal{V}(F_\phi(V))\|_2 \leqslant \frac{\theta}{\delta}. \tag{10.1.159}$$

证明 对任意 $z \in \mathbb{R}^n$ 都有

$$\begin{aligned}
\|\partial_V F_\phi(V)[z]\|_2 &= \|\operatorname{diag}(Q(V)(g_\phi(\Pi(V)) \circ (Q(V)^\mathsf{T} \operatorname{Diag}(z)Q(V)))Q(V)^\mathsf{T})\|_2 \\
&\leqslant \|Q(\rho)(g_\phi(\Pi(\rho)) \circ (Q(\rho)^\mathsf{T} \operatorname{Diag}(z)Q(\rho)))Q(\rho)^\mathsf{T}\|_F \\
&= \|g_\phi(\Pi(\rho)) \circ (Q(\rho)^\mathsf{T} \operatorname{Diag}(z)Q(\rho))\|_F \\
&\leqslant \frac{1}{\delta}\|Q(\rho)^\mathsf{T} \operatorname{Diag}(z)Q(\rho)\|_F \\
&\leqslant \frac{1}{\delta}\|z\|_2, \quad\quad\quad\quad\quad\quad\quad\quad\quad\quad (10.1.160)
\end{aligned}$$

其中第二个不等式由 $|(g_\phi(\Pi(\rho)))_{ij}| \leqslant 1/\delta$ 得到. 从而由 (10.1.158) 和 (10.1.160) 可知 (10.1.159) 的第一个不等式成立. 又由 (10.1.149) 和 (10.1.160) 可得

$$\|\partial_V \mathcal{V}(F_\phi(V))[z]\|_2 \leqslant \|J(F_\phi(V))\|_2 \|\partial_V F_\phi(V)[z]\|_2 \leqslant \frac{\theta}{\delta}\|z\|_2. \quad (10.1.161)$$

故引理成立. □

如果对任意 $V \in \mathbb{R}^n$, 假设 10.1.1 在 $H(V)$ 处成立, 则称集合 $\{H(V) \mid V \in \mathbb{R}^n\}$ 关于常数 $\delta > 0$ 一致适定 (UWP) [147, 243].

定理 10.1.9 设假设 10.1.3 成立, $\{H(V) \mid V \in \mathbb{R}^n\}$ 关于 $\delta > 0$ 一致适定且

$$b_1 = 1 - \frac{\theta}{\delta} > 0. \quad (10.1.162)$$

设 $\{V_k\}$ 是由简单混合迭代 (10.1.154) 产生的点列, 且步长 α 满足

$$0 < \alpha < \frac{2}{2 - b_1}, \quad (10.1.163)$$

则 $\{V_k\}$ 线性收敛到 Kohn-Sham 方程 (10.1.4) 的某个解, 且线性收敛速度不小于 $|1-\alpha| + \alpha(1-b_1)$.

证明 对任意 V_k, 由 (10.1.161)–(10.1.163) 可知

$$\|(1-\alpha)I + \alpha\partial_V \mathcal{V}(F_\phi(V_k))\|_2 \leqslant |1-\alpha| + |\alpha|\|\partial_V \mathcal{V}(F_\phi(V_k))\|_2$$

$$\leqslant \begin{cases} 1 - \alpha + \alpha\dfrac{\theta}{\delta} = 1 - \alpha b_1, & \text{如果 } 0 < \alpha < 1, \\ \alpha - 1 + \alpha\dfrac{\theta}{\delta} = \alpha(2 - b_1) - 1, & \text{如果 } \alpha \geqslant 1 \end{cases}$$

$$< 1. \quad (10.1.164)$$

故引理成立. □

当步长 $\alpha = 1$ 时, 简单混合迭代 (10.1.154) 退化为自洽场迭代 (10.1.153), 此时收敛速度为 $\dfrac{\theta}{\delta}$. 由于 (10.1.162) 不包含 p 和 n, 它比定理 10.1.6 中的全局收敛性条件 $\dfrac{12p\sqrt{n}\theta}{\delta} < 1$ 弱.

下面的定理给出了改进固定点映射 (10.1.131) 在没有 UWP 条件下的收敛性质.

定理 10.1.10 设假设 10.1.3 成立,

$$b_2 = 1 - \frac{\beta\theta}{4} > 0. \tag{10.1.165}$$

设 $\{V_k\}$ 是由简单混合迭代 (10.1.155) 产生的点列, 且步长 α 满足

$$0 < \alpha < \frac{2}{2-b_2}, \tag{10.1.166}$$

则 $\{V_k\}$ 收敛到 (10.1.131) 的解, 且线性收敛速度不小于 $|1-\alpha| + \alpha(1-b_2)$.

证明 由中值定理和

$$|f'_\mu(t)| = \left|\frac{-\beta e^{\beta(t-\mu)}}{(1+e^{\beta(t-\mu)})^2}\right| \leqslant \frac{\beta}{4} \tag{10.1.167}$$

可知 $|(g_{f_\mu}(\Pi(V)))_{ij}| \leqslant \beta/4$, 故 $\|\partial_V \mathcal{V}(F_{f_\mu}(V))\|_2 \leqslant \dfrac{\beta\theta}{4}$. 类似定理 10.1.9 的证明, 可得 (10.1.155) 的收敛性质. □

假设 UWP 条件成立, 且 f_μ 满足

$$\begin{cases} \dfrac{1}{1+e^{\beta(\lambda_p-\mu)}} \geqslant 1-\gamma, \\ \dfrac{1}{1+e^{\beta(\lambda_{p+1}-\mu)}} \leqslant \gamma, \end{cases} \tag{10.1.168}$$

其中 $\gamma \ll 1$ 是常数. 可以证明 $\beta \geqslant \dfrac{2}{\delta}\ln\dfrac{1-\gamma}{\gamma}$. 所以, $\dfrac{\beta}{4} \geqslant \dfrac{1}{\delta}$, 且当 $\ln\dfrac{1-\gamma}{\gamma} \geqslant 2$ 或者等价的 $\gamma \leqslant \dfrac{1}{e^2+1} \approx 0.12$ 时, 由 (10.1.165) 可知 (10.1.162) 成立. 另一方面, 由 (10.1.168) 可知, γ 越靠近 0, f_μ 越靠近 ϕ. 因此, 当 F_{f_μ} 充分靠近 F_ϕ 时, 利用 F_ϕ 的固定点迭代的收敛速度要优于 F_{f_μ}. 需要注意的是, 当 β 有限非零时, 问题 (10.1.131) 的解与 $\beta = \infty$ 的解是不同的.

下面讨论迭代 (10.1.154) 和迭代 (10.1.155) 的局部收敛性质. 设 V^* 是固定点映射 (10.1.154) 的解. 记 $B(V^*, \eta) = \{V \mid \|V - V^*\|_2 \leqslant \eta\}$, 其中 $\eta > 0$ 为常数. 由泰勒展式知, 对任意 $V_k \in B(V^*, \eta)$, 均有

$$\begin{aligned} V_{k+1} - V^* &= V_k - \alpha(V_k - \mathcal{V}(F_\phi(V_k))) - (V^* - \alpha(V^* - \mathcal{V}(F_\phi(V^*)))) \\ &= (I - \alpha(I - \partial_V \mathcal{V}(F_\phi(V^*))))(V_k - V^*) + o(\|V_k - V^*\|_2). \end{aligned} \tag{10.1.169}$$

如果算子 $I - \alpha(I - \partial_V \mathcal{V}(F_\phi(V^*)))$ 的谱半径小于 1, 则存在充分小的 η, 当初始点属于 $B(V^*, \eta)$ 时, 简单混合迭代 (10.1.154) 线性收敛到 V^*.

记线性算子空间 $\mathrm{L}(\mathbb{R}^n,\mathbb{R}^n) = \{\mathcal{P} \mid \mathcal{P} \text{ 是 } \mathbb{R}^n \text{ 到 } \mathbb{R}^n \text{ 的线性算子}\}$. 给定 $\mathcal{P} \in \mathrm{L}(\mathbb{R}^n,\mathbb{R}^n)$, 如果 $\lambda \in \mathbb{C}$ 和非零向量 $z \in \mathbb{C}^n$ 满足 $\mathcal{P}[z] = \lambda z$, 我们称 λ 和 z 分别为 $\mathcal{P}$ 的特征值和特征向量. 定义 $\mathcal{P}$ 的谱半径 $\varrho(\mathcal{P})$ 为 $\mathcal{P}$ 的最大特征值的模. 如果对任意 $x,y \in \mathbb{R}^n$, 都有 $y^\mathsf{T}\mathcal{P}[x] = x^\mathsf{T}\mathcal{P}[y]$, 则称线性算子 $\mathcal{P}$ 为对称算子. 如果对任意 $z \in \mathbb{R}^n$, 都有 $z^\mathsf{T}\mathcal{P}[z] \geqslant 0$, 则称 $\mathcal{P}$ 为半正定算子.

下面的引理表明线性算子 $\partial_V F_\phi(V)[\cdot]$ 是半负定的.

引理 10.1.13 对任意 $z \in \mathbb{R}^n$, 均有 $z^\mathsf{T} \partial_V F_\phi(V)[z] \leqslant 0$.

证明 对任意 $z \in \mathbb{R}^n$, 都有

$$\begin{aligned}
z^\mathsf{T}\partial_V F_\phi(V)[z] &= z^\mathsf{T}\,\mathrm{diag}(Q(V))(g_\phi(\varPi(V)) \circ (Q(V)^\mathsf{T}\mathrm{Diag}(z)Q(V)))Q(V)^\mathsf{T}) \\
&= \langle (Q(V)^\mathsf{T}\mathrm{Diag}(z)Q(V)), g_\phi(\varPi(V)) \circ (Q(V)^\mathsf{T}\mathrm{Diag}(z)Q(V))\rangle \\
&= e^\mathsf{T}(g_\phi(\varPi(V)) \circ (Q(V)^\mathsf{T}\mathrm{Diag}(z)Q(V)) \circ (Q(V)^\mathsf{T}\mathrm{Diag}(z)Q(V)))e \\
&\leqslant 0,
\end{aligned} \qquad (10.1.170)$$

其中第三个等式由 Hadamard 积性质得到, 不等式由

$$(Q(V)^\mathsf{T}\mathrm{Diag}(z)Q(V)) \circ (Q(V)^\mathsf{T}\mathrm{Diag}(z)Q(V)) \geqslant 0, \quad g_\phi(\varPi(V)) \leqslant 0 \qquad (10.1.171)$$

得到. $\square$

下面的引理表明对称矩阵和对称半正定线性算子乘积的特征值是实数.

引理 10.1.14 设 $M \in \mathbb{R}^{n\times n}$ 是对称矩阵, $\mathcal{P} \in \mathrm{L}(\mathbb{R}^n,\mathbb{R}^n)$ 是对称半正定线性算子, 则线性算子 $M\mathcal{P}$ 的所有特征值都是实数, 且

$$\lambda_{\max}(M\mathcal{P}) \leqslant \begin{cases} \lambda_{\max}(M)\lambda_{\max}(\mathcal{P}), & \text{如果 } \lambda_{\max}(M) \geqslant 0, \\ \lambda_{\max}(M)\lambda_{\min}(\mathcal{P}), & \text{其他}, \end{cases} \qquad (10.1.172)$$

$$\lambda_{\min}(M\mathcal{P}) \geqslant \begin{cases} \lambda_{\min}(M)\lambda_{\min}(\mathcal{P}), & \text{如果 } \lambda_{\min}(M) \geqslant 0, \\ \lambda_{\min}(M)\lambda_{\max}(\mathcal{P}), & \text{其他}. \end{cases} \qquad (10.1.173)$$

证明略.

定理 10.1.11 设假设 10.1.3 成立, V^* 是 (10.1.4) 的解, 假设 10.1.1 在 $H(V^*)$ 处成立, 且 δ 满足

$$\delta > -\lambda_{\min}^*, \qquad (10.1.174)$$

其中 $\lambda_{\min}^* = \min\{0, \lambda_{\min}(J(F_\phi(V^*)))\}$. 则存在 V^* 的某个开邻域 Ω, 使得当 $V_1 \in \Omega$ 且步长

$$\alpha \in \left(0, \frac{2\delta}{\theta+\delta}\right) \qquad (10.1.175)$$

10.1 Kohn-Sham 方程

时, 由 (10.1.154) 产生的迭代点列 $\{V_k\}$ 收敛到 V^*, 且线性收敛速度不小于

$$\max\left\{\left|1-\alpha\frac{\delta+\lambda_{\min}^*}{\delta}\right|,\left|\alpha\frac{\theta+\delta}{\delta}-1\right|\right\}. \tag{10.1.176}$$

证明 记 $\mathcal{A} = I - J(F_\phi(V^*))\partial_V F_\phi(V^*)$. 由引理 10.1.13 可知, $-\partial_V F_\phi(V^*)$ 对称半正定. 由引理 10.1.14 可知, $\mathcal{A}$ 的所有特征值都是实数. 因此, 由泰勒展式 (10.1.169) 可知, 如果

$$\lambda_{\min}(\mathcal{A}) > 0, \tag{10.1.177}$$

$$\alpha\lambda_{\max}(\mathcal{A}) < 2, \tag{10.1.178}$$

则

$$\varrho(I - \alpha\mathcal{A}) < 1, \tag{10.1.179}$$

从而简单混合迭代 (10.1.154) 局部收敛. 下证 (10.1.177) 和 (10.1.178).

注意到 $\lambda_{\min}(\mathcal{A}) = 1 + \lambda_{\min}(J(F_\phi(V^*))(-\partial_V F_\phi(V^*)))$. 由引理 10.1.12 可知, $\lambda_{\max}(-\partial_V F_\phi(V^*)) \leqslant 1/\delta$. 利用引理 10.1.14 和 $\lambda_{\min}^*$ 的定义, 可得

$$\lambda_{\min}(\mathcal{A}) - 1 \geqslant \begin{cases} \lambda_{\min}(J(F_\phi(V^*))\lambda_{\min}(-\partial_V F_\phi(V^*)), & \text{如果 } \lambda_{\min}(J(F_\phi(V^*))) \geqslant 0, \\ \lambda_{\min}(J(F_\phi(V^*))\lambda_{\max}(-\partial_V F_\phi(V^*)), & \text{其他} \end{cases}$$

$$\geqslant \begin{cases} 0, & \text{如果 } \lambda_{\min}(J(F_\phi(V^*))) \geqslant 0, \\ \dfrac{1}{\delta}\lambda_{\min}(J(F_\phi(V^*))), & \text{其他} \end{cases}$$

$$\geqslant \frac{\lambda_{\min}^*}{\delta}, \tag{10.1.180}$$

因此由 (10.1.174) 可得 (10.1.177). 再次利用引理 10.1.14, 有

$$\lambda_{\max}(\mathcal{A}) \leqslant 1 + \lambda_{\max}(J(F_\phi(V^*))(-\partial_V F_\phi(V^*)))$$

$$\leqslant 1 + \max\{0, \lambda_{\max}(J(F_\phi(V^*)))\lambda_{\max}(-\partial_V F_\phi(V^*))\} \leqslant 1 + \frac{\theta}{\delta}, \tag{10.1.181}$$

从而由 (10.1.175) 可得 (10.1.178). □

推论 10.1.1 设假设 10.1.1 在 $H(V^*)$ 处成立, 且 $J(F_\phi(V^*))$ 半正定, 则 (10.1.174) 成立.

设假设 10.1.1 在 $H(V^*)$ 处成立. 条件 $\delta > -\lambda_{\min}^*$ 要比定理 10.1.9 中的全局收敛条件 $\delta > \theta$ 弱得多. 事实上, 当 $J(F_\phi(V^*))$ 半正定时, $\delta > -\lambda_{\min}^*$ 显然成立. 因为 $J(F_\phi(V^*)) = L^\dagger + \dfrac{\partial\mu_{xc}(F_\phi(V^*))}{\partial F_\phi(V^*)}e$ 且 $L^\dagger$ 半正定, 所以当 $\lambda_{\min}(J(F_\phi(V^*))) < 0$ 时, 交互关联泛函的二阶导数起了更重要的作用.

类似定理 10.1.11, 可得固定点映射 (10.1.131) 的局部收敛性质.

推论 10.1.2 设假设 10.1.3 成立, V^* 是 (10.1.4) 的解, 且

$$\frac{4}{\beta} > -\lambda_{\min}^*, \qquad (10.1.182)$$

其中 $\lambda_{\min}^* = \min\{0, \lambda_{\min}(J(F_{f_\mu}(V^*)))\}$. 则存在 V^* 的某个开邻域 Ω, 使得当 $V_1 \in \Omega$ 且步长

$$\alpha \in \left(0, \frac{8}{\theta\beta+4}\right) \qquad (10.1.183)$$

时, 由 (10.1.155) 产生的迭代点列 $\{V_k\}$ 收敛到 V^*, 且线性收敛速度不小于

$$\max\left\{\left|1 - \alpha\left(\frac{\lambda_{\min}^*\beta+4}{4}\right)\right|, \left|\alpha\left(\frac{\theta\beta+4}{4}\right) - 1\right|\right\}. \qquad (10.1.184)$$

3. 近似牛顿自洽场迭代

求解固定点映射 (10.1.128) 的牛顿法为

$$V_{k+1} = V_k - \alpha(I - J(F_\phi(V_k))\partial_V F_\phi(V_k))^{-1}(V_k - \mathcal{V}(F_\phi(V_k))), \qquad (10.1.185)$$

其中 α 是步长. 由于计算 $\partial_V F_\phi(V)[\cdot]$ 需要 $H(V)$ 的所有特征值和特征向量, 上述牛顿法并不实用. Liu 等 [158] 给出了 (10.1.128) 的近似牛顿法:

$$V_{k+1} = V_k - \alpha(I - D_k)^{-1}(V_k - \mathcal{V}(F_\phi(V_k))), \qquad (10.1.186)$$

其中步长 $\alpha > 0$, $D_k \in \mathbb{R}^{n \times n}$ 是 Jacobi 矩阵 $\partial_V \mathcal{V}(F_\phi(V_k))$ 的近似.

定理 10.1.12 设假设 10.1.3 和 UWP 条件成立, $\{V_k\}$ 是迭代 (10.1.186) 产生的点列, 其中

$$0 < \alpha < \frac{2}{b_2}, \quad 0 < \gamma_{\min} := \sigma_{\min}(I - D_k), \quad \gamma_{\max} := \sigma_{\max}(I - D_k), \qquad (10.1.187)$$

这里 $b_2 = 1 + \frac{\theta}{\delta}$, $\sigma_{\min}$ 和 $\sigma_{\max}$ 分别是 $I - D_k$ 的最小奇异值和最大奇异值. 如果 $b_1 = 1 - \frac{\gamma_{\max}\theta}{\gamma_{\min}\delta} > 0$, 则 $\{V_k\}$ 收敛到 Kohn-Sham 方程 (10.1.4) 的解, 且线性收敛速度不小于

$$\max\{|1 - \alpha\gamma_{\max}^{-1}b_1|, |\alpha\gamma_{\min}^{-1}b_2 - 1|\}. \qquad (10.1.188)$$

证明 对于任意 V_k, 由 D_k, α 和 b_2 的定义可知

10.1 Kohn-Sham 方程

$$\|I - \alpha(I - D_k)^{-1}(I - \partial_V \mathcal{V}(F_\phi(V_k)))\|_2$$
$$= \|I - \alpha(I - D_k) + \alpha(I - D_k)^{-1}\partial_V \mathcal{V}(F_\phi(V_k))\|_2$$
$$\leqslant \|I - \alpha(I - D_k)\|_2 + |\alpha|\|(I - D_k)^{-1}J(F_\phi(V_k))J(V_k)\|_2$$
$$\leqslant \begin{cases} 1 - \alpha\gamma_{\max}^{-1} + \alpha\gamma_{\min}^{-1}\dfrac{\theta}{\delta} = 1 - \alpha\gamma_{\max}^{-1}b_1, & \text{如果 } \alpha < \gamma_{\max}, \\ \alpha\gamma_{\min}^{-1} - 1 + \alpha\gamma_{\min}^{-1}\dfrac{\theta}{\delta} = \alpha\gamma_{\min}^{-1}b_2 - 1, & \text{其他} \end{cases}$$
$$< 1. \tag{10.1.189}$$

故定理成立. $\square$

类似于定理 10.1.9, 近似牛顿法要求 $\delta > \theta$ 来保证迭代全局收敛, 且理论上需要 D_k 满足 $\dfrac{\gamma_{\max}}{\gamma_{\min}} < \dfrac{\delta}{\theta}$.

由引理 10.1.13 可知, $\partial_V F_\phi(V_k)[\cdot]$ 半负定. 故可用对角矩阵 $\tau_k I$ 来替代算子 $\partial_V F_\phi(V_k)[\cdot]$, 其中 τ_k 非正. 令 $D_k = \tau_k J(\rho)$, 此时 (10.1.84) 变为

$$V_{k+1} = V_k - \alpha(I - \tau_k J(F_\phi(V_k)))^{-1}(V_k - \mathcal{V}(F_\phi(V_k))). \tag{10.1.190}$$

定理 10.1.13 设假设 10.1.3 成立, V^* 是 (10.1.4) 的解, 假设 10.1.1 在 $H(V^*)$ 处成立且

$$\frac{\delta^2}{2\delta + \theta} > -\lambda_{\min}^*, \tag{10.1.191}$$

其中 $\lambda_{\min}^* = \min\{0, \lambda_{\min}(J(F_\phi(V^*)))\}$, $\{V_k\}$ 是迭代 (10.1.190) 产生的点列, 其中 $\lim\limits_{i \to \infty} \tau_k = \tau^* \in (-1/\delta, 0)$, 步长 α 满足

$$\alpha \in \left(0, \frac{2(\delta + \lambda_{\min}^*)}{\theta + \delta}\right). \tag{10.1.192}$$

如果初始点 V_1 在 V^* 的充分小的开邻域内, 则 $\{V_k\}$ 收敛到 V^*, 且线性收敛速度不小于

$$\max\left\{\left|1 - \alpha\left(\frac{\delta}{\theta + \delta} + \frac{\lambda_{\min}^*}{\delta + \lambda_{\min}^*}\right)\right|, \left|\alpha\left(\frac{\theta + \delta}{\delta + \lambda_{\min}^*}\right) - 1\right|\right\}. \tag{10.1.193}$$

证明 记 $\mathcal{M} = \mathcal{M}_1^{-1}(I - J(F_\phi(V^*))\partial_V F_\phi(V^*))$, 其中 $\mathcal{M}_1 = I - \tau^* J(F_\phi(V^*))$. 直接计算可得 $\mathcal{M} = I + \mathcal{M}_1^{-1}J(F_\phi(V^*))(\tau^* I - \partial_V F_\phi(V^*))$. 利用引理 10.1.14, $J(F_\phi(V^*))$ 对称, $\tau^* I - \partial_V F_\phi(V^*)$ 对称正定, 可知 $\mathcal{M}$ 的所有特征值都是实数. 因此, 如果

$$\lambda_{\min}(\mathcal{M}) > 0, \quad \alpha\lambda_{\max} < 2, \tag{10.1.194}$$

则
$$\varrho(I - \alpha\mathcal{M}) < 1, \tag{10.1.195}$$

从而迭代 (10.1.190) 收敛.

注意到 $0 > \tau^* > -1/\delta$, 由 $\lambda^*_{\min}$ 的定义可知
$$\lambda_{\min}(\mathcal{M}_1) \geqslant \frac{\delta + \lambda^*_{\min}}{\delta} > 0, \quad \lambda_{\max}(\mathcal{M}_1) \leqslant \frac{\theta + \delta}{\delta}. \tag{10.1.196}$$

因为两个矩阵和的最小特征值大于它们最小特征值的和, 所以
$$\begin{aligned}\lambda_{\min}(\mathcal{M}) &\geqslant \lambda_{\min}(\mathcal{M}_1^{-1}) + \lambda_{\min}(\mathcal{M}_1^{-1} J(F_\phi(V^*))(-\partial_V F_\phi(V^*))) \\ &\geqslant \frac{\delta}{\delta + \theta} + \lambda_{\min}(\mathcal{M}_1^{-1} J(F_\phi(V^*))(-\partial_V F_\phi(V^*))).\end{aligned} \tag{10.1.197}$$

又由引理 10.1.12 知 $\lambda_{\max}(-\partial_V F_\phi(V^*)) \leqslant 1/\delta$. 利用引理 10.1.14 和 $\lambda^*_{\min}$ 的定义, 有
$$\begin{aligned}&\lambda_{\min}(\mathcal{M}_1^{-1} J(F_\phi(V^*))(-\partial_V F_\phi(V^*))) \\ &\geqslant \begin{cases} \lambda_{\min}(\mathcal{M}_1^{-1})\lambda_{\min}(J(F_\phi(V^*)))\lambda_{\min}(-\partial_V F_\phi(V^*)), & \text{如果 } \lambda_{\min}(J(F_\phi(V^*))) \geqslant 0, \\ \lambda_{\max}(\mathcal{M}_1^{-1})\lambda_{\min}(J(F_\phi(V^*)))\lambda_{\max}(-\partial_V F_\phi(V^*)), & \text{其他} \end{cases} \\ &\geqslant \begin{cases} 0, & \text{如果 } \lambda_{\min}(J(F_\phi(V^*))) \geqslant 0, \\ \dfrac{\lambda_{\min}(J(F_\phi(V^*)))}{\delta + \lambda^*_{\min}}, & \text{其他} \end{cases} \\ &\geqslant \frac{\lambda^*_{\min}}{\lambda^*_{\min} + \delta},\end{aligned} \tag{10.1.198}$$

结合 (10.1.197) 可得 $\lambda_{\min}(\mathcal{M}) > 0$. 由引理 10.1.14 和 (10.1.196) 可知
$$\begin{aligned}\lambda_{\max}(\mathcal{M}) &\leqslant \lambda_{\max}(\mathcal{M}_1^{-1}) + \lambda_{\max}(\mathcal{M}_1^{-1})\lambda_{\max}(J(F_\phi(V^*)))\lambda_{\max}(-\partial_V F_\phi(V^*)) \\ &\leqslant \frac{\theta + \delta}{\delta + \lambda^*_{\min}}.\end{aligned} \tag{10.1.199}$$

综合 (10.1.192) 和 (10.1.199), 即得 $\alpha\lambda_{\max}(\mathcal{M}) < 2$. 故定理成立. □

条件 (10.1.191) 隐含 $\delta > -2\lambda^*_{\min}$. 因此, 它比定理 10.1.12 中全局收敛的条件弱. 类似于简单混合迭代, 当 $J(F_\phi(V^*))$ 半正定时, (10.1.191) 成立.

在近似牛顿法 (10.1.190) 中, 需要计算矩阵 $J(\rho)$. 如果交互关联泛函的二阶导数计算量很大, 一个更简单的方法是利用 $L^\dagger$ 近似 $J(F_\phi(V^*))$, 利用 τ_k 近似 $\partial_V F_\phi(V)$, 即令 $D_k = \tau_k L^\dagger$. 此时, 近似牛顿方法 (10.1.186) 变为
$$V_{k+1} = V_k - \alpha(I - \tau_k L^\dagger)^{-1}(V_k - \mathcal{V}(F_\phi(V_k))), \tag{10.1.200}$$

其中 τ_k 为负. 事实上, (10.1.200) 是 Kerker 预处理[133].

10.1 Kohn-Sham 方程

定理 10.1.14 设假设 10.1.3 成立, V^* 是 (10.1.4) 的解, 假设 10.1.1 在 $H(V^*)$ 处成立且 $\delta > \theta$, $\{V_k\}$ 是迭代 (10.1.200) 产生的点列, 其中 $\lim\limits_{i\to\infty} \tau_k = \tau^* \in (-1/\xi, 0)$, $\xi \geqslant \dfrac{\|L^\dagger\|_2 \theta}{\delta - \theta}$, 且步长满足

$$\alpha \in \left(0, \frac{2}{1+\dfrac{\theta}{\delta}}\right). \tag{10.1.201}$$

如果初始点 V_1 在 V^* 的某个充分小的开邻域内, 则 $\{V_k\}$ 收敛到 V^*, 且线性收敛速度不小于

$$\max\left\{\left|1-\alpha\left(\frac{\xi}{\|L^\dagger\|_2+\xi}-\frac{\theta}{\delta}\right)\right|, \left|\alpha\left(1+\frac{\theta}{\delta}\right)-1\right|\right\}. \tag{10.1.202}$$

证明 令 $\bar{\mathcal{M}} = (I-\tau^*L^\dagger)^{-1}(I-\partial_V \mathcal{V}(F_\phi(V^*)))$. 如果

$$\varrho(I-\alpha\bar{\mathcal{M}}) < 1, \tag{10.1.203}$$

则迭代 (10.1.200) 收敛.

将 $\bar{\mathcal{M}}$ 分解为 $\bar{\mathcal{M}} = \bar{\mathcal{M}}_1 - \bar{\mathcal{M}}_2$, 其中 $\bar{\mathcal{M}}_1 = (I-\tau^*L^\dagger)^{-1}$, $\bar{\mathcal{M}}_2 = (I-\tau^*L^\dagger)\partial_V\mathcal{V}(F_\phi(V^*))$. 因为 $L^\dagger$ 半正定且 $\tau^* \leqslant 0$, 所以

$$\lambda_{\min}(\bar{\mathcal{M}}_1) > \frac{\xi}{\|L^\dagger\|_2+\xi}, \tag{10.1.204}$$

$$\lambda_{\max}(\bar{\mathcal{M}}_1) \leqslant 1. \tag{10.1.205}$$

由假设 10.1.3 和引理 10.1.12 可知

$$\|\bar{\mathcal{M}}_2\|_2 = \|(I-\tau^*L^\dagger)^{-1}\partial_V\mathcal{V}(F_\phi(V^*))\|_2 \leqslant \frac{\theta}{\delta}. \tag{10.1.206}$$

利用 (10.1.204) 和 $\xi \geqslant \dfrac{\|L^\dagger\|_2\theta}{\delta-\theta}$, 可得 $\lambda_{\min}(\bar{\mathcal{M}}_1) > \dfrac{\theta}{\delta}$. 结合 (10.1.206) 得到

$$(1-\alpha\lambda_{\min}(\bar{\mathcal{M}}_1)) < 1-\alpha\|\bar{\mathcal{M}}_2\|_2. \tag{10.1.207}$$

另一方面, 由 (10.1.201), (10.1.205) 和 (10.1.206) 可知

$$(\alpha\lambda_{\max}(\bar{\mathcal{M}}_1)-1) < 1-\alpha\|\bar{\mathcal{M}}_2\|_2. \tag{10.1.208}$$

综合 (10.1.207) 和 (10.1.208), 可得 $\varrho(I-\alpha\bar{\mathcal{M}}) < 1-\alpha\|\bar{\mathcal{M}}_2\|_2$, 从而 (10.1.203) 成立. 故定理成立. □

10.2 距离几何问题

距离几何问题, 是依据部分点与点之间的距离确定点的坐标的问题[23, 155, 176]. 我们采用图的语言来定义距离几何问题.

对于图 $G = (V, E)$, 其中 V 是顶点集合, $|V| = n$, E 是边的集合, 给定每一条边 $(i, j) \in E$ 的长度为 d_{ij}, 求 $x_1, \cdots, x_n \in \mathbb{R}^d$ (维数 d 事先给定), 使得

$$\|x_i - x_j\| = d_{ij}, \quad (i, j) \in E. \tag{10.2.1}$$

上述问题称为等式约束的距离几何问题. 实际应用中, 有时给定的不是每一条边上的距离, 而是该距离的估计, 即给定每一条边 $(i, j) \in E$ 的长度的上界 u_{ij} 和下界 l_{ij}, 求 $x_1, \cdots, x_n \in \mathbb{R}^d$, 使得

$$l_{ij} \leqslant \|x_i - x_j\| \leqslant u_{ij}, \quad (i, j) \in E. \tag{10.2.2}$$

此时称为不等式约束的距离几何问题. 距离几何问题在画图、蛋白质折叠、环境监测、传感器网络等领域有着十分广泛的应用[143].

对于等式约束的距离几何问题, 可将其建模成一个无约束优化问题

$$\min_{x_1, \cdots, x_n} f(x_1, \cdots, x_n), \tag{10.2.3}$$

其中 x_i 是点的坐标, $f(\cdot)$ 是一个误差函数, 用来衡量计算所得的距离与给定的距离之间的偏差. 我们极小化误差函数, 使得点之间的距离 "尽可能" 满足给定的距离.

误差函数 f 有多种选取方法, 比如, 可选为应力函数[43]

$$\text{Stress}(x_1, \cdots, x_n) = \sum_{(i,j) \in E} \omega_{ij}(\|x_i - x_j\| - d_{ij})^2, \tag{10.2.4}$$

或光滑化应力函数[43]

$$\text{SStress}(x_1, \cdots, x_n) = \sum_{(i,j) \in E} \omega_{ij}(\|x_i - x_j\|^2 - d_{ij}^2)^2, \tag{10.2.5}$$

或绝对值误差函数[148]

$$\text{AbsErr}(x_1, \cdots, x_n) = \sum_{(i,j) \in E} \omega_{ij}|\|x_i - x_j\| - d_{ij}|, \tag{10.2.6}$$

其中 ω_{ij} 是赋予边 (i, j) 的权重, 恰当地选取该参数可得到合适的模型. 例如, 如果选择所有的 ω_{ij} 为 1, 则同等的对待所有距离数据, 计算的是所有绝对误差的和; 如

10.2 距离几何问题

果知道某些数据是否可信的先验信息,就可以对值得信赖的距离项加大权重,相反对不太确定的数据项降低权重. 特别地,如果在 (10.2.4) 中选取 $\omega_{ij} = 1/d_{ij}^2$ (相应地,在 (10.2.5) 和 (10.2.6) 中分别选取 ω_{ij} 为 $1/d_{ij}^4$ 及 $1/d_{ij}$),则 (10.2.4) 变为

$$\text{Stress}(x_1,\cdots,x_n) = \sum_{(i,j)\in E} \left(\frac{\|x_i - x_j\|}{d_{ij}} - 1\right)^2, \tag{10.2.7}$$

此时,误差函数衡量的是相对误差. 实际应用中,通常基于对数据误差来源的统计认识,而选择跟数据相符合的误差函数.

对于不等式约束的距离几何问题,类似地,可通过如下的误差函数将其建模为一个优化问题[208]:

$$\min_{x_1,\cdots,x_n} \sum_{(i,j)\in E} \max\{l_{ij} - \|x_i - x_j\|, 0\} + \max\{\|x_i - x_j\| - u_{ij}, 0\}, \tag{10.2.8}$$

或使用其相对误差的形式[174]:

$$\min_{x_1,\cdots,x_n} \sum_{(i,j)\in E} \max\left\{1 - \frac{\|x_i - x_j\|}{l_{ij}}, 0\right\} + \max\left\{\frac{\|x_i - x_j\|}{u_{ij}} - 1, 0\right\}. \tag{10.2.9}$$

上述两个函数也可使用距离的平方的形式,或者对 $\max\{\cdot\}$ 取平方[36, 245].

关于距离几何问题的先驱性研究可以追溯到 Schoenberg[201] 在 1935 年的研究,以及 Blumenthal[23] 和 Torgerson[222] 的工作. 一般来说,距离几何问题是一个强 NP 难问题[197]. 下面介绍求解距离几何问题的矩阵分解算法、半正定算法、几何构建算法和其他一些算法.

10.2.1 矩阵分解算法

Blumenthal[23] 提出了矩阵分解算法,来求解全部距离已知的距离几何问题. 全部距离已知是指点与点之间的两两距离都已知.

由于整个结构在刚性变换 (包括平移、旋转和反射) 下保持不变,不失一般性,在三维空间中,设 x_n 在原点,即 $x_n = (0,0,0)^\mathsf{T}$,此时

$$d_{in} = \|x_i - x_n\| = \|x_i\|. \tag{10.2.10}$$

对等式 $\|x_i - x_j\| = d_{ij}$ 的两边同时取平方,得到

$$\|x_i\|^2 - 2x_i^\mathsf{T} x_j + \|x_j\|^2 = d_{ij}^2, \quad i,j = 1,\cdots,n-1. \tag{10.2.11}$$

将上式中的 $\|x_i\|$ 用 d_{in} 替代,有

$$x_i^\mathsf{T} x_j = (d_{in}^2 - d_{ij}^2 + d_{jn}^2)/2, \quad i,j = 1,\cdots,n-1. \tag{10.2.12}$$

令 $X = (x_1, \cdots, x_{n-1})^\mathsf{T} \in \mathbb{R}^{(n-1)\times 3}$ 为坐标矩阵, 其中 X^T 的每一列是一个点的坐标. 令 $B = (b_{ij})$, 其中 $b_{ij} = (d_{in}^2 - d_{ij}^2 + d_{jn}^2)/2$. 则 (10.2.12) 可写为

$$XX^\mathsf{T} = B. \tag{10.2.13}$$

Eckart 和 Young [58] 利用奇异值分解求解 (10.2.13). 设 B 的奇异值分解为 $B = U\Sigma U^\mathsf{T}$, 其中 Σ 是所有奇异值按降序排列形成的对角矩阵. 令 V 是 U 的第 1 到 k 列构成的矩阵, Λ 是 Σ 的左上角的 k 阶子矩阵, 则

$$X = V\Lambda^{1/2} \tag{10.2.14}$$

是最优化问题

$$\min_{\mathrm{rank}(X) \leqslant k} \|XX^\mathsf{T} - B\|_\mathrm{F} \tag{10.2.15}$$

的解.

如果所有的距离都是精确的, 并且不是所有原子都在同一个平面上, 则 B 的秩为 3. 取 $k = 3$, (10.2.14) 给出了 (10.2.13) 的精确解. 如果某些距离带有误差, 则 (10.2.14) 得到的是最佳秩 3 逼近.

10.2.2 半正定松弛算法

So 和 Ye [206] 提出了距离几何问题的半正定松弛算法, 之后众多学者进行了进一步的研究 [16, 17, 18, 19, 20, 87, 160, 203]. 这类算法既可以用来求解等式约束的距离几何问题, 也可以用来求解不等式约束的距离几何问题.

考虑等式约束的距离几何问题, 选取优化模型

$$\min \sum_{(i,j)\in E} |\|x_i - x_j\|^2 - d_{ij}^2|. \tag{10.2.16}$$

将上式中绝对值函数 $|\cdot|$ 用两个变量替代, 即

$$|x| = x^+ - x^-, \tag{10.2.17}$$

其中 $x^+ \geqslant 0, x^- \geqslant 0$. 令 $X \in \mathbb{R}^{n \times d}$ 是上节提到的坐标矩阵, 则有

$$\|x_i - x_j\|^2 = e_{ij}^\mathsf{T} XX^\mathsf{T} e_{ij}, \tag{10.2.18}$$

其中 $e_{ij} = e_i - e_j$, e_i 是第 i 个单位坐标向量.

令 $Y = XX^\mathsf{T}$, 并将其松弛为 $Y \succeq 0$ [148, 217]. 此时, (10.2.16) 的半正定松弛问题为

$$\min_{\alpha_{ij}^+,\alpha_{ij}^-,Y} \sum_{(i,j)\in E} \alpha_{ij}^+ - \alpha_{ij}^- \tag{10.2.19a}$$

$$\text{s.t.} \quad \langle e_{ij}e_{ij}^\mathsf{T}, Y\rangle - \alpha_{ij}^+ + \alpha_{ij}^- = d_{ij}^2, \tag{10.2.19b}$$

$$\alpha_{ij}^+ \geqslant 0, \alpha_{ij}^- \geqslant 0, \quad \forall (i,j) \in E, \tag{10.2.19c}$$

$$Y \succeq 0. \tag{10.2.19d}$$

也可将 $Y = XX^\mathsf{T}$ 松弛为 $Y \succeq XX^\mathsf{T}$, 其等价于

$$Z = \begin{pmatrix} Y & X \\ X^\mathsf{T} & I \end{pmatrix} \succeq 0, \tag{10.2.20}$$

具体可见文献 [19, 206].

上述半正定松弛方法能够成功的求解带有几百个点的中等规模问题, 但对于大规模 (超过几千个变量) 问题, 由于目前半正定规划求解器的限制, 半定规划松弛方法不是很有效 [87]. 据此, Biswas 和 Ye [20] 提出了针对距离几何问题的分布式半正定算法. 在文献 [19] 中, Biswas, Toh 和 Ye 将该算法推广到了求解蛋白质距离几何问题.

10.2.3 几何构建算法

几何构建算法由 Dong 和 Wu [55] 首次提出, 针对的是全部距离已知的距离几何问题, 随后被推广到处理稀疏数据 [236]. 几何构建算法基于这样一个事实: 在 d 维空间中, 一个点通常可以被 $d+1$ 个到该点的距离唯一确定. 例如, 在三维空间中, 四个距离可以唯一确定一个点, 当然, 要求这四个点不在同一个平面上. 几何构建算法的思想是: 先确定四个点, 再逐步一个一个地确定剩下的点.

首先, 找到两两距离都已知的四个点. 因为在平移、旋转和反射变换下, 所有的距离都保持不变. 不失一般性, 把第一个点设为原点 $(0,0,0)^\mathsf{T}$, 第二个点位于 x 的正半轴, 其坐标为 $(d_{12},0,0)^\mathsf{T}$, 第三个点位于 xy 平面的第一象限, 再选定第四个点, 具体的几何计算细节可参考文献 [55].

把坐标已经确定的点叫做已知点, 剩下的点叫做未知点. 前面提到, 需要至少四个到已知点的距离来确定一个未知点. 假定点 j 是要被定位的点, 它到四个已知点 $x_i (i = 1, 2, 3, 4)$ 的距离已知, 即有

$$\|x_i - x_j\| = d_{ij}, \quad i = 1, 2, 3, 4, \tag{10.2.21}$$

则

$$\|x_i\|^2 - 2x_i^\mathsf{T} x_j + \|x_j\|^2 = d_{ij}^2, \quad i = 1, 2, 3, 4. \tag{10.2.22}$$

上述方程中, x_j 是变量, 而 x_i 是已知的. 因此

$$2(x_{i+1} - x_i)^\mathsf{T} x_j = (\|x_{i+1}\|^2 - \|x_i\|^2) - (d_{i+1,j}^2 - d_{ij}^2), \quad i = 1, 2, 3. \tag{10.2.23}$$

令

$$A = 2 \begin{pmatrix} (x_2 - x_1)^\mathsf{T} \\ (x_3 - x_2)^\mathsf{T} \\ (x_4 - x_3)^\mathsf{T} \end{pmatrix}, \quad b = \begin{pmatrix} (\|x_2\|^2 - \|x_1\|^2) - (d_{2j}^2 - d_{1j}^2) \\ (\|x_3\|^2 - \|x_2\|^2) - (d_{3j}^2 - d_{2j}^2) \\ (\|x_4\|^2 - \|x_3\|^2) - (d_{4j}^2 - d_{3j}^2) \end{pmatrix}, \tag{10.2.24}$$

则 (10.2.23) 可写成

$$Ax_j = b. \tag{10.2.25}$$

如果这些已知点不都在同一个平面上, 则 A 非奇异, 未知点可以被唯一确定, 其精确解为 $x_j = A^{-1}b$.

如果给定的距离带误差, 那么仅仅利用四个距离, 求解方程 $Ax_j = b$ 并不能给出一个精确解. 一个自然的处理办法是: 利用尽可能多的距离得到一个合理的解. Wu, Wu 和 Yuan [238] 提出了带线性最小二乘的几何构建方法. 假设已知的是 $l(l \geqslant 4)$ 个距离, 求解线性最小二乘问题

$$\min_{x_j} \|Ax_j - b\| \tag{10.2.26}$$

确定 x_j, 其中 $A \in \mathbb{R}^{(l-1)\times 3}, b \in \mathbb{R}^{l-1}$ 按 (10.2.24) 类似的方式构成.

上述方法只利用了未知点到已知点之间的距离, 通常还会知道一些已知点之间的距离. 为了利用这部分信息, Wu, Wu 和 Yuan [238] 进一步提出了带非线性最小二乘的几何构建算法.

几何构建算法是依靠已知点的坐标和未知点到已知点的距离来一个一个的确定未知点, 所以, 先确定的点的定位精度将会对后续定位的点的精度产生重大的影响. 因此未知点的计算顺序很重要. Shen [283] 选择拥有已知距离最多并且离已知点最近的点, 作为需要先计算的未知点, 并提出了基于几何构建的误差函数极小算法.

10.2.4 其他算法

误差函数通常都有大量的局部极小值点, 要直接找到其全局极小值点是非常困难的. Moré 和 Wu [173, 174] 提出了不等式约束距离几何问题的全局光滑算法, 对原误差函数进行光滑化处理, 期望抹去不重要的局部极小值点, 保留真正的全局极小值点.

引入函数 $f: \mathbb{R}^n \to \mathbb{R}$ 的高斯变换 $\langle f \rangle_\lambda$

$$\langle f \rangle_\lambda(x) = \frac{1}{\pi^{n/2} \lambda^n} \int_{\mathbb{R}^n} f(y) \exp\left(-\frac{\|y - x\|^2}{\lambda^2}\right) \mathrm{d}y, \tag{10.2.27}$$

即计算误差函数与高斯密度函数的卷积. 这个过程把原误差函数在某一点的值用它周围点的均值所替代, 取均值的权重由高斯密度函数所决定, 以该点为中心成正态分布. 函数光滑化的程度由参数 λ 所控制, 当 λ 趋于 0 时, 光滑化的函数逼近于原函数. 全局光滑算法逐步减小参数 λ 到 0, 将上一步得到的解作为下一步的初始值, 利用局部优化算法如梯度法回溯求解, 最终找到原问题的解.

距离几何问题本身是一个非凸问题, 有些学者尝试使用凸优化算法求解该问题 [35, 42, 44, 97], 在每一个迭代步, 优化一个基于当前点构造的在原函数上面的凸函数. 距离几何问题还与非线性降维问题有着紧密的联系. Shen [283] 借鉴针对降维问题的拉普拉斯特征映射算法, 提出了基于拉普拉斯特征嵌入的误差函数极小算法.

关于距离几何问题的其他方法, 可参考综述文献 [155] 和专著 [40, 139].

10.3 二次矩阵方程

本节考虑二次矩阵方程

$$Q(X) = AX^2 + BX + C = 0, \tag{10.3.1}$$

其中 $A, B, C \in \mathbb{R}^{n \times n}$. (10.3.1) 与结构系统、阻尼振动等系统产生的二次特征值问题

$$Q(\lambda)x = \lambda^2 Ax + \lambda Bx + Cx \tag{10.3.2}$$

密切相关 [144, 205, 276]. 求解 (10.3.2) 的一般途径是将其简化为 $2n$ 维的广义特征值问题 $Gx = \lambda Hx$. 如果能找到 (10.3.1) 的解 X, 则

$$\lambda^2 A + \lambda B + C = -(B + AX + \lambda A)(X - \lambda I). \tag{10.3.3}$$

因此, (10.3.2) 的特征值由 X 的特征值和广义特征值问题 $(B + AX)x = -\lambda Ax$ 的特征值构成 [41, 52, 144].

当 A 是单位矩阵, B 和 C 可交换, 且 $B^2 - 4C$ 有平方根时, 二次矩阵方程 (10.3.1) 的解可表示为

$$X = -\frac{1}{2}B + \frac{1}{2}(B^2 - 4C)^{1/2}, \tag{10.3.4}$$

其中, $W^{1/2}$ 表示 W 的任意平方根, 它是 W 的多项式. 但对于一般的 A, B 和 C, (10.3.1) 可能无解, 可能有有限个解, 可能有无穷个解. 关于 (10.3.1) 的解的存在性和解的个数分析可参见文献 [52, 60, 119, 144].

求解 (10.3.1) 的常用方法有广义 Schur 分解法、牛顿法、Bernoulli 迭代等方法. 如果 (10.3.1) 有解, Higham 和 Kim [120] 将它的所有解写成如下形式:

$$X = Z_{21}Z_{11}^{\mathsf{T}} = Q_{11}T_{11}S_{11}^{-1}Q_{11}^{-1}, \tag{10.3.5}$$

其中

$$Q = \begin{pmatrix} Q_{11} & Q_{12} \\ Q_{21} & Q_{22} \end{pmatrix}, \quad Z = \begin{pmatrix} Z_{11} & Z_{12} \\ Z_{21} & Z_{22} \end{pmatrix} \tag{10.3.6}$$

是 $2n \times 2n$ 阶酉阵,

$$T = \begin{pmatrix} T_{11} & T_{12} \\ 0 & T_{22} \end{pmatrix}, \quad S = \begin{pmatrix} S_{11} & S_{12} \\ 0 & S_{22} \end{pmatrix} \tag{10.3.7}$$

是 $2n \times 2n$ 阶块上三角阵, 它们满足广义 Schur 分解:

$$Q^*FZ = T, \quad Q^*GZ = S, \tag{10.3.8}$$

这里

$$F = \begin{pmatrix} 0 & E_n \\ -C & -B \end{pmatrix}, \quad G = \begin{pmatrix} E_n & 0 \\ 0 & A \end{pmatrix}. \tag{10.3.9}$$

由 $Q(X)$ 的定义, 计算可得

$$\begin{aligned} Q(X+E) &= Q(X) + (AEX + (AX+B)E) + AE^2 \\ &= Q(X) + D_X(E) + AE^2, \end{aligned} \tag{10.3.10}$$

其中 $D_X(E): \mathbb{R}^{n \times n} \to \mathbb{R}^{n \times n}$ 是 Q 在 X 沿 E 的 Fréchet 导数. 去掉二次项 AE^2, 在第 k 次迭代, 牛顿法求解

$$AEX_k + (AX_k + B)E = -Q(X_k). \tag{10.3.11}$$

(10.3.11) 是广义 Sylvester 方程 "$AYB + CYD = E$" 的特殊情形. 当 D_X 在 X_k 和 (10.3.1) 的解处非奇异时, (10.3.11) 有解, 此时可利用 Schur 方法、Hessenberg - Schur 等方法求解 [32, 66, 98]. 如果 D_X 非奇异, 上述牛顿法二次收敛 [120]. Higham 和 Kim [121] 选取价值函数 $\phi(X) = \|Q(X)\|_F^2$, 讨论了求解 (10.3.1) 的精确线搜索牛顿法的全局收敛性.

实际应用中, 人们往往对某个具有特定意义的解感兴趣. 假设 A 非奇异, 则 $Q(\lambda)$ 有 $2n$ 个特征值. 将这些特征值按模从大到小排列:

$$|\lambda_1| \geqslant |\lambda_2| \geqslant \cdots \geqslant |\lambda_{2n}|. \tag{10.3.12}$$

记 $\lambda(A)$ 为 A 的特征值集合. 如果 $\lambda(S_1) = \{\lambda_1, \cdots, \lambda_n\}$ 且 $|\lambda_n| > |\lambda_{n+1}|$, 则称 S_1 是 $Q(X)$ 的占优根, 如果 $\lambda(S_2) = \{\lambda_{n+1}, \cdots, \lambda_{2n}\}$ 且 $|\lambda_n| > |\lambda_{n+1}|$, 则称 S_2 是 $Q(X)$ 的最小根, 如果 $|\lambda_n| > |\lambda_{n+1}|$, 并且 $\{\lambda_i\}_{i=1}^n$ 和 $\{\lambda_i\}_{i=n+1}^{2n}$ 对应的特征向量组 $\{v_1, \cdots, v_n\}$ 和 $\{v_{n+1}, \cdots, v_{2n}\}$ 分别线性无关, 则 $Q(X)$ 存在唯一的占优根和最小根 [120].

设 $Q(X)$ 有占优根 S_1 和最小根 S_2. Bernoulli 迭代是求解 S_1 和 S_2 的常用方法 [120]. 考虑矩阵递推

$$AY_{k+1} + BY_k + CY_{k-1} = 0, \tag{10.3.13}$$

其中 $Y_0 = 0, Y_1 = I$, 则对充分大的 k, (10.3.13) 的解 Y_k 非奇异. 在 (10.3.13) 的两边右乘 Y_{k-1}^{-1}, 得到

$$AY_{k+1}Y_{k-1}^{-1} + BY_kY_{k-1}^{-1} + C = 0, \tag{10.3.14}$$

即

$$(AY_{k+1}Y_k^{-1} + B)Y_kY_{k-1}^{-1} + C = 0. \tag{10.3.15}$$

令 $U_k = Y_{k+1}Y_k^{-1}$, 则 $U_1 = -A^{-1}B$,

$$(AU_k + B)U_{k-1} + C = 0, \tag{10.3.16}$$

且 $\{U_k\}$ 收敛到 S_1. 由 (10.3.16) 可见, Bernoulli 迭代是不动点迭代.

类似地, 考虑矩阵递推

$$AZ_{k-1} + BZ_k + CZ_{k+1} = 0, \tag{10.3.17}$$

其中 $Z_0 = 0, Z_1 = I$. 在 (10.3.17) 的两边右乘 Z_{k+1}^{-1}, 并令 $V_k = Z_kZ_{k+1}^{-1}$, 则有 $V_0 = 0$,

$$(AV_{k-1} + B)V_k + C = 0, \tag{10.3.18}$$

且 $\{V_k\}$ 收敛到 S_2. 上述 Bernoulli 迭代线性收敛 [120].

关于上述方法的改进和进展, 以及更一般的幂级数矩阵方程的求解方法请参考文献 [110, 134, 166, 279].

10.4　代数 Riccati 方程

代数 Riccati 方程在有理矩阵函数的特殊分解和构造、矩阵符号计算、最优控制等领域中有十分广泛的应用 [22, 145]. 考虑对称代数 Riccati 方程

$$A^\mathrm{T}X + XA - XCX + B = 0, \tag{10.4.1}$$

其中 $A,B,C \in \mathbb{R}^{n\times n}$, $B = B^\mathsf{T}, C = C^\mathsf{T}$. 下面简要介绍求解 (10.4.1) 的迭代法、子空间不变法、矩阵符号函数法等数值方法.

考虑迭代
$$A^\mathsf{T} X_{k+1} + X_{k+1}A = X_k C_k X_k - B, \tag{10.4.2}$$
即每次迭代求解一个常系数 Lyapunov 方程. 如果 A 稳定, 即 A 的特征值皆位于左半平面, 则当 $X_1 = 0$ 时, $\{X_k\}$ 收敛到 (10.4.1) 的对称半正定解 [262]. 上述迭代线性收敛.

牛顿法也是 (10.4.1) 的常用迭代方法. 记 $R(X) = A^\mathsf{T}X + XA - XCX + B$. 则 $R(X)$ 在 X 处沿 S 的一阶 Fréchet 导数为
$$R'_X(S) = S(A - CX) + (A - CX)^\mathsf{T} S. \tag{10.4.3}$$
在第 k 次迭代, 如果 $\mathcal{R}'_{X_k}$ 可逆, 则牛顿迭代 $X_{k+1} = X_k - (R'_{X_k})^{-1}R(X_k)$ 可写为
$$X_{k+1}(A - CX_k) + (A - CX_k)^\mathsf{T} X_{k+1} = X_k C X_k - B, \tag{10.4.4}$$
即每次迭代求解一个变系数 Lyapunov 方程. 如果 X_1 对称, 则所有的 X_k 都对称. 如果 $R(X) \leqslant 0$ 有对称解, C 半正定, (A,C) 可稳定 (即存在 $K \in \mathbb{R}^{n\times n}$, 使得 $A - CK$ 稳定), 则 $\{X_k\}$ 收敛到 (10.4.1) 的最大对称解 X_+ (即对 (10.4.1) 的所有对称解 X, $X_+ - X$ 半正定) [145]. 特别地, 如果 $A - CX_+$ 稳定, 上述牛顿法二次收敛 [11, 111].

Laub 最早将求解 (10.4.1) 与计算 $2n \times 2n$ 阶哈密顿矩阵 $H = \begin{pmatrix} A & C \\ B & -A^\mathsf{T} \end{pmatrix}$ 的极大稳定不变子空间联系起来. 如果
$$H \begin{pmatrix} \Omega_1 \\ \Omega_2 \end{pmatrix} = \begin{pmatrix} \Omega_1 \\ \Omega_2 \end{pmatrix} W, \tag{10.4.5}$$
其中 $\Omega_1, \Omega_2, W \in \mathbb{R}^{n\times n}$, 则当 Ω_1 可逆时, $X = -\Omega_2 \Omega_1^{-1}$ 是 (10.4.1) 的解. 特别地, 如果 W 稳定, 则 $-\Omega_2 \Omega_1^{-1}$ 是 (10.4.1) 的对称半正定解 [146]. 因此可利用矩阵不变子空间的计算方法求解 (10.4.1). 比如, 利用 QR 方法计算 H 的 Schur 分解, 然后用特征值排序技术求出 H 的不变子空间 $(\Omega_1, \Omega_2)^\mathsf{T}$, 最后求解 $X\Omega_1 = -\Omega_2$ 得到 (10.4.1) 的解.

矩阵符号函数法也是求解 (10.4.1) 的基本方法 [213]. 注意到, (10.4.1) 等价于
$$\begin{pmatrix} A^\mathsf{T} & B \\ C & -A \end{pmatrix} = \begin{pmatrix} X & -I_n \\ I_n & 0 \end{pmatrix} \begin{pmatrix} -(A-CX) & -C \\ 0 & (A-CX)^\mathsf{T} \end{pmatrix} \begin{pmatrix} X & -I_n \\ I_n & 0 \end{pmatrix}^{-1}. \tag{10.4.6}$$

10.4 代数 Riccati 方程

因此,X 是 (10.4.1) 的可稳解等价于 (10.4.6) 成立, 且 $A - CX$ 的特征值实部小于 0. 进一步等价于

$$\operatorname{sgn}\begin{pmatrix} A^{\mathsf{T}} & B \\ C & -A \end{pmatrix} = \begin{pmatrix} X & -I_n \\ I_n & 0 \end{pmatrix} \begin{pmatrix} I_n & C_0 \\ 0 & -I_n \end{pmatrix} \begin{pmatrix} X & -I_n \\ I_n & 0 \end{pmatrix}^{-1}, \quad (10.4.7)$$

其中 $\operatorname{sgn}(X)$ 是矩阵 X 的符号函数, $C_0 = \operatorname{sgn}(C)$. 记 $(P, Q) = \operatorname{sgn}\begin{pmatrix} A^{\mathsf{T}} & B \\ C & -A \end{pmatrix} - E_{2n}$, 则 (10.4.7) 等价于

$$(P, Q) \begin{pmatrix} X \\ I_n \end{pmatrix} = 0. \quad (10.4.8)$$

求解 $PX = -Q$, 可得 (10.4.1) 的可稳解. 记 $S = \begin{pmatrix} A^{\mathsf{T}} & B \\ C & -A \end{pmatrix}$. 符号函数 $\operatorname{sgn}(S)$ 可用牛顿迭代

$$W_{k+1} = W_k - \frac{1}{2}(W_k - W_k^{-1}), \quad k = 1, 2, \cdots \quad (10.4.9)$$

来计算, 其中 $W_1 = S$. 此迭代二次收敛到 $\operatorname{sgn}(K)$.

对于非对称代数 Riccati 方程

$$XCX - AX - XD + B = 0, \quad (10.4.10)$$

其中 $A, B, C, D \in \mathbb{R}^{n \times n}$, Lancaster 和 Rodman [145] 利用不变子空间理论证明了 (10.4.10) 有解当且仅当存在一组向量 $v_1, v_2, \cdots, v_n \in \mathbb{C}^{2n}$ 使得

$$(K - \lambda_0 I_n)v_1 = 0, \ (K - \lambda_0 I_n)v_2 = v_1, \ \cdots, \ (K - \lambda_0 I_n)v_n = v_{n-1}, \quad (10.4.11)$$

其中 $K = \begin{pmatrix} D & -C \\ -B & A \end{pmatrix}$, $v_j = \begin{pmatrix} y_j \\ z_j \end{pmatrix}$, 这里 $z_j \in \mathbb{C}^n$, $y_j \in \mathbb{C}^n$ 为一组基向量. 设

$$Y = (y_1, \cdots, y_n), \quad Z = (z_1, \cdots, z_n), \quad (10.4.12)$$

则 (10.4.10) 的解可写为 $X = ZY^{-1}$ [146, 227].

也可利用牛顿法、不动点迭代等方法求解 (10.4.10) [113], 还可将 (10.4.10) 转化为一个二次矩阵方程并利用结构循环约化算法求其最小非负解 [15]. 更多关于代数 Riccati 方程的数值解法可参考专著 [22, 145].

10.5 矩阵方程 $X + A^{\mathsf{T}} X^{-1} A = Q$

本节考虑矩阵方程

$$X + A^{\mathsf{T}} X^{-1} A = Q, \tag{10.5.1}$$

其中 $Q \in \mathbb{R}^{n \times n}$ 是对称正定矩阵. (10.5.1) 在控制理论、梯形网络、统计过滤等领域有广泛的应用 [2, 3, 193].

如果 (10.5.1) 有对称正定解, 则其有最大对称解 X_+ 和最小对称解 X_- [65]. 事实上, 对 (10.5.1) 的任意对称解 X, 都有 $0 < X_- \leqslant X \leqslant X_+$, 且 $\rho(X_+^{-1} A) \leqslant 1$, 其中 $\rho(\cdot)$ 是谱半径 [263]. 下面给出计算 (10.5.1) 的最大对称解 X_+ 的不动点迭代方法. 令 $X_1 = Q$, 对 $k = 1, 2, \cdots$, 计算

$$X_{k+1} = Q - A^{\mathsf{T}} X_k^{-1} A. \tag{10.5.2}$$

则 $\{X_k\}$ 单调递减, 即 $X_1 \geqslant X_2 \geqslant \cdots$, 且 $\{X_k\}$ 收敛到 X_+. 当 $\rho(X_+^{-1} A) < 1$ 时, 上述迭代线性收敛 [65].

Zhan [263] 提出了 $Q = I$ 时, 计算 (10.5.1) 的最大对称解 X_+ 的无逆不动点迭代法. 事实上, 亦可将其推广到一般的正定矩阵 Q. 令 $X_1 = Q, Y_1 = Q^{-1}$, 对 $k = 1, 2, \cdots$, 计算

$$X_{k+1} = Q - A^{\mathsf{T}} Y_k A, \tag{10.5.3a}$$

$$Y_{k+1} = Y_k (2I - X_k Y_k). \tag{10.5.3b}$$

如果 (10.5.1) 存在正定解, 则有 $X_1 \geqslant X_2 \geqslant \cdots$ 和 $Y_1 \leqslant Y_2 \leqslant \cdots$, 且 $\{X_k\}$ 和 $\{Y_k\}$ 分别收敛到 X_+ 和 X_+^{-1} [112].

Guo 和 Lancaster 交换了 (10.5.3) 的迭代次序. 令 $X_1 = Q, 0 < Y_1 \leqslant Q^{-1}$, 对 $k = 1, 2, \cdots$, 计算

$$Y_{k+1} = Y_k (2I - X_k Y_k), \tag{10.5.4a}$$

$$X_{k+1} = Q - A^{\mathsf{T}} Y_{k+1} A. \tag{10.5.4b}$$

(10.5.4) 与 (10.5.3) 有相同的收敛性质, 且比 (10.5.3) 快两倍 [112].

牛顿法也是计算 (10.5.1) 的最大对称解的常用方法. 令 $X_1 = Q$, 对 $k = 1, 2, \cdots$, 计算 $L_k = X_k^{-1} A$, 并求解 Stein 方程

$$X_k - L_k^{\mathsf{T}} X_k L_k = Q - 2 L_k^{\mathsf{T}} A. \tag{10.5.5}$$

10.5 矩阵方程 $X + A^\mathsf{T} X^{-1} A = Q$

当 $\rho(L_k) < 1$ 时, (10.5.5) 唯一可解. 如果 (10.5.1) 存在正定解, 则当 $\rho(L_k) < 1(k = 1, 2, \cdots)$ 时, $X_1 \geqslant X_2 \geqslant \cdots$, 且 $\{X_k\}$ 收敛到 (10.5.1) 的最大对称解 X_+. 如果 $\rho(X_+^{-1}A) < 1$, 牛顿法二次收敛. 如果 $\rho(X_+^{-1}A) = 1$ 且 $X_+^{-1}A$ 在单位圆上的特征值都是半单特征值, 则上述牛顿法二次收敛或以比率 $1/2$ 线性收敛 [112]. 关于 (10.5.1) 的其他解法可见文献 [4, 64, 65, 88, 124, 263, 264].

对于矩阵方程

$$X - A^\mathsf{T} X^{-1} A = Q, \tag{10.5.6}$$

类似于 (10.5.1), 也可利用不动点迭代法、无逆不动点迭代法和牛顿法等方法求解 [112]. (10.5.1) 亦可推广为

$$X \pm A^\mathsf{T} X^{-q} A = Q, \quad q > 0. \tag{10.5.7}$$

许多专家学者研究了 (10.5.7) 的对称正定解存在的充分必要条件和求解方法, 感兴趣的读者可参考文献 [26, 118, 183, 184, 193].

参 考 文 献

[1] Abrudan T E, Eriksson J, Koivunen V. Steepest descent algorithms for optimization under unitary matrix constraint. IEEE Trans. Signal Process, 2008, 56(3): 1134 – 1147.

[2] Anderson W N Jr., Kleindorfer G B, Kleindorfer P R, et al. Consistent estimates of the parameters of a linear system. Ann. Math. Statist., 1969, 40: 2064-2075.

[3] Anderson W N Jr., Morley T D, Trapp G E. Ladder networks, fixpoints, and the geometric mean. Circuits Systems Signal Process, 1983, 2(3): 259-268.

[4] Anderson W N Jr., Morley T D, Trapp G E. Positive solutions to $X = A - BX^{-1}B^*$. Linear Algebra Appl., 1990, 134: 53-62.

[5] Bartholomew-Biggs M C. The estimation of the Hessian matrix in nonlinear least squares problems with non-zero residuals, Math. Program., 1977, 12: 67–80.

[6] Barzilai J, Borwein J M. Two-point step size gradient methods. IMA Journal of Numerical Analysis, 1988, 8: 141–148.

[7] Behling R, Iusem A. The effect of calmness on the solution set of systems of nonlinear equations. Math. Program. Ser. A, 2013, 137(1-2): 155-165.

[8] Bellavia S, Cartis C, Gould N I M, et al. Convergence of a regularized Euclidean residual algorithm for nonlinear least-squares. SIAM J. Numer. Anal., 2010, 48(1): 1-29.

[9] Bellavia S, Macconi M, Morini B. An affine scaling trust-region approach to bound-constrained nonlinear systems. Appl. Numer. Math., 2003, 44(3): 257-280.

[10] Bellavia S, Morini B. An interior global method for nonlinear systems with simple bounds. Optim. Methods Softw., 2005, 20(4-5): 453-474.

[11] Benner P, Byers R. An exact line search method for solving generalized continuous-time algebraic Riccati equations. IEEE Trans. Automat. Control, 1998, 43(1): 101-107.

[12] Bergamaschi L, Moret I, Zilli G. Inexact quasi-Newton methods for sparse systems of nonlinear equations. Future Generation Computer Systems, 2001, 18: 41–53.

[13] Bergou E, Gratton S, Vicente L N. Levenberg-Marquardt methods based on probabilistic gradient models and inexact subproblem solution, with application to data assimilation. SIAM/ASA J. Uncertain. Quantif., 2016, 4(1): 924-951.

[14] Bertsekas D P. A new class of incremental gradient methods for least squares problems. SIAM J. Optim., 1997, 7(4): 913-926.

[15] Bini D A, Meini B, Poloni F. Fast solution of a certain Riccati equation through Cauchy-like matrices. Electron. Trans. Numer. Anal., 2008/09, 33: 84-104.

[16] Biswas P. Semidefinite programming approaches to distance geometry problems. Ph. D. Thesis. Stanford University, 2007.

[17] Biswas P, Lian T C, Wang T C, et al. Semidefinite programming based algorithms for sensor network localization. ACM Transactions on Sensor Networks, 2006, 2(2): 188-220.

[18] Biswas P, Liang T C, Toh K C, et al. Semidefinite programming approaches for sensor network localization with noisy distance measurements. IEEE Transactions On Automation Science and Engineering, 2006, 3(4): 360-371.

[19] Biswas P, Toh K C, Ye Y Y. A distributed SDP approach for large-scale noisy anchor-free graph reailzation with applications to molecular conformation. SIAM J. Sci. Comput., 2008, 30(3): 1251-1277.

[20] Biswas P, Ye Y Y. A distributed method for solving semidefinite programs arising from ad hoc wireless sensor network localization. Multiscale optimization methods and applications, Nonconvex Optim. Appl., 82, New York: Springer, 2006: 69-84.

[21] Birgin E G, Krejić N, Martínez J. Globally convergent inexact quasi-Newton methods for solving nonlinear systems. Numer. Algorithms, 2003, 32(2-4): 249-260.

[22] Sergio B, Alan J L, Willems J C. The Riccati equation. Communications and Control Engineering Series. Berlin: Springer-Verlag, 1991.

[23] Blumenthal L M. Theory and Applications of Distance Geometry. Oxford: Clarendon Press, 1953.

[24] Bonnans J F, Shapiro A. Perturbation Analysis of Optimization Problems. Springer Series in Operations Research. New York: Springer-Verlag, 2000.

[25] Brown P N, Saad Y. Hybrid Krylov methods for nonlinear systems of equations. SIAM J. Sci. Statist. Comput., 1990, 11(3): 450-481.

[26] Cai J, Chen G L. Some investigation on Hermitian positive definite solutions of the matrix equation $X^s + A^* X^t A = Q$. Linear Algebra Appl., 2009, 430(8-9): 2448-2456.

[27] Cancès E. Self-consistent field algorithms for Kohn-Sham models with fractional occupation numbers. The Journal of Chemical Physics, 2001, 114(24): 10616-10622.

[28] Cancès E, Defranceschi M, Kutzelnigg W, et al. Computational quantum chemistry: a primer. Handbook of numerical analysis, North-Holland, Amsterdam, 2003, X: 3-270.

[29] Cartis C, Gould N I M, Toint P L. Adaptive cubic regularisation methods for unconstrained optimization. Part II: worst-case function- and derivative-evaluation complexity. Math. Program. Ser. A, 2011, 130(2): 295-319.

[30] Cheng M H, Dai Y H. Sparse two-sided rank-one updates for nonlinear equations. Sci. China Math., 2010, 53(11): 2907-2915.

[31] Chronopoulos A T. Nonlinear CG-like iterative methods. J. Comput. Appl. Math., 1992, 40(1): 73-89.

[32] Chu K E. The solution of the matrix equations $AXB - CXD = E$ and $(YA - DZ, YC - BZ) = (E, F)$. Linear Algebra Appl., 1987, 93: 93-105.

[33] Clarke F H. Optimization and Nonsmooth Analysis. Canadian Mathematical Society Series of Monographs and Advanced Texts. A Wiley-Interscience Publication. New York: John Wiley & Sons, Inc., 1983.

[34] Conn A R, Gould N I M, Toint P L. Trust-region Methods. MPS/SIAM Series on Optimization. Society for Industrial and Applied Mathematics (SIAM), Philadelphia, PA; Mathematical Programming Society (MPS), Philadelphia, PA, 2000.

[35] Cortés J. Global and robust formation-shape stabilization of relative sensing networks. Automatica J. IFAC, 2009, 45(12): 2754-2762.

[36] Crippen G M, Havel T F. Distance Geometry and Molecular Conformation. Chemometrics Series, 15. New York: Research Studies Press, Ltd., Chichester; John Wiley & Sons, Inc., 1988.

[37] Dai Y H, Kou C X. A nonlinear conjugate gradient algorithm with an optimal property and an improved Wolfe line search. SIAM J. Optim., 2013, 23(1): 296-320.

[38] Dan H, Yamashita N, Fukushima M. Convergence properties of the inexact Levenberg-Marquardt method under local error bound conditions. Optim. Methods Softw., 2002, 17(4): 605-626.

[39] Dan H, Yamashita N, Fukushima M. A superlinearly convergent algorithm for the monotone nonlinear complementarity problem without uniqueness and nondegeneracy conditions. Math. Oper. Res., 2002, 27(4): 743-754.

[40] Dattorro J. Convex Optimization & Euclidean Distance Geometry. Meboo Publishing USA, 2006.

[41] Davis G J. Numerical solution of a quadratic matrix equation. SIAM J. Sci. Statist. Comput., 1981, 2(2): 164-175.

[42] De Leeuw J. Convergence of the majorization method for multidimensional scaling. Journal of Classification, 1988, 5(2): 163-180.

[43] De Leeuw J. Multidimensional scaling. International encyclopedia of the social & behavioral sciences, 2001, 13512-13519.

[44] De Leeuw J, Mair P. Multidimensional scaling using majorization: SMACOF in R. Department of Statistics, UCLA, 2011.

[45] Dembo R S, Eisenstat S C, Steihaug T. Inexact Newton methods. SIAM J. Numer. Anal., 1982, 19(2): 400-408.

[46] Dennis J E Jr. Toward a unified convergence theory for Newton-like methods. Nonlinear Functional Anal. and Appl. (Proc. Advanced Sem., Math. Res. Center, Univ. of Wisconsin, Madison, Wis., 1970) New York: Academic Press, 1971, 425-472.

[47] Dennis J E Jr. Some computational techniques for the nonlinear least squares problem. Numerical Solution of Systems of Nonlinear Algebraic Equations (NSF-CBMS Regional Conf., Univ. Pittsburgh, Pittsburgh, Pa., 1972), pp. 157-183. New York: Academic Press, 1973.

[48] Dennis J E Jr, Gay D M, Welsch R E. Algorithm 573 NL2SOL-an adaptive nonlinear least squares algorithm. ACM Transactions on Mathematical Software, 1981, 7(3): 369-383.

[49] Dennis J E, Martínez H J, Tapia R A. Convergence theory for the structured BFGS secant method with an application to nonlinear least squares. J. Optim. Theory Appl., 1989, 61(2): 161-178.

[50] Dennis J E Jr, Moré J J. A characterization of superlinear convergence and its application to quasi-Newton methods. Math. Comp., 1974, 28: 549-560.

[51] Dennis J E Jr, Schnabel R B. Numerical Methods for Unconstrained Optimization and Nonlinear Equations. Prentice Hall Series in Computational Mathematics. Englewood Cliffs, New Jersey: Prentice Hall, Inc., 1983.

[52] Dennis J E Jr, Traub J F, Weber R P. The algebraic theory of matrix polynomials. SIAM J. Numer. Anal., 1976, 13(6): 831-845.

[53] Ding C. An Introduction to a Class of Matrix Optimization Problems, Ph.D. thesis. Singapore: National University of Singapore, 2012.

[54] Dirkse S P, Ferris M C. MCPLIB: a collection of nonlinear mixed complementarity problems. Optim. Meth. Software, 1995, 5: 319–345.

[55] Dong Q F, Wu Z J. A linear-time algorithm for solving the molecular distance geometry problem with exact inter-atomic distances. Dedicated to Professor Reiner Horst on his 60th birthday. J. Global Optim., 2002, 22(1-4): 365-375.

[56] Drusvyatskiy D, Lewis A S. Tilt stability, uniform quadratic growth, and strong metric regularity of the subdifferential. SIAM J. Optim., 2013, 23(1): 256-267.

[57] Duff I S, Nocedal J, Reid J K. The use of linear programming for the solution of sparse sets of nonlinear equations. SIAM J. Sci. Statist. Comput., 1987, 8(2): 99-108.

[58] Eckart C, Young G. The approximation of one matrix by another of lower rank. Psychometrika, 1936, 1(3): 211-218.

[59] Edelman A, Arias T, Smith S T. The geometry of algorithms with orthogonality constraints. SIAM J. Matrix Anal. Appl., 1999, 20(2): 303-353.

[60] Eisenfeld J. Operator equations and nonlinear eigenparameter problems. J. Functional Analysis, 1973, 12:475-490.

[61] Eisenstat S C, Walker H F. Globally convergent inexact Newton methods. SIAM J. Optim., 1994, 4(2): 393-422.

[62] El Hallabi M, Tapia R A. A global convergence theory of arbitary norm trust region methods for nonlinear equations, Report MASC TR93-41, Rice University, Houston, USA.

[63] El-Hawary M. E. IEEE Tutorial Course Optimal Power Flow: Solution Techniques, Requirements, and Challenges. Piscataway, New Jersey: IEEE Service Center, 1996.

[64] Engwerda J C. On the existence of a positive definite solution of the matrix equation

$X + A^\mathsf{T} X^{-1} A = I$. Linear Algebra Appl., 1993, 194: 91-108.

[65] Engwerda J C, Ran A C M, Rijkeboer A L. Necessary and sufficient conditions for the existence of a positive definite solution of the matrix equation $X + A^* X^{-1} A = Q$. Linear Algebra Appl., 1993, 186: 255-275.

[66] Epton M A. Methods for the solution of $AXD - BXC = E$ and its application in the numerical solution of implicit ordinary differential equations. BIT, 1980, 20(3): 341-345.

[67] Facchinei F, Kanzow C. A nonsmooth inexact Newton method for the solution of large-scale nonlinear complementarity problems. Math. Programming Ser. B, 1997, 76(3): 493-512.

[68] Fan J Y. A modified Levenberg-Marquardt algorithm for singular system of nonlinear equations. J. Comput. Math., 2003, 21(5): 625-636.

[69] Fan J Y. Convergence rate of the trust region method for nonlinear equations under local error bound condition. Comput. Optim. Appl., 2006, 34(2): 215-227.

[70] Fan J Y. The modified Levenberg-Marquardt method for nonlinear equations with cubic convergence. Math. Comp., 2012, 81(277): 447-466.

[71] Fan J Y. A Shamanskii-like Levenberg-Marquardt method for nonlinear equations. Comput. Optim. Appl., 2013, 56(1): 63-80.

[72] Fan J Y. On the Levenberg-Marquardt methods for convex constrained nonlinear equations. J. Ind. Manag. Optim., 2013, 9(1): 227-241.

[73] Fan J Y. Accelerating the modified Levenberg-Marquardt method for nonlinear equations. Math. Comp., 2014, 83(287): 1173-1187.

[74] Fan J Y, Ai W B, Zhang Q Y. A line search and trust region algorithm with trust region radius converging to zero. J. Comput. Math., 2004, 22(6): 865-872.

[75] Fan J Y, Huang J C, Pan J Y. An adaptive multistep Levenberg-Marquardt method. manuscript, 2017.

[76] Fan J Y, Lu N. On the modified trust region algorithm for nonlinear equations. Optim. Methods Softw., 2015, 30(3): 478-491.

[77] Fan J Y, Pan J Y. Inexact Levenberg-Marquardt method for nonlinear equations. Discrete Contin. Dyn. Syst. Ser. B, 2004, 4(4): 1223-1232.

[78] Fan J Y, Pan J Y. Convergence properties of a self-adaptive Levenberg-Marquardt algorithm under local error bound condition. Comput. Optim. Appl., 2006, 34(1): 47-62.

[79] Fan J Y, Pan J Y. A note on the Levenberg-Marquardt parameter. Appl. Math. Comput., 2009, 207(2): 351-359.

[80] Fan J Y, Pan J Y. A modified trust region algorithm for nonlinear equations with new updating rule of trust region radius. Int. J. Comput. Math., 2010, 87(14): 3186-3195.

[81] Fan J Y, Pan J Y. On the convergence rate of the inexact Levenberg-Marquardt

method. J. Ind. Manag. Optim., 2011, 7(1): 199-210.

[82] Fan J Y, Pan J Y. An improved trust region algorithm for nonlinear equations. Comput. Optim. Appl., 2011, 48(1): 59-70.

[83] Fan J Y, Pan J Y, Song H Y. A retrospective trust region algorithm with trust region converging to zero. J. Comput. Math., 2016, 34(4): 421-436.

[84] Fan J Y, Yuan Y X. A new trust region algorithm with trust region radius converging to zero. Proceedings of the 5th International Conference on Optimization: Techniques and Applications, D. Li ed., Hongkong, 2001, 786–794.

[85] Fan J Y, Yuan Y X. On the quadratic convergence of the Levenberg-Marquardt method without nonsingularity assumption. Computing, 2005, 74(1): 23-39.

[86] Fan J Y, Yuan Y X. A regularized Newton method for monotone nonlinear equations and its application. Optim. Methods Softw., 2014, 29(1): 102-119.

[87] Fang X Y, Toh K C. Using a distributed SDP approach to solve simulated protein molecular conformation problems. Distance Geometry. New York: Springer, 2013, 351-376.

[88] Ferrante A, Levy B C. Hermitian solutions of the equation $X = Q + NX^{-1}N^*$. Linear Algebra Appl., 1996, 247: 359-373.

[89] Fischer A, Shukla P K, Wang M. On the inexactness level of robust Levenberg-Marquardt methods. Optimization, 2010, 59(2): 273-287.

[90] Fletcher R. A model algorithm for composite NDO problem. Math. Program. Study, 1982, 17: 67-76.

[91] Fletcher R. Practical Methods of Optimization. Second edition. A Wiley-Interscience Publication. Chichester: John Wiley & Sons, Ltd., 1987.

[92] Fletcher R, Leyffer S. Filter-type algorithms for solving systems of algebraic equations and inequalities. High Performance Algorithms and Software for Nonlinear Optimization, Di Pillo G, Murli A eds. 2003, 265-284.

[93] Fletcher R, Xu C. Hybrid methods for nonlinear least squares. IMA J. Numer. Anal., 1987, 7(3): 371-389.

[94] Friedlander A, Gomes-Ruggiero M A, Kozakevich D N, et al. Solving nonlinear systems of equations by means of quasi-Newton methods with a nonmonotone strategy. Optim. Methods Softw., 1997, 8(1): 25-51.

[95] Fukushima M. Equivalent differentiable optimization problems and descent methods for asymmetric variational inequality problems. Math. Programming Ser. A, 1992, 53(1): 99-110.

[96] Galántai A. The theory of Newton's method. Numerical analysis 2000, Vol. IV, Optimization and nonlinear equations. J. Comput. Appl. Math., 2000, 124(1-2): 25-44.

[97] Gansner E R, Koren Y, North S. Graph drawing by stress majorization. International Symposium on Graph Drawing, GD 2004, Graph Drawing, 2004, 239-250.

[98] Gardiner J D, Laub A J, Amato J J, et al. Solution of the Sylvester matrix equation $AXB^\mathsf{T} + CXD^\mathsf{T} = E$. ACM Trans. Math. Software, 1992, 18(2): 223-231.

[99] Gill P E, Leonard M W. Reduced-Hessian quasi-Newton methods for unconstrained optimization. SIAM J. Optim., 2001, 12(1): 209-237.

[100] Golub G H, Pereyra V. The differentiation of pseudo-inverses and nonlinear least squares problems whose variables separate. Collection of articles dedicated to the memory of George E. Forsythe. SIAM J. Numer. Anal., 1973, 10: 413-432.

[101] Golub G, Pereyra V. Separable nonlinear least squares: the variable projection method and its applications. Inverse Problems, 2003, 19(2): R1-R26.

[102] Gould N, Orban D, Toint P. Numerical methods for large-scale nonlinear optimization. Acta Numer., 2005, 14: 299-361.

[103] Gould N I M, Toint P. FILTRANE, a Fortran 95 filter-trust-region package for solving nonlinear least-squares and nonlinear feasibility problems. ACM Transactions on Mathematical Software, 2007, 33(1): 1-23.

[104] Golub G H, Van Loan C F. Matrix computations. Fourth edition. Johns Hopkins Studies in the Mathematical Sciences. Baltimore, MD: Johns Hopkins University Press, 2013.

[105] Grapiglia G N, Yuan J Y, Yuan Y X. A subspace version of the Powell-Yuan trust-region algorithm for equality constrained optimization. J. Oper. Res. Soc. China, 2013, 1:425-451.

[106] Grapiglia G N, Yuan J Y, Yuan Y X. On the convergence and worst-case complexity of trust-region and regularization methods for unconstrained optimization. Math. Program. Ser. A, 2015, 152(1-2): 491-520.

[107] Griewank A. The "global" convergence of Broyden-like methods with a suitable line search. J. Austral. Math. Soc. Ser. B, 1986, 28(1): 75-92.

[108] Griewank A. Evaluating Derivatives. Principles and Techniques of Algorithmic Differentiation. Frontiers in Applied Mathematics, 19. Philadelphia, PA: Society for Industrial and Applied Mathematics (SIAM), 2000.

[109] Griewank A, Walther A. On constrained optimization by adjoint based quasi-Newton methods. Optim. Methods Softw., 2002, 17(5): 869-889.

[110] Gui B, Liu H, Yan M L. Alternately linearized implicit iteration methods for solving quadratic matrix equations. J. Comput. Math., 2014, 32(3): 306-311.

[111] Guo C H, Lancaster P. Analysis and modification of Newton's method for algebraic Riccati equations. Math. Comp., 1998, 67(223): 1089-1105.

[112] Guo C H, Lancaster P. Iterative solution of two matrix equations. Math. Comp., 1999, 68(228): 1589-1603.

[113] Guo C H, Laub A J. On the iterative solution of a class of nonsymmetric algebraic Riccati equations. SIAM J. Matrix Anal. Appl., 2000, 22(2): 376-391.

[114] Hager W W, Zhang H C. A new conjugate gradient method with guaranteed descent and an efficient line search. SIAM J. Optim., 2005, 16(1): 170-192.

[115] Hager W W, Zhang H C. Algorithm 851: CG_DESCENT, a conjugate gradient method with guaranteed descent. ACM Trans. Math. Software, 2006, 32(1): 113-137.

[116] Hager W W, Zhang H C. Asymptotic convergence analysis of a new class of proximal point methods. SIAM J. Control Optim., 2007, 46(5): 1683-1704.

[117] Hager W W, Zhang H C. Self-adaptive inexact proximal point methods. Comput. Optim. Appl., 2008, 39(2): 161-181.

[118] Hasanov V I. Positive definite solutions of the matrix equations $X \pm A^*X^{-q}A = Q$. Linear Algebra Appl., 2005, 404: 166-182.

[119] Higham N J. Computing real square roots of a real matrix. Linear Algebra Appl., 1987, 88/89: 405-430.

[120] Higham N J, Kim H M. Numerical analysis of a quadratic matrix equation. IMA J. Numer. Anal., 2000, 20(4): 499-519.

[121] Higham N J, Kim H M. Solving a quadratric matrix equation by Newton's method with exact line searches. SIAM J. Matrix Anal. Appl., 2001, 23(2): 303-316.

[122] Huang J C, Fan J Y. Global complexity bound of the inexact Levenberg-Marquardt method. Joksc. DOI: 10.1007/s40305-017-0184-0.

[123] Huschens J. On the use of product structure in secant methods for nonlinear least squares problems. SIAM J. Optim., 1994, 4(1): 108-129.

[124] Ivanov I G, Hasanov V I, Uhlig F. Improved methods and starting values to solve the matrix equations $X \pm A^*X^{-1}A = I$ iteratively. Math. Comp., 2005, 74(249): 263-278.

[125] Jiang H Y, Qi L Q, Chen X J, et al. Semismoothness and superlinear convergence in nonsmooth optimization and nonsmooth equations. Nonlinear Optimization and Applications, Di Pillo G., Gianessi F, eds. New York: Plenum Press, 1996, 197-212.

[126] Johnson D D. Modified Broyden's method for accelarating convergence in self-consistent calculation, Physical Review B, 1988, 38: 12807-12813.

[127] Kantorovič L V. On Newton's method for functional equations. (Russian) Doklady Akad. Nauk SSSR (N.S.), 1948, 59: 1237-1240.

[128] Kanzow C. An active set-type Newton method for constrained nonlinear systems. Complementarity: applications, algorithms and extensions (Madison, WI, 1999), Appl. Optim., 50, Kluwer Acad. Publ., Dordrecht, 2001, 179-200.

[129] Kanzow C, Yamashita N, Fukushima M. Levenberg-Marquardt methods with strong local convergence properties for solving nonlinear equations with convex constraints. J. Comput. Appl. Math., 2005, 173(2): 321-343.

[130] Kaufman L. A variable projection method for solving separable nonlinear least

squares problems. Nordisk Tidskr. Informationsbehandling (BIT), 1975, 15(1): 49-57.

[131] Kelley C T. Iterative Methods for Linear and Nonlinear Equations. With separately available software. Frontiers in Applied Mathematics, 16. Society for Industrial and Applied Mathematics (SIAM), Philadelphia, PA, 1995.

[132] Kelley C T. Solving Nonlinear Equations with Newton's Method. Fundamentals of Algorithms, 1. Society for Industrial and Applied Mathematics (SIAM), Philadelphia, PA, 2003.

[133] Kerker G P. Efficient iteration scheme for self-consistent pseudopotential calculations, Phys. Rev. B, 1981, 23: 3082-3084.

[134] Kim H M, Kim Y J, Seo J H. Local convergence of functional iterations for solving a quadratic matrix equation. Bull. Korean Math. Soc., 2017, 54(1): 199-214.

[135] Kohn W, Sham L J. Self-consistent equations including exchange and correlation effects. Phys. Rev., 1965, 140(2): A1133-A1138.

[136] Koutecký J, Bonacic V. On the convergence difficulties in the iterative Hartree-Fock procedure. J. Chem. Phys., 1971, 55: 2408-2413.

[137] Kozakevich D N, Martínez J M, Santos S A. Solving nonlinear systems of equations with simple constraints. Mat. Apl. Comput., 1997, 16(3): 215-235.

[138] Kresse G, Furthmuller J. Efficiency of ab-initio total energy calculations for metals and semiconductors using a plane-wave basis set, Comput. Mater. Sci., 1996, 6: 15-50.

[139] Krislock N, Wolkowicz H. Euclidean distance matrices and applications. Handbook on Semidefinite, Conic and Polynomial Optimization, Internat. Ser. Oper. Res. Management Sci., 166. New York: Springer, 2012, 879-914.

[140] Kudin K N, Scuseria G E, Cancès E. A black-box self-consistent field convergence algorithm: One step closer. J. Chem. Phys., 2002, 116: 8255-8261.

[141] La Cruz W, Mart í nez J M, Raydan M. Spectral residual method without gradient information for solving large-scale nonlinear systems of equations. Math. Comp., 2006, 75(255): 1429-1448.

[142] La Cruz W, Raydan M. Nonmonotone spectral methods for large-scale nonlinear systems. Optim. Methods Softw., 2003, 18(5): 583-599.

[143] Yoon J M, Gad Y, Wu Z J. Mathematical modeling of protein structure using distance geometry. Department of Computational & Applied Mathematics, Rice University, 2000.

[144] Lancaster P. Lambda-matrices and Vibrating Systems. International Series of Monographs in Pure and Applied Mathematics, Vol. 94. Oxford-New York-Paris: Pergamon Press, 1966.

[145] Lancaster P, Rodman L. Algebraic Riccati Equations. Oxford Science Publications.

New York: The Clarendon Press, Oxford University Press, 1995.

[146] Laub A J. A Schur method for solving algebraic Riccati equations. IEEE Trans Automat Control, 1979, 24: 913-921.

[147] Le Bris C. Computational chemistry from the perspective of numerical analysis. Acta Numer., 2005, 14: 363-444.

[148] Leung N H Z, Toh K C. An SDP-based divide-and-conquer algorithm for large-scale noisy anchor-free graph realization. SIAM J. Sci. Comput., 2009/10, 31(6): 4351-4372.

[149] Levenberg K. A method for the solution of certain non-linear problems in least squares. Quart. Appl. Math., 1944, 2: 164-168.

[150] Li D H, Fukushima M. A globally and superlinearly convergent Gauss-Newton-based BFGS method for symmetric nonlinear equations. SIAM J. Numer. Anal., 1999, 37(1): 152-172.

[151] Li D H, Fukushima M. A derivative-free line search and global convergence of Broyden-like method for nonlinear equations. Optim. Methods Softw., 2000, 13(3): 181-201.

[152] Li D H, Fukushima M, Qi L Q, Yamashita N. Regularized Newton methods for convex minimization problems with singular solutions. Comput. Optim. Appl., 2004, 28(2): 131-147.

[153] Li D H, Wang X L. A modified Fletcher-Reeves-type derivative-free method for symmetric nonlinear equations. Numer. Algebra Control Optim., 2011, 1(1): 71-82.

[154] Li Q N, Li D H. A class of derivative-free methods for large-scale nonlinear monotone equations. IMA J. Numer. Anal., 2011, 31(4): 1625-1635.

[155] Liberti L, Lavor C, Maculan N, et al. Euclidean distance geometry and applications. SIAM Rev., 2014, 56(1): 3-69.

[156] Liu D C, Nocedal J. On the limited memory BFGS method for large scale optimization. Math. Programming Ser. B, 1989, 45(3): 503-528.

[157] Liu X, Wang X, Wen Z W, et al. On the convergence of the self-consistent field iteration in Kohn-Sham density functional theory. SIAM J. Matrix Anal. Appl., 2014, 35(2): 546-558.

[158] Liu X, Wen Z W, Wang X, et al. On the analysis of the discretized Kohn-Sham density functional theory. SIAM J. Numer. Anal., 2015, 53(4): 1758-1785.

[159] Liu X, Yuan Y X. On the separable nonlinear least squares problems. J. Comput. Math., 2008, 26(3): 390-403.

[160] Luo Z Q, Ma W K, So Anthony Man-Cho, et al. Semidefinite relaxation of quadratic optimization problems. IEEE Signal Processing Magazine, 2010, 27(3): 20-34.

[161] Madsen K. An algorithm for minimax solution of overdetermined systems of nonlinear equations. J. Inst. Math. Appl., 1975, 16(3): 321-328.

[162] Marquardt D W. An algorithm for least-squares estimation of nonlinear parameters. J. Soc. Indust. Appl. Math., 1963, 11: 431-441.

[163] Martin R M. Electronic Structure: Basic Theory and Practical Methods. Cambridge: Cambridge University Press, 2004.

[164] Martínez J M. A quasi-Newton method with modification of one column per iteration. Computing, 1984, 33(3-4): 353-362.

[165] Martínez J M. Practical quasi-Newton methods for solving nonlinear systems. Numerical analysis 2000, Vol. IV, Optimization and nonlinear equations. J. Comput. Appl. Math., 2000, 124(1-2): 97-121.

[166] Meini B. Nonlinear matrix equations and structured linear algebra. Linear Algebra Appl., 2006, 413(2-3): 440-457.

[167] Meintjes K, Morgan A P. A methodology for solving chemical equilibrium systems. Appl. Math. Comput., 1987, 22(4): 333-361.

[168] Meintjes K, Morgan A P. Chemical equilibrium systems as numerical test problems. ACM Transactions on Mathematical Software, 1990, 16(2): 143-151.

[169] Monteiro R D C, Pang J S. A potential reduction Newton method for constrained equations. SIAM J. Optim., 1999, 9(3): 729-754.

[170] Moré J J. The Levenberg-Marquardt algorithm: implementation and theory. Numerical Analysis (Proc. 7th Biennial Conf., Univ. Dundee, Dundee, 1977). Lecture Notes in Math., Vol. 630. Berlin: Springer, 1978, 105-116.

[171] Moré J J. Recent developments in algorithms and software for trust region methods. Mathematical programming: the state of the art (Bonn, 1982). Berlin: Springer, 1983, 258-287.

[172] Moré J J, Sorensen D C. Computing a trust region step. SIAM J. Sci. Statist. Comput., 1983, 4(3): 553-572.

[173] Moré J J, Wu Z J. Global continuation for distance geometry problems. SIAM J. Optim., 1997, 7(3): 814-836.

[174] Moré J J, Wu Z J. Distance geometry optimization for protein structures. J. Global Optim., 1999, 15(3): 219-234.

[175] Moriyama H, Yamashita N, Fukushima M. The incremental Gauss-Newton algorithm with adaptive stepsize rule. Comput. Optim. Appl., 2003, 26(2): 107-141.

[176] Mucherino A, Lavor C, Liberti L, et al, eds. Distance Geometry: Theory, Methods, and Applications. Springer Science & Business Media, 2013.

[177] Nesterov Y. Modified Gauss-Newton scheme with worst case guarantees for global performance. Optim. Dordrecht: Methods Softw., 2007, 22(3): 469-483.

[178] Niu L F, Yuan Y X. A parallel decomposition algorithm for training multiclass kernel-based vector machines. Optim. Methods Softw., 2011, 26(3): 431-454.

[179] Nocedal J, Wright S J. Numerical Optimization. Second edition. Springer Series in

Operations Research and Financial Engineering. New York: Springer, 2006.

[180] Nocedal J, Yuan Y X. Combining trust region and line search techniques. Advances in nonlinear programming (Beijing, 1996), Appl. Optim., 14, Kluwer Acad. Publ., Dordrecht, 1998, 153-175.

[181] Ortega J M, Rheinboldt W C. Iterative Solution of Nonlinear Equations in Several Variables. New York-London: Academic Press, 1970.

[182] Pang J S, Qi L Q. Nonsmooth equations: motivation and algorithms. SIAM J. Optim., 1993, 3(3): 443-465.

[183] Peng Z Y, El-Sayed S M. On positive definite solution of a nonlinear matrix equation. Numer. Linear Algebra Appl., 2007, 14(2): 99-113.

[184] Peng Z Y, El-Sayed S M, Zhang X L. Iterative methods for the extremal positive definite solution of the matrix equation $X + A^*X^{-\alpha}A = Q$. J. Comput. Appl. Math., 2007, 200(2): 520-527.

[185] Powell M J D. A hybrid method for nonlinear equations. Numerical Methods for Nonlinear Algebraic Equations (Proc. Conf., Univ. Essex, Colchester, 1969). Gordon and Breach, London, 1970, 87-114.

[186] Powell M J D. A new algorithm for unconstrained optimization. 1970 Nonlinear Programming (Proc. Sympos., Univ. of Wisconsin, Madison, Wis., 1970). New York: Academic Press, 31-65.

[187] Powell M J D. Convergence properties of a class of minimization algorithms. Nonlinear programming, 2 (Proc. Sympos. Special Interest Group on Math. Programming, Univ. Wisconsin, Madison, Wis., 1974). New York: Academic Press, 1974, 1-27.

[188] Powell M J D. A fast algorithm for nonlinearly constrained optimization calculations. Numerical Analysis (Proc. 7th Biennial Conf., Univ. Dundee, Dundee, 1977). Lecture Notes in Math., Vol. 630. Berlin: Springer, 1978, 144-157.

[189] Powell M J D, Yuan Y X. Conditions for superlinear convergence in l_1 and l_∞ solutions of overdetermined nonlinear equations. IMA J. Numer. Anal., 1984, 4(2): 241-251.

[190] Pulay P. Convergence acceleration of iterative sequences. the case of scf iteration. Chemical Physics Letters, 1980, 73(2): 393-398.

[191] Qi L Q. Convergence analysis of some algorithms for solving nonsmooth equations. Math. Oper. Res., 1993, 18(1): 227-244.

[192] Qi L Q, Sun J. A nonsmooth version of Newton's method. Math. Programming Ser. A, 1993, 58(3): 353-367.

[193] Reurings M C B. Contractive maps on normed linear spaces and their applications to nonlinear matrix equations. Linear Algebra Appl., 2006, 418(1): 292-311.

[194] Rockafellar R T, Wets R J B. Variational Analysis. Grundlehren der Mathematischen Wissenschaften [Fundamental Principles of Mathematical Sciences], 317. Berlin:

Springer-Verlag, 1998.

[195] Ruhe A, Wedin P. Algorithms for separable nonlinear least squares problems. SIAM Rev., 1980, 22(3): 318-337.

[196] Saad Y. Iterative Methods for Sparse Linear Systems. Second edition. Philadelphia, PA: Society for Industrial and Applied Mathematics, 2003.

[197] Saxe J B. Embeddability of weighted graphs in k-space is strongly NP-hard. Carnegie-Mellon University, Department of Computer Science, 1979.

[198] Schittkowski K. Solving constrained nonlinear least squares problems by a general purpose SQP-method. Trends in Mathematical Optimization (Irsee, 1986) Internat. Schriftenreihe Numer. Math., 84. Basel: Birkhäuser, 1988, 295-309.

[199] Schittkowski K. Numerical Data Fitting in Dynamical Systems. A Practical Introduction with Applications and Software. With 1 CD-ROM (Windows). Applied Optimization, 77. Dordrecht: Kluwer Academic Publishers, 2002.

[200] Schlenkrich S, Griewank A, Walther A. On the local convergence of adjoint Broyden methods. Math. Program. Ser. A, 2010, 121(2): 221-247.

[201] Schoenberg I J. Remarks to Maurice Fréchet's article "Sur la définition axiomatique d'une classe d'espace distanciés vectoriellement applicable sur l'espace de Hilbert". Ann. of Math., 1935, 36(3): 724-732.

[202] Schubert L K. Modification of a quasi-Newton method for nonlinear equations with a sparse Jacobian. Math. Comp., 1970, 24: 27-30.

[203] Shamsi D, Taheri N, Zhu Z S, et al. On sensor network localization using sdp relaxation. arXiv:1010.2262, 2010.

[204] Sit A, Wu Z J, Yuan Y X. A geometric buildup algorithm for the solution of the distance geometry problem using least-squares approximation. Bull. Math. Biol., 2008, 71(8): 1914-1933.

[205] Smith H A, Singh R K, Sorensen D C. Formulation and solution of the non-linear, damped eigenvalue problem for skeletal systems. Internat. J. Numer. Methods Engrg., 1995, 38(18): 3071-3085.

[206] So A M C, Ye Y Y. Theory of semidefinite programming for sensor network localization. Math. Program. Ser. B, 2007, 109(2-3): 367-384.

[207] Solodov M V, Svaiter B F. A globally convergent inexact Newton method for systems of monotone equations. Reformulation: Nonsmooth, Piecewise smooth, Semismooth and Smoothing Methods (Lausanne, 1997), Appl. Optim., 22, Kluwer Acad. Publ., Dordrecht, 1999, 355-369.

[208] Souza M, Xavier A E, Lavor C, et al. Hyperbolic smoothing and penalty techniques applied to molecular structure determination. Oper. Res. Lett., 2011, 39(6): 461-465.

[209] Steihaug T. The conjugate gradient method and trust regions in large scale optimization. SIAM J. Numer. Anal., 1983, 20(3): 626-637.

[210] Stewart G W, Sun Jiguang. Matrix Perturbation Theory. Computer Science and Scientific Computing. Boston, MA: Academic Press, Inc., 1990.

[211] Sun C, Yang Y C, Yuan Y X. Low complexity interference alignment algorithms for desired signal power maximization problem of MIMO channels. EURASIP Journal on Advances in Signal Processing, 2012, 137.

[212] Sun D. A regularization Newton method for solving nonlinear complementarity problems. Appl. Math. Optim., 1999, 40(3): 315-339.

[213] Sun J G. Perturbation analysis of the matrix sign function. Linear Algebra Appl., 1997, 250: 177-206.

[214] Sun W, Sampaio R J B, Yuan J. Quasi-Newton trust region algorithm for non-smooth least squares problems. Appl. Math. Comput., 1999, 105(2-3): 183-194.

[215] Sun W Y, Yuan Y X. Optimization Theory and Methods. Nonlinear programming. Springer Optimization and Its Applications, 1. New York: Springer, 2006.

[216] Szabo A, Ostlund N S. Modern Quantum Chemistry: Introduction to Advanced Electronic Structure Theory, New York: Dover, 1996.

[217] Toh K C, Todd M J, Tütüncü R H. On the implementation and usage of SDPT3-a Matlab software package for semidefinite-quadratic-linear programming, version 4.0. Handbook on Semidefinite, Conic and Polynomial Optimization, Internat. Ser. Oper. Res. Management Sci., 166. New York: Springer, 2012, 715-754.

[218] Toint Ph L. On sparse and symmetric matrix updating subject to a linear equation. Math. Comp., 1977, 31(140): 954-961.

[219] Toint Ph L. Towards an efficient sparsity exploiting Newton method for minimization. Sparse Matrices and Their Uses, Duff I eds. London: Academic Press, 1981, 57-88.

[220] Toint Ph L. On large scale nonlinear least squares calculations. SIAM J. Sci. Statist. Comput., 1987, 8(3): 416-435.

[221] Tong X J, Qi L. On the convergence of a trust-region method for solving constrained nonlinear equations with degenerate solutions. J. Optim. Theory Appl., 2004, 123(1): 187-211.

[222] Torgerson W S. Theory and Methods of Scaling. With a foreword by Harold Gulliksen. Reprint of the 1958 original. Robert E. Melbourne, FL: Krieger Publishing Co., Inc., 1985.

[223] Tseng P. Error bounds and superlinear convergence analysis of some Newton-type methods in optimization. Nonlinear Optimization and Related Topics (Erice, 1998), Appl. Optim., 36. Dordrecht: Kluwer Acad. Publ., 2000, 445-462.

[224] Ueda K, Yamashita N. On a global complexity bound of the Levenberg-Marquardt method. J. Optim. Theory Appl., 2010, 147(3): 443-453.

[225] Ueda K, Yamashita N. Global complexity bound analysis of the Levenberg-Marquardt method for nonsmooth equations and its application to the nonlinear

complementarity problem. J. Optim. Theory Appl., 2012, 152(2): 450-467.

[226] Ulbrich M. Nonmonotone trust-region methods for bound-constrained semismooth equations with applications to nonlinear mixed complementarity problems. SIAM J. Optim., 2001, 11(4): 889-917.

[227] Van Dooren P. A generalized eigenvalue approach for solving Riccati equations. SIAM J. Sci. Statist. Comput., 1981, 2(2): 121-135.

[228] Vlcek J, Luksan L. New variable metric methods for unconstrained minimization covering the large-scale case. Tech. Rep. V-876, ICS AS CR, 2002.

[229] Wang T, Monteiro R D C, Pang J S. An interior point potential reduction method for constrained equations. Math. Programming Ser. A, 1996, 74(2): 159-195.

[230] Wang Y F, Ma S Q. A fast subspace method for image deblurring. Appl. Math. Comput., 2009, 215(6): 2359-2377.

[231] Wang Y F, Ma S Q, Ma Q H. Full space and subspace methods for large scale image restoration. Optimization and Regularization for Computational Inverse Problems and Applications. Heidelberg: Springer, 2010, 183-201.

[232] Wang Z H, Wen Z W, Yuan Y X. A subspace trust region method for large scale unconstrained optimization, in Numerical Linear Algebra and Optimization, Yuan Yaxiang eds. Beijing: Science Press, 2004, 265-274.

[233] Wang Z H, Yuan Y X. A subspace implementation of quasi-Newton trust region methods for unconstrained optimization. Numer. Math., 2006, 104(2): 241-269.

[234] Weiss R, Podgajezki I. Overview on new solvers for nonlinear systems. Iterative methods and preconditioners (Berlin, 1997). Appl. Numer. Math., 1999, 30(2-3): 379-391.

[235] Wood A J, Wollenberg B F, Sheblé G B. Power Generation, Operation, and Control. New York, NY: John Wiley and Sons, 1996.

[236] Wu D, Wu Z J. An updated geometric build-up algorithm for solving the molecular distance geometry problems with sparse distance data. J. Global Optim., 2007, 37(4): 661-673.

[237] Wu D, Wu Z J, Yuan Y X. Rigid versus unique determination of protein structures with geometric buildup. Optim. Lett., 2008, 2(3): 319-331.

[238] Wu D, Wu Z J, Yuan Y X. The solution of the distance geometry problem in protein modeling via geometric buildup. Biophysical Reviews and Letters, 2008, 3(1-2): 43-75.

[239] Xiao Y H, Wu C J, Wu S Y. Norm descent conjugate gradient methods for solving symmetric nonlinear equations. J. Global Optim., 2015, 62(4): 751-762.

[240] Yabe H, Takahashi T. Factorized quasi-Newton methods for nonlinear least squares problems. Math. Programming Ser. A, 199, 51(1): 75-100.

[241] Yamashita N, Fukushima M. The proximal point algorithm with genuine superlinear

convergence for the monotone complementarity problem. SIAM J. Optim., 2000, 11(2): 364-379.

[242] Yamashita N, Fukushima M. On the rate of convergence of the Levenberg-Marquardt method. Topics in numerical analysis, Vienna: Springer, Comput. Suppl., 2001, 15: 239-249.

[243] Yang C, Gao W G, Meza J C. On the convergence of the self-consistent field iteration for a class of nonlinear eigenvalue problems. SIAM J. Matrix Anal. Appl., 2008/09, 30(4): 1773-1788.

[244] Yang C, Meza J C, Lee B, et al. KSSOLV-a MATLAB toolbox for solving the Kohn-Sham equations. ACM Trans. Math. Software, 2009, 36(2), Art. 10, 35 pp.

[245] Yoon J M, Gad Y, Wu Z J. Mathematical modeling of protein structure using distance geometry. Department of Computational & Applied Mathematics, Rice University, 2000.

[246] Yuan Y X. An example of only linear convergence of trust region algorithms for nonsmooth optimization. IMA J. Numer. Anal., 1984, 4(3): 327-335.

[247] Yuan Y X. Conditions for convergence of trust region algorithms for nonsmooth optimization. Math. Programming, 1985, 31(2): 220-228.

[248] Yuan Y X. On the superlinear convergence of a trust region algorithm for nonsmooth optimization. Math. Programming, 1985, 31(3): 269-285.

[249] Yuan Y X. A new trust region algorithm for nonlinear optimization. Report, Computing center, Academic Sinica, China 1992. Presented at the First International Symposium on Numerical Analysis, Provdiv, Bulgaria, August, 1992.

[250] Yuan Y X. A short note on the Duff-Nocedal-Reid algorithm. Conference on Scientific Computation '94 (Shatin, 1994). Southeast Asian Bull. Math., 1996, 20(3): 137-144.

[251] Yuan Y X. Trust region algorithms for nonlinear programming. Computational Mathematics in China, Contemp. Math., 163, Amer. Math. Soc., Providence, RI, 1994, 205-225.

[252] Yuan Y X. Trust region algorithms for nonlinear equations. Information, 1998, 1(1): 7-20.

[253] Yuan Y X. Problems on convergence of unconstrained optimization algorithms. Numerical Linear Algebra and Optimization, Yuan Yaxiang eds. Science Press, Beijing, New York, 1999, 95-107.

[254] Yuan Y X. A review of trust region algorithms for optimization. ICIAM 99 (Edinburgh), Oxford Univ. Press, Oxford, 2000, 271-282.

[255] Yuan Y X. On the truncated conjugate gradient method. Math. Program. Ser. A, 2000, 87(3): 561-573.

[256] Yuan Y X. Subspace techniques for nonlinear optimization. Some Topics in Industrial and Applied Mathematics, Ser. Contemp. Appl. Math. CAM, 8, Beijing: Higher Ed.

Press, 2007, 206-218.

[257] Yuan Y X. Subspace methods for large scale nonlinear equations and nonlinear least squares. Optim. Eng., 2009, 10(2): 207-218.

[258] Yuan Y X. Recent advances in numerical methods for nonlinear equations and nonlinear least squares. Numer. Algebra Control Optim., 2011, 1(1): 15-34.

[259] Yuan Y X. A review on subspace methods for nonlinear optimization. Proceedings of International Congress of Mathematicians 2014 Soeul, Korea, 807-827.

[260] Yuan Y X. Recent advances in trust region algorithms. Math. Program. Ser. B, 2015, 151(1): 249-281.

[261] Yuan Y X, Stoer J. A subspace study on conjugate gradient algorithms. Z. Angew. Math. Mech., 1995, 75(1): 69-77.

[262] Zečević A I, Siljak D D. Solution of Lyapunov and Riccati equations in a multiprocessor environment. Proceedings of the Second World Congress of Nonlinear Analysts, Part 5 (Athens, 1996). Nonlinear Anal., 1997, 30(5): 2815-2825.

[263] Zhan X Z. Computing the extremal positive definite solutions of a matrix equation. SIAM J. Sci. Comput., 1996, 17(5): 1167-1174.

[264] Zhan X Z, Xie J J. On the matrix equation $X + A^{\mathrm{T}} X^{-1} A = I$. Linear Algebra Appl., 1996, 247: 337-345.

[265] Zhang H C, Conn A R, Scheinberg K. A derivative-free algorithm for least-squares minimization. SIAM J. Optim., 2010, 20(6): 3555-3576.

[266] Zhang H C, Conn A R. On the local convergence of a derivative-free algorithm for least-squares minimization. Comput. Optim. Appl., 2012, 51(2): 481-507.

[267] Zhang J Z, Chen L H, Deng N Y. A family of scaled factorized Broyden-like methods for nonlinear least squares problems. SIAM J. Optim., 2000, 10(4): 1163-1179.

[268] Zhang L, Zhou W J. Spectral gradient projection method for solving nonlinear monotone equations. J. Comput. Appl. Math., 2006, 196(2): 478-484.

[269] Zhang L, Zhou W J, Li D H. Global convergence of a modified Fletcher-Reeves conjugate gradient method with Armijo-type line search. Numer. Math., 2006, 104(4): 561-572.

[270] Zhao R X, Fan J Y. Global complexity bound of the Levenberg-Marquardt method. Optim. Methods Softw., 2016, 31(4): 805-814.

[271] Zhao R X, Fan J Y. On a new updating rule of the Levenberg-Marquardt parameter. J. Sci. Comput., DOI: 10.1007/s10915-017-0488-6.

[272] Zhao X, Fan J Y. On the multi-point Levenberg-Marquardt method for singular nonlinear equations. Comput. Appl. Math., 2017, 36(1): 203-223.

[273] Zhao X , Fan J Y. On subspace properties of the quadratically constrained quadratic program. Journal of Industrial and Management Optimization, 2017, 13(4): 1625-1640.

[274] Zhao X, Fan J Y. Subspace choices for the Celis-Dennis-Tapia problem. Science China-Mathematics, 2017, 60(9): 1717-1732.
[275] Zhao Y B, Li D. Monotonicity of fixed point and normal mappings associated with variational inequality and its application. SIAM J. Optim., 2001, 11(4): 962-973.
[276] Zheng Z C, Ren G X, Wang W J. A reduction method for large scale unsymmetric eigenvalue problems in structural dynamics. J. Sound Vibration, 1997, 199(2): 253-268.
[277] Zhou W J, Li D H. A globally convergent BFGS method for nonlinear monotone equations without any merit functions. Math. Comp., 2008, 77(264): 2231-2240.
[278] 戴彧虹, 袁亚湘. 非线性共轭梯度法. 上海: 上海科学技术出版社, 1999.
[279] 郭晓霞. 若干非线性矩阵方程的理论与算法. 中国科学院, 博士学位论文, 2005.
[280] 何旭初, 孙文瑜. 广义逆矩阵引论. 南京: 江苏科学技术出版社, 1991.
[281] Jae Hwa Lee. 非线性等式约束优化的一个子空间算法. 中国科学院大学博士学位论文, 2009.
[282] 李庆扬, 莫孜中, 祁立群. 非线性方程组的数值解法. 北京: 科学出版社, 1999.
[283] 盛镇醴. 距离几何问题的理论, 算法及应用. 中国科学院大学博士学位论文, 2015.
[284] 袁亚湘. 非线性规化数值方法. 上海: 上海科学技术出版社, 1993.
[285] 袁亚湘. 非线性优化计算方法. 北京: 科学出版社, 2014.
[286] 袁亚湘, 孙文瑜. 最优化理论与方法. 北京: 科学出版社, 1997.

索 引

B

半正定松弛算法 194

D

代数 Riccati 方程 199
单调非线性方程组 141
对称非线性方程组 151
多步 Levenberg-Marquardt 方法 51

E

二次矩阵方程 197

F

非光滑方程组 157
非光滑牛顿法 157
非精确 Levenberg-Marquardt 方法 67
非精确牛顿法 10
非线性最小二乘问题 111
复杂度 45

G

改进信赖域方法 96
高斯–牛顿法 111
高斯–牛顿-BFGS 方法 151

J

几何构建算法 195
结构型拟牛顿法 119
距离几何问题 192
矩阵分解算法 193

K

可分离非线性最小二乘 125
Kohn-Sham 方程 159

L

Levenberg-Marquardt 方法 21
滤子法 154

M

Moré算法 116

N

拟牛顿法 15
拟牛顿条件 13
牛顿法 6

P

谱梯度投影法 150

S

SQP 方法 123

T

投影 Levenberg-Marquardt 方法 106
投影信赖域方法 109

X

线搜索 2
信赖域半径趋于零的信赖域方法 90
信赖域方法 81

Y

约束非线性方程组 104
约束 Levenberg-Marquardt 方法 104

Z

正交化方法 153
正则化牛顿法 141
子空间方法 131
自洽场迭代 170
自适应 Levenberg-Marquardt 方法 62

《运筹与管理科学丛书》已出版书目

1. 非线性优化计算方法　袁亚湘　著　2008年2月
2. 博弈论与非线性分析　俞建　著　2008年2月
3. 蚁群优化算法　马良等　著　2008年2月
4. 组合预测方法有效性理论及其应用　陈华友　著　2008年2月
5. 非光滑优化　高岩　著　2008年4月
6. 离散时间排队论　田乃硕　徐秀丽　马占友　著　2008年6月
7. 动态合作博弈　高红伟　〔俄〕彼得罗相　著　2009年3月
8. 锥约束优化——最优性理论与增广Lagrange方法　张立卫　著　2010年1月
9. Kernel Function-based Interior-point Algorithms for Conic Optimization　Yanqin Bai　著　2010年7月
10. 整数规划　孙小玲　李端　著　2010年11月
11. 竞争与合作数学模型及供应链管理　葛泽慧　孟志青　胡奇英　著　2011年6月
12. 线性规划计算(上)　潘平奇　著　2012年4月
13. 线性规划计算(下)　潘平奇　著　2012年5月
14. 设施选址问题的近似算法　徐大川　张家伟　著　2013年1月
15. 模糊优化方法与应用　刘彦奎　陈艳菊　刘颖　秦蕊　著　2013年3月
16. 变分分析与优化　张立卫　吴佳　张艺　著　2013年6月
17. 线性锥优化　方述诚　邢文训　著　2013年8月
18. 网络最优化　谢政　著　2014年6月
19. 网上拍卖下的库存管理　刘树人　著　2014年8月
20. 图与网络流理论(第二版)　田丰　张运清　著　2015年1月
21. 组合矩阵的结构指数　柳柏濂　黄宇飞　著　2015年1月
22. 马尔可夫决策过程理论与应用　刘克　曹平　编著　2015年2月
23. 最优化方法　杨庆之　编著　2015年3月
24. A First Course in Graph Theory　Xu Junming　著　2015年3月
25. 广义凸性及其应用　杨新民　戎卫东　著　2016年1月
26. 排队博弈论基础　王金亭　著　2016年6月
27. 不良贷款的回收：数据背后的故事　杨晓光　陈暮紫　陈敏　著　2017年6月

28. 参数可信性优化方法　刘彦奎　白雪洁　杨凯　著　2017年12月
29. 非线性方程组数值方法　范金燕　袁亚湘　著　2018年2月